高等院校软件应用系列教材

SolidWorks 基础应用技术

主编　尧　燕
参编　陈　绚　黄雪云
主审　江方记

重庆大学出版社

内容简介

本书是为想在较短时间内学会 SolidWorks 建模及其应用的读者而编写的单项操作与综合实训教程。书中以 SolidWorks 2023 版为基础，结合经典单项实例对 SolidWorks 2023 的各个功能进行了全面、系统的讲解，包括二维草图的绘制及实例、各种基础特征建模方法的使用和实例、综合使用各种方法创建零件模型的技巧、装配体的创建和使用、工程图的创建和使用等内容。本书以工程实例为主线，穿插介绍 SolidWorks 的各种应用，如高级渲染技术、动画与运动仿真技术、有限元分析技术以及 Toolbox 标准件使用技术等。

本书内容详细，讲解深入浅出，图文并茂。各个章节间既相互独立，又通过经典案例前后呼应，彼此关联，浑然一体。特别是在实例演练后配备了对应的练习题，可供读者巩固和深入学习。

本书既可以作为高等院校及各类高职高专相关专业的教材，又可以作为 SolidWorks 初、中级用户的培训教材，还可作为 SolidWorks 相关工程技术人员的参考用书。

图书在版编目(CIP)数据

SolidWorks 基础应用技术 / 尧燕主编. -- 重庆 ：重庆大学出版社，2023.10

高等院校软件应用系列教材

ISBN 978-7-5689-4184-6

Ⅰ.①S… Ⅱ.①尧… Ⅲ.①机械设计—计算机辅助设计—应用软件—高等学校—教材 Ⅳ.①TH122

中国国家版本馆 CIP 数据核字(2023)第 185770 号

SolidWorks 基础应用技术

SolidWorks JICHU YINGYONG JISHU

主　编　尧　燕

参　编　陈　绚　黄雪云

主　审　江方记

策划编辑：鲁　黎

责任编辑：鲁　黎　　版式设计：鲁　黎

责任校对：邹　忌　　责任印制：张　策

*

重庆大学出版社出版发行

出版人：陈晓阳

社址：重庆市沙坪坝区大学城西路 21 号

邮编：401331

电话：(023)88617190　88617185(中小学)

传真：(023)88617186　88617166

网址：http://www.cqup.com.cn

邮箱：fxk@cqup.com.cn (营销中心)

全国新华书店经销

重庆华林天美印务有限公司印刷

*

开本：787mm×1092mm　1/16　印张：13　字数：327 千

2023 年 10 月第 1 版　　2023 年 10 月第 1 次印刷

印数：1—2 000

ISBN 978-7-5689-4184-6　定价：39.80 元

前言

SolidWorks 软件是美国 SolidWorks 公司基于 Windows 操作系统开发的一款三维 CAD 软件。它功能强大，具有丰富的实体建模功能，同时易学易用，使用方便。

本书以经典实例为基础，深入浅出地介绍了 SolidWorks 2023 的草图绘制功能、基础建模功能、装配体装配和使用功能、工程图生成和编辑功能，可以满足工程零件设计的需求。本书在介绍 SolidWorks 基本功能的过程中，恰当地穿插讲解了高级渲染技术、动画与运动仿真技术、有限元分析技术以及 Toolbox 标准件使用技术等高级使用技巧，帮助学习者做到基本功与高级使用技巧同步增长。

本书共有 6 章，主要内容如下：

第 1 章介绍了 SolidWorks 2023 软件的界面、文件操作及零件设计的基本步骤。

第 2 章以实例介绍了二维草图的绘制与编辑方法和技巧。

第 3 章以实例讲解了各种基本建模命令的使用方法，同时配备相应的练习题，以备读者自行练习。

第 4 章以经典案例为基础，综合介绍各种零件的特征建模方法和技巧。同样配备了大量的练习题，以备读者自行练习。

第 5 章介绍了 SolidWorks 的装配技术，同时穿插讲解了动画与 Motion 运动仿真技术，着重工程应用能力的培养。

第 6 章详细介绍了工程图的生成方法和编辑技巧。

本书由深圳职业技术大学尧燕主编，陈绚和黄雪云参编，江方记主审。其中，第 1—5 章由尧燕编写，第 6 章由陈绚和黄雪云编写。全书由尧燕统稿。本书在编写过程中，得到了深圳职业技术大学工程制图教研室全体老师的帮助和支持，在此衷心表示感谢。

本书案例丰富，可操作性强，同时还配备慕课帮助读者快速入门，书中大部分实例都配有操作视频讲解，可供读者自学或者解惑。读者可以在“学堂在线”官网中搜索“三维造型渲染与赏析”课程免费学习，同时也可以查找微信小程序“学堂在线”或者安装“学堂在线”App 后找到“三维造型渲染与赏析”课程免费学习。微信扫描下面二维码可以了解该课程。

SolidWorks 基础应用技术-课程简介

编者

2023 年 2 月

目录

第1章 SolidWorks 2023 概述

1.1 SolidWorks 2023 简介

1.1.1 SolidWorks 软件的特点

SolidWorks 软件是美国 SolidWorks 公司基于 Windows 操作系统开发的一款三维 CAD 软件,其功能强大,具有丰富的实体建模功能,同时易学易用,使用方便。

SolidWorks 软件自问世以来,以其优异的性能、易用性和创新性,极大地提高了设计工程师的设计效率,在与同类软件的激烈竞争中逐步确立了其市场地位,成为三维设计软件中的佼佼者。

SolidWorks 充分发挥了用三维工具进行产品开发的功能,可提供从现有二维数据建立三维模型的强大转换工具。一方面,SolidWorks 能够直接读取 dwg 格式的文件,在人工干预下,可将 AutoCAD 的图形转换成 SolidWorks 三维实体模型;另一方面,SolidWorks 软件对熟悉 Windows 系统的用户而言,易懂易用。它的开放性体现在只要符合 Windows 标准的应用软件,都可以集成到 SolidWorks 软件中,从而为用户提供一体化的解决方案。

1.1.2 SolidWorks 2023 的新功能

SolidWorks 2023 经过重新设计,其功能相对以前的版本有如下的更新或者改进:

(1)装配体

①在已解析模式下加载零部件的时候,可以通过有选择地使用轻量化的技术自动优化已解析模式。

②可以通过更快地保存大型装配体的功能,提高工作效率。

③将装配体零部件导出为单独的 STEP 文件,加速下游的流程。

装配体升级后,使装配体管理更智能更自动化,提高了大型装配体的处理速度。

(2)装配体的工作流程

①自动把丢失的“配合参考”替换为“替代配合参考”,包括了面、边线、平面、轴和点的配合参考,以确保设计的完整性。

②增加了“成形到顶点”以及“成形到下一面”的新的终止条件,加快装配体特征的创建。

③压缩再无需磁力配合和连接点,在设计装配体的时候节省了更多时间。

装配体工作流程升级后的优点是:可以利用简化的装配体工作流程,加速装配体设计。

(3)零件和特征

①通过方程式来控制平移和旋转值,大大加快了几何体的复制速度。

②参考 3D 草图、2D 草图尺寸和镜像中的坐标系,可以加快零件的建模速度。

③使用单线字体的草图,可以快速创建包覆特征。

零件和特征增强后的优势在于:利用多体建模改进了坐标系的使用范围,并且可以更快地创建零件几何图形。

(4)钣金

①采用基本法兰或放样折弯特征应用对称厚度,以便轻松地均衡折弯半径值。

②在注解和切割清单中,新增了钣金规格值。

③超过钣金界面框大小限制的时候,能够接收自动传感器警报。

钣金功能升级的优点是:加快了钣金设计的速度,促进了与制造部门之间的交流,提升了设计效率。

(5)工程图和出详图

①将形位公差限制为特定标准,以确保标准化。

②值被覆盖时会变成蓝色,利用这一新增功能就可以在 BOM 表格中轻松识别覆盖值。

③新增消除隐藏线(HLR)、隐藏线可见(HLV)等模式,帮助用户在工程图中显示透明模型。

工程图和出详图功能的升级有助于更准确地创建工程图,且通过将形位公差限制为特定标准就能确保标准化。

(6)结构设计

①把类似边角分组并应用修剪,便于新的阵列特征自动应用于连接板。

②可以选择一组大小和类型相同的焊件,并针对特定的配置更改其大小。

③设计树或边角管理,可将其缩放到所选边角。

结构设计功能的优化结果是:帮助用户通过更简化的功能来轻松构建和修改复杂结构。

(7)电力布线

①创建含多个电路的接头,将电线或电缆芯连接到其中。

②通过查看线束段的图形横截面,可以清晰地可视化线束段。

③将接头重新定向为与所选平面平行,即可改进电力布线的设计。

电力布线功能升级后的优点是:可以使用新的选项来平展、重新定向和显示电线及接头,帮助用户处理更复杂的电力布线场景。

(8)电气设计

①能够在任何电气项目工程图中,获得包括 BOM 和电线清单等的报告表。

②可以动态地插入原理图的标签中,实时显示有关零部件的连接信息。

③利用 MS Excel 电子表格中的电气数据，就能自动创建更好的原理图。

电气设计升级功能的优势在于，能够在减少错误的同时更快地创建和提供更多信息的电气文档。

(9) 基于模型的定义

①能够在 3D PDF 文件中查看零部件的尺寸，包括 DimXpert 注解、参考尺寸和特征尺寸。

②通过扩展的特征识别，可以更快地为楔形特征画出详图。

基于模型的定义(MBD)的优点是：利用查看装配体中所有尺寸的功能，以 3D 的形式更清晰地交流设计。

(10) SolidWorks Visualize

①利用 Stellar Physically Correct 渲染器，获得更逼真的渲染。

②深度学习人工智能降噪器，获得更佳的渲染性能。

③利用拾色器和颜色样本调色板，可用更多的方式来定义颜色。

④在预览渲染模式中，可以查看基于物理(PBR)材料等的显示改进。

SolidWorks Visualize 升级功能的优点是：可以在预览渲染模式中体验更好的现实渲染，改进的渲染性能和颜色定义方法更加便捷。

1.2　SolidWorks 2023 界面简介

SolidWorks 2023 的操作界面是进行文件操作的基础，如图 1.1 所示，用户必须了解并熟练使用。该操作界面包括了菜单栏、常用工具栏、命令管理器、管理器窗口、前导视图工具栏、绘图建模工作区、任务窗口及状态栏等选项，下面分别进行介绍。

SolidWorks 软件界面介绍

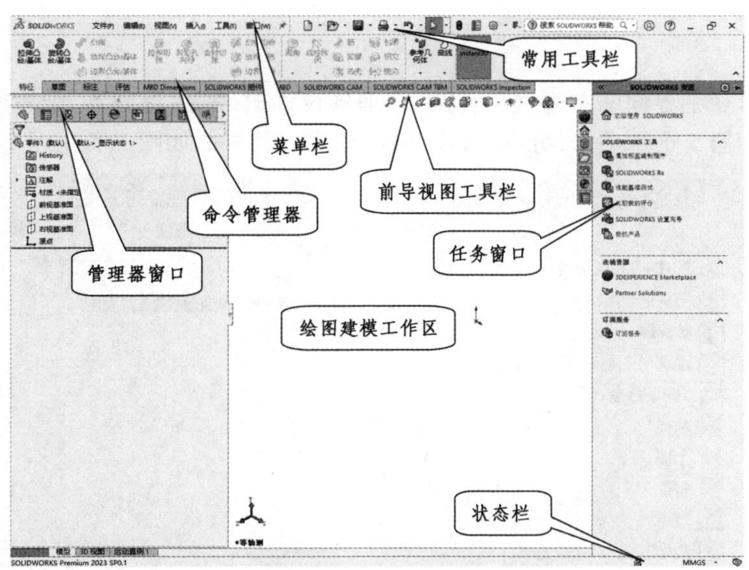

图 1.1　SolidWorks 2023 的操作界面

1.2.1 菜单栏

菜单栏位于软件界面的最上方，默认为动态的菜单，不同的操作状态会出现不同的菜单命令，最右边有一个图钉样的按钮，单击会变为，可以使菜单栏固定，如图 1.2 所示。

图 1.2 菜单栏

1.2.2 常用工具栏

常用工具栏位于菜单栏右边，包括新建、打开和保存等文件操作常用按钮，如图 1.3 所示。

图 1.3 常用工具栏

1.2.3 命令管理器

命令管理器界面如图 1.4 所示，集合了“特征”“草图”“评估”“MBD Dimensions”“SOLIDWORKS 插件”和“MBD”等命令选项卡。同样，这些命令选项卡也是动态变化的，不同的功能界面会有不同的命令选项卡。

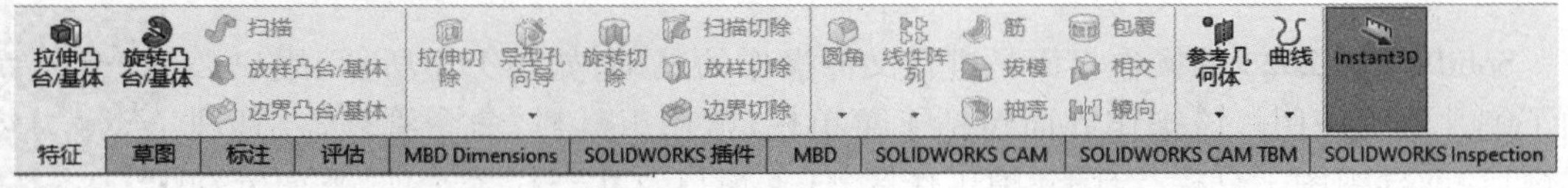

图 1.4 命令管理器

1.2.4 管理器窗口

管理器窗口在主界面的左边，包括特征管理器设计树、属性管理器、配置管理器、公差管理器和外观管理器 5 个选项卡，分别管理不同的内容。其界面如图 1.5 至图 1.9 所示。

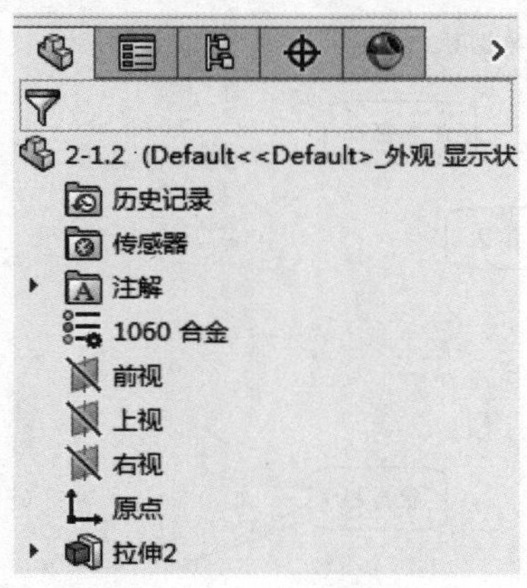

图 1.5 特征管理器设计树

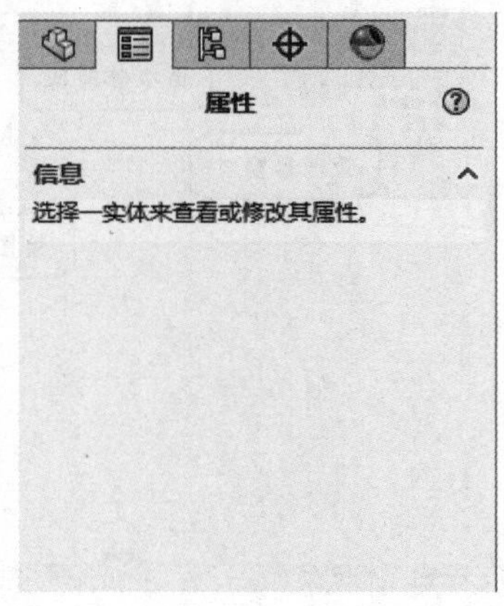

图 1.6 属性管理器

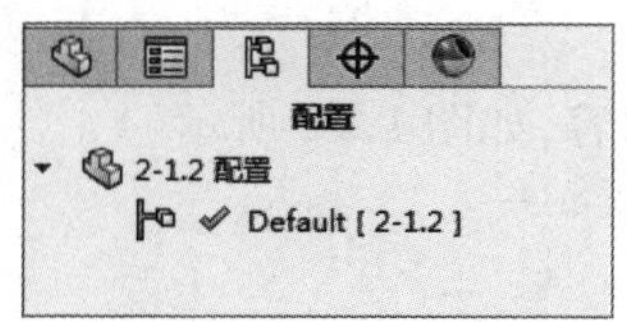

图 1.7　配置管理器

图 1.8　公差管理器

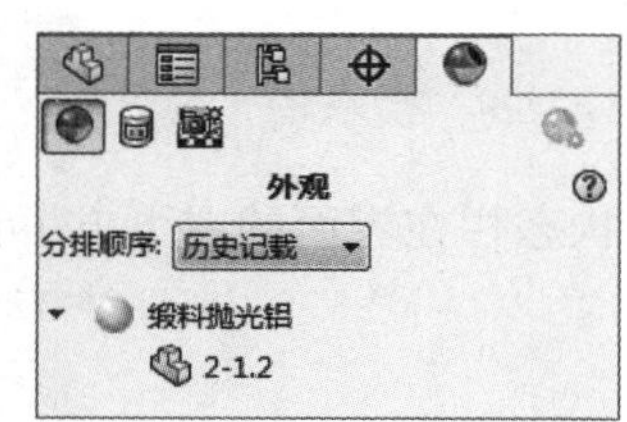

图 1.9　外观管理器

1.2.5　前导视图工具栏

前导视图工具栏提供了快捷的视图操作方法，如放大视图、定位特定方向的视图等操作按钮，如图 1.10 所示。

图 1.10　前导视图工具栏

1.2.6　绘图建模工作区

绘图建模工作区位于界面中间，占据大部分窗口，所有建模等操作都在该区域完成。

1.2.7　任务窗口

任务窗口位于界面右边，提供 SolidWorks 资源、设计库、文件搜索器、查看调色板以及外观布景等多个面板，如图 1.11 所示。

图 1.11　任务窗口

1.2.8 状态栏

状态栏在界面的右下方，可以提供操作建议、错误提示等内容，如图 1.12 所示。

134.75mm 48.29mm 0mm 完全定义 自定义

图 1.12 状态栏

1.3 常用文件操作

SolidWorks
基本操作

文件操作是 SolidWorks 中最基础的操作之一，也是最重要的操作之一，包括新建、打开、保存等。

1.3.1 新建文件

进入 SolidWorks 2023 后，单击菜单栏上的“文件”→“新建”命令，会弹出“新建 SOLIDWORKS 文件”对话框，如图 1.13 所示。该对话框显示可以新建 3 种文件，分别是“零件”“装配体”和“工程图”。其中，“零件”为单个设计的3D 展示，“装配体”为多个零件或者简单装配体的组合，“工程图”即零件的 2D 图纸。用户可根据自己的需要选择相应的图标，再单击“确定”按钮，即可进入相应的操作界面。

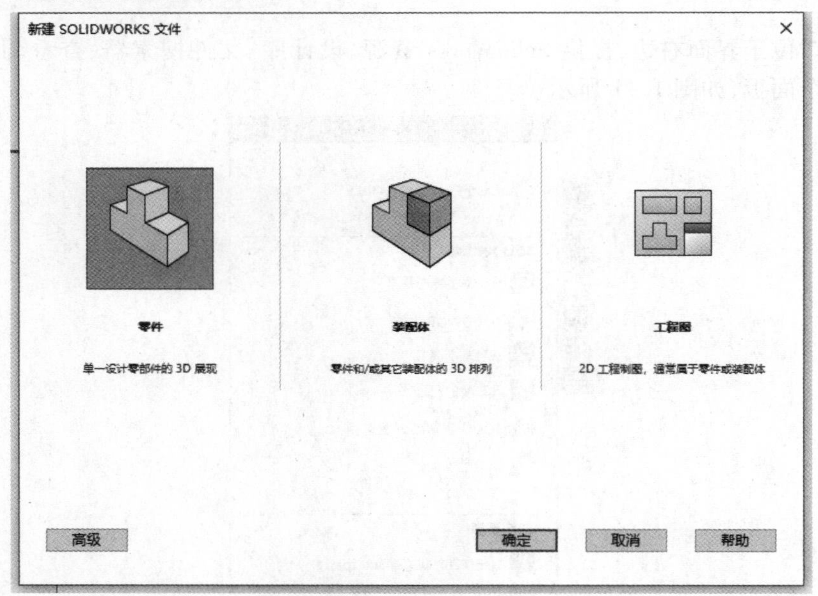

图 1.13 “新建 SOLIDWORKS 文件”对话框

1.3.2 打开文件

进入 SolidWorks 2023 后，单击菜单栏上的“文件”→“打开”命令，弹出“打开”对话框，如图 1.14 所示。从图 1.14 可知，SolidWorks 2023 可以打开多种格式的文件，如 DWG、IGES 及 STL 等格式的文件。

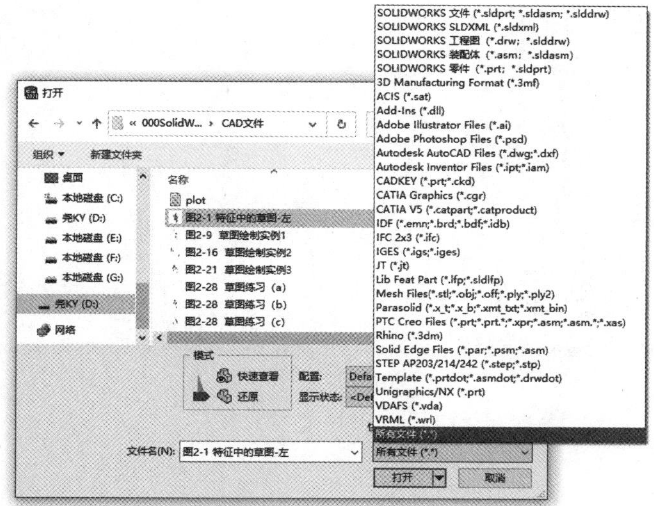

图 1.14　“打开”对话框

1.3.3　保存文件

进入 SolidWorks 2023 主界面后，单击菜单栏上的“文件”→“保存”命令，弹出“另存为”对话框，如图 1.15 所示。从图 1.15 中同样可以看出，SolidWorks 2023 可以保存成多种格式的文件，如 DWG、IGES 及 STL 等格式。

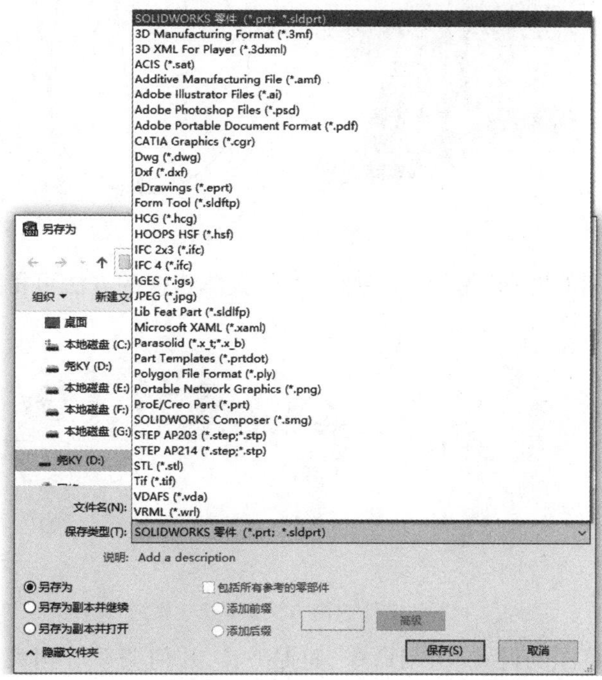

图 1.15　“另存为”对话框

第 2 章
草图绘制及实例

在 SolidWorks 的特征建模中,大部分特征都是从二维的草图开始绘制的,草图在特征建模中有着重要的作用,例如拉伸特征中的拉伸面和旋转特征中的旋转轮廓面。图 2.1 显示了不同特征中的不同草图。

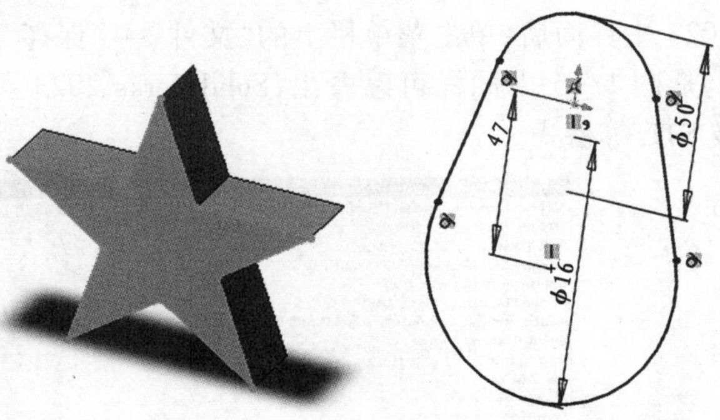

图 2.1　不同特征中的不同草图

图 2.2 显示了相同的“五角星”草图,通过不同实体建模的方法可得到不同的特征。

图 2.2　不同实体建模方法下的“五角星”草图

本章将介绍二维草图的设置、绘制命令、捕捉工具、几何关系等相关知识。通过对点、线、圆弧等基本图线的绘制和编辑,并添加几何关系约束和尺寸约束表达设计意图,帮助用户快速建立三维模型,从而提高工程设计的效率。

2.1　草图绘制环境的设置

SolidWorks 的基本设置

在 SolidWorks 中，用户可以根据自己的操作习惯，通过配置软件的一些参数来提高工作效率。

2.1.1　草图绘制环境的基本设置

SolidWorks 提供了许多草图绘制的辅助工具，帮助用户加快绘制草图的速度。在绘图之前，用户可以对整个绘图环境进行自定义，根据自己的操作习惯和绘图的需要进行设置。

要设置这些变量，用户可以选择菜单“工具”→“选项”，在弹出的“系统选项”对话框中勾选“草图”，此时“系统选项”对话框右侧会出现“草图”选项表，如图 2.3 所示。

图 2.3　“草图”选项表

用户在“草图”选项表中可以根据自己的需要进行设置，也可以单击“草图”选项表左下角的“重设”按钮恢复到初始状态。

此选项表中各项含义如下：

①使用完全定义草图：需要草图在用来生成特征之前完全定义。

②在零件/装配体草图中显示圆弧中心点：在草图中显示圆弧圆心点。

③在零件/装配体草图中显示实体点：显示草图实体的端点为实圆点。该圆点的颜色反映草图实体的状态：

黑色 = 完全定义

蓝色 = 欠定义

红色 = 过定义

绿色 = 所选的

④提示关闭草图:如果要生成一个具有开环轮廓的草图,先单击“拉伸凸台/基体”来生成一凸台特征,会显示“封闭草图至模型边线?”对话框。再使用模型的边线来封闭草图轮廓,并选择封闭草图的方向。

⑤打开新零件时直接打开草图:通过“前视基准面”上的激活草图打开一新零件。

⑥尺寸随拖动/移动修改:在拖动草图实体时或在移动/复制 PropertyManager 中移动草图实体时覆写尺寸。拖动完成后,尺寸会更新。

⑦显示虚拟交点:在两个草图实体的虚拟交点处生成一草图点。即使实际交点已不存在(例如被绘制的圆角或绘制的倒角所移除的边角),但虚拟交点处的尺寸和几何关系将被保留。

⑧以 3D 在虚拟交点之间所测量的直线长度:从虚拟交点测量直线长度,而不是从 3D 草图中的端点测量。

⑨激活样条曲线相切和曲率控标:为相切和曲率显示样条曲线控标。

⑩默认显示样条曲线控制多边形:显示控制多边形以操纵样条曲线的形状。

⑪拖动时的幻影图像:在拖动草图时显示草图实体原有位置的幻影图像。

⑫显示曲率梳形图边界曲线:显示或隐藏随曲率检查梳形图所用的边界曲线。

⑬提示设定从动状态:当添加一过定义尺寸到草图时,会显示“将尺寸设为从动?”对话框。

⑭默认为从动:当添加一过定义尺寸到草图时,默认设定尺寸为从动。

2.1.2 捕捉设置

为了提高草图的绘制效率,SolidWorks 提供了自动判定绘图位置的功能。在绘图时,光标会在绘图区域内自动寻找端点、圆心、中点等特殊点,以此提高鼠标定位的准确性。

在“系统选项”对话框中选择“几何关系/捕捉”,对话框右侧出现相应的选项表,如图 2.4 所示。用户可以根据自己的绘图需要选择必要的捕捉方式。

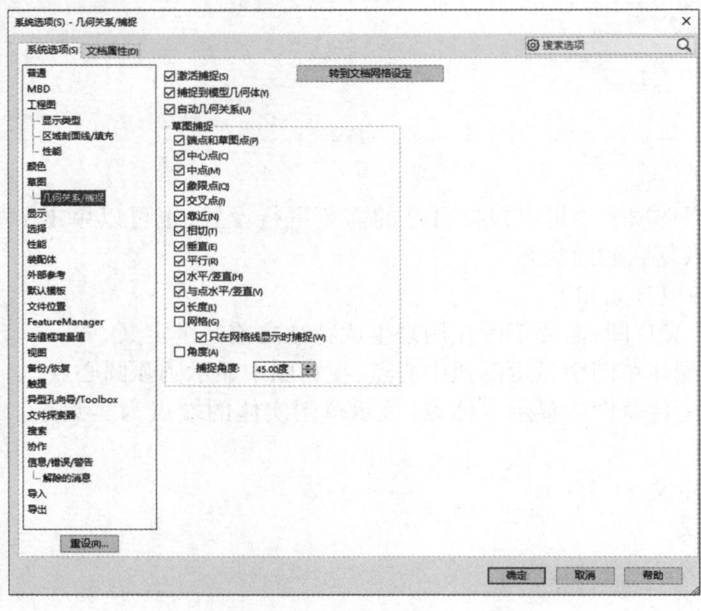

图 2.4 “几何关系/捕捉”选项表

2.2　草图绘制编辑工具

SolidWorks 提供了“草图”命令管理器，可满足用户的草图绘制和修改的功能，如图 2.5 所示。该管理器中的图标，如其右下角有小三角形，则说明该图标下面有其他同类型命令。优秀的草图不仅能反映设计者的设计意图，还具有良好的可修改性，也是实体建模的基础。由此可知，草图绘制很重要。

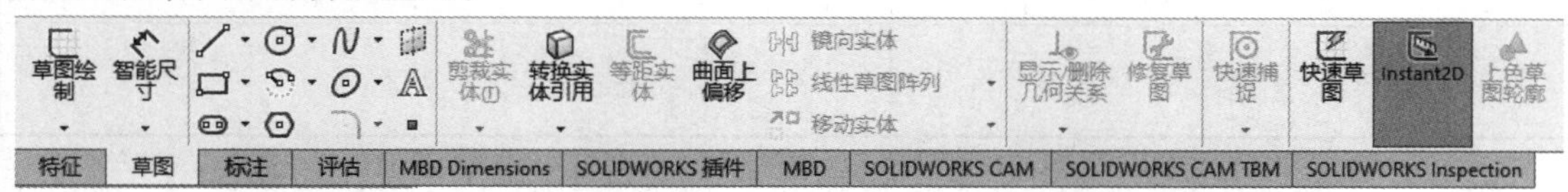

图 2.5　“草图”命令管理器

SolidWorks 也提供了“草图”工具条，如图 2.6 所示。要打开该工具条，需要在其他工具条上单击鼠标右键，从弹出的工具条选项中选择“草图”工具条，就可以把浮动的“草图”工具条放到需要的地方。

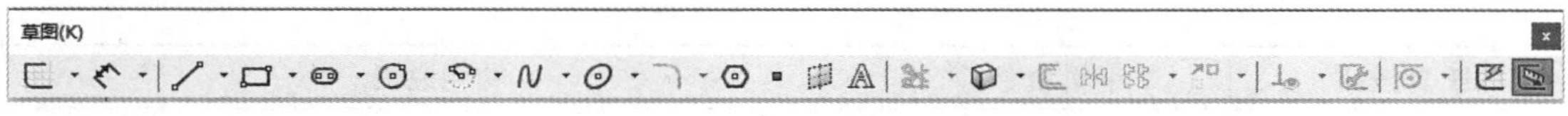

图 2.6　“草图”工具条

2.2.1　草图绘制命令

表 2.1 列出了 SolidWorks 在草图工具栏提供的基本草图绘制工具及其功能说明。图标右边有黑色小三角，说明该图标下面有嵌套命令。

表 2.1　基本草图绘制工具及其功能说明

工具按钮	草图实体	功能说明
	直线	以起点、终点的方式绘制直线
	矩形	以对角线的起点和终点绘制矩形
	直口槽	给定槽的中心距和槽的半径绘制槽
	圆	给定圆心和半径绘制圆形
	圆弧	给定圆心和半径及起始角绘制圆弧
	样条曲线	绘制自由的样条曲线
	椭圆	给定圆心长短半轴绘制椭圆

续表

工具按钮	草图实体	功能说明
	绘制圆角	给定半径绘制圆角
	多边形	给中心点、边数及相切圆的半径绘多边形
	点	绘制一个点
	文字	书写文字

2.2.2 草图编辑命令

表 2.2 列出了 SolidWorks 在草图工具栏提供的基本草图编辑工具及其功能说明。图标右边有黑色小三角说明下面有嵌套命令。

表 2.2 基本草图编辑工具及其功能说明

工具按钮	编辑命令	功能说明
	裁剪实体	裁剪或者延伸一草图实体与另一实体重合
	转换实体引用	将模型上选中的边线转换成草图
	等距实体	通过指定距离偏移实体对象
	镜像实体	通过镜像中心线镜像实体
	阵列实体	通过矩形或者圆周方法阵列实体
	移动实体	移动或复制或旋转或缩放一个实体

2.2.3 草图尺寸的标注和修改

要标注一个草图的尺寸，只需要单击“智能尺寸”命令按钮，选择要标注的图元，系统会自动识别图元的特点。比如圆，系统会自动在数字前加注 ϕ；如果只是线性尺寸，就只标注尺寸数字。如果要修改尺寸数字，只要双击尺寸上的数字，从弹出的“修改”窗口修改相应的尺寸数据即可，如图 2.7 所示。

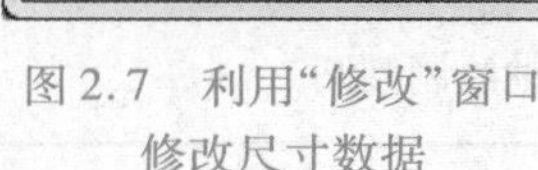

图 2.7 利用“修改”窗口修改尺寸数据

2.2.4 几何约束的创建与修改

几何约束是草图的重要组成部分。一般绘制草图的时候，系统会智能联想设计师的设计意图,自动添加相关约束。如果系统自动添加的约束不能满足设计要求,设计师可以自行选中相关的草图图元,添加需要的约束。根据所选中的图元不同,系统会显示不同的可能约束。图 2.8(a)选中了两根直线段后显示的可能约束,(b)选中了两个圆后显示的可能约束,(c)选中了一根直线段和一个圆后显示的可能约束。要删除一个约束,只要用鼠标右键选中该约束,选择“删除”就可以了。

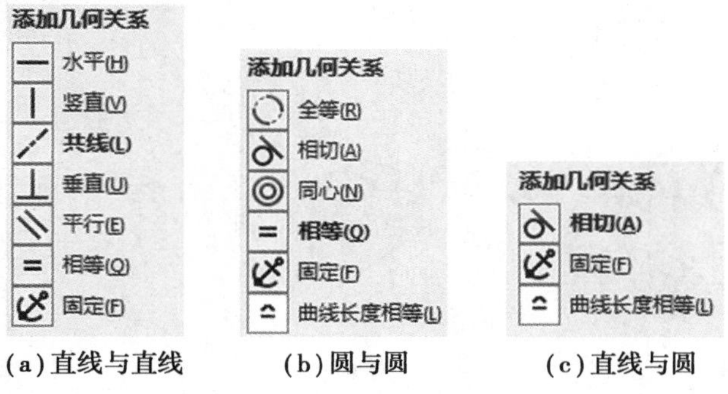

(a)直线与直线　(b)圆与圆　(c)直线与圆

图 2.8　多种可能的约束

2.3　草图绘制

2.3.1　草图绘制的一般步骤

绘制一个草图,首先要新建一个文件。下面以绘制用于建立“拉伸”特征用的草图为例,介绍草图绘制的一般步骤。

首先新建零件,然后选择一个绘图平面,并在该平面上绘制图元,再选择编辑命令和尺寸标注命令完善草图的绘制,最后结束草图绘制并保存草图文件到工作目录。

2.3.2　草图绘制实例 1

绘制如图 2.9 所示的草图。

草图绘制实例 1

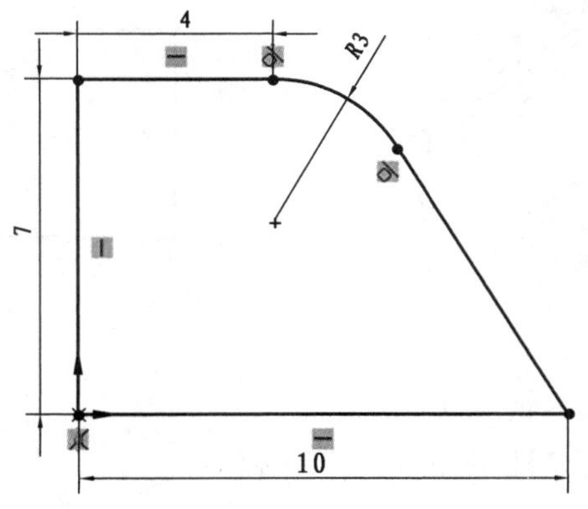

图 2.9　草图绘制实例 1

步骤 1　新建零件

单击“新建”按钮，在“新建 SolidWorks 文件”对话框中选择“零件”模板，单击“确定”，如图 2.10 所示。

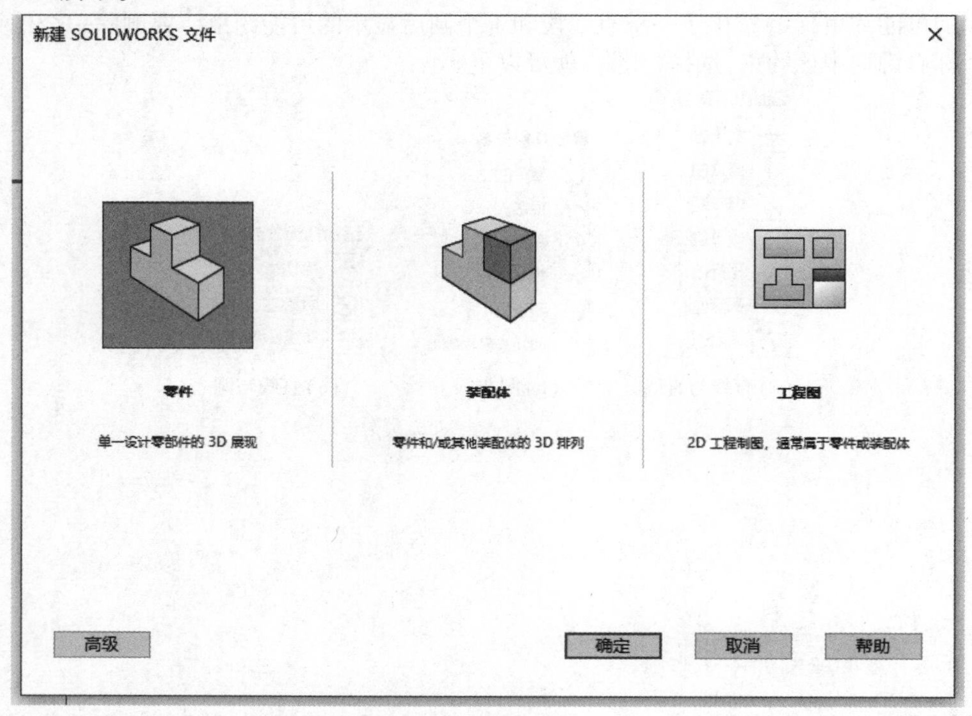

图 2.10　新建零件

步骤 2　选择绘图平面

单击“草图绘制”图标图标或者单击相应的绘图命令图标，绘图窗口出现如图 2.11 所示的 3 个可供选择的相互垂直默认基准平面，单击其中任意一个基准面，选中该平面作为绘图平面，该平面将亮显并旋转成与屏幕平行的位置，以方便在该平面中绘制草图。本例选中“前视基准面”。

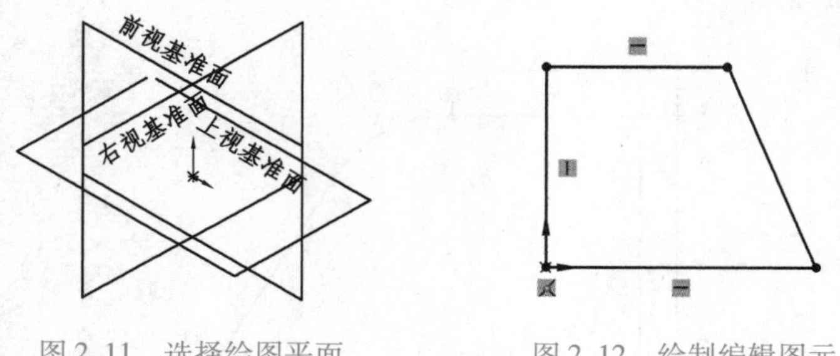

图 2.11　选择绘图平面　　　图 2.12　绘制编辑图元

步骤 3　绘制草图图元，编辑图元

单击“直线”按钮，绘制如图 2.12 所示图形。

单击“绘制圆角”按钮，如图 2.13 所示，修改“圆角参数”半径为“3”，选中上边和右边的两条直线，单击确认绘制圆角，图形如图 2.14 所示。

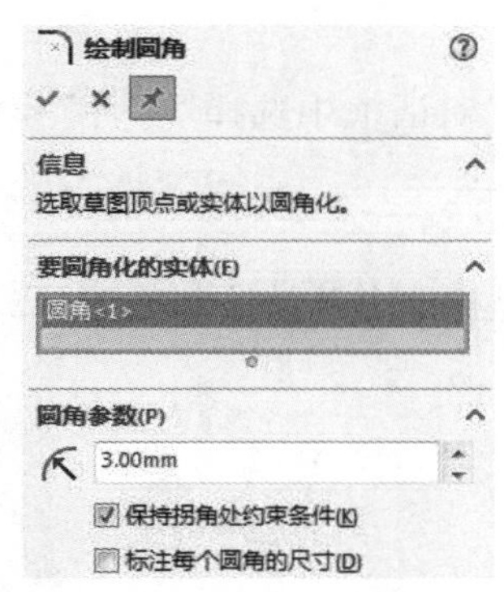

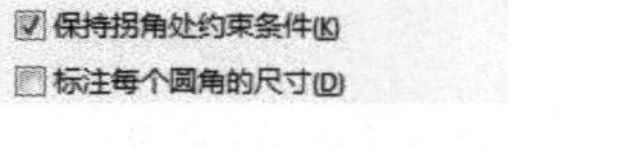

图 2.13　“绘制圆角”选项

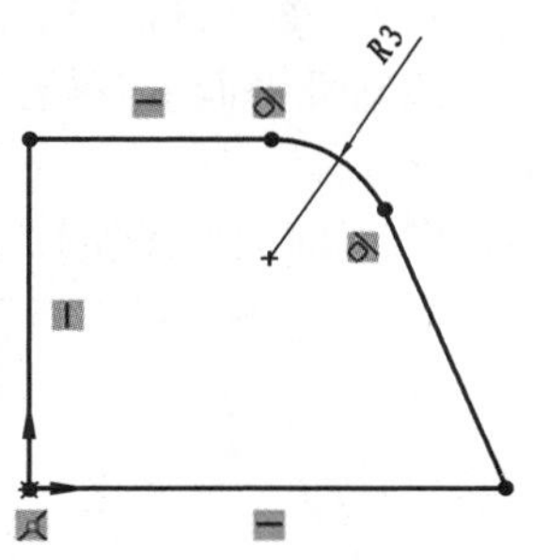

图 2.14　“绘制圆角”图元

步骤 4　标注尺寸

单击右上角“智能尺寸”按钮，分别选择各条直线，并修改尺寸数据，最终得到需要的结果，如图 2.15 所示。

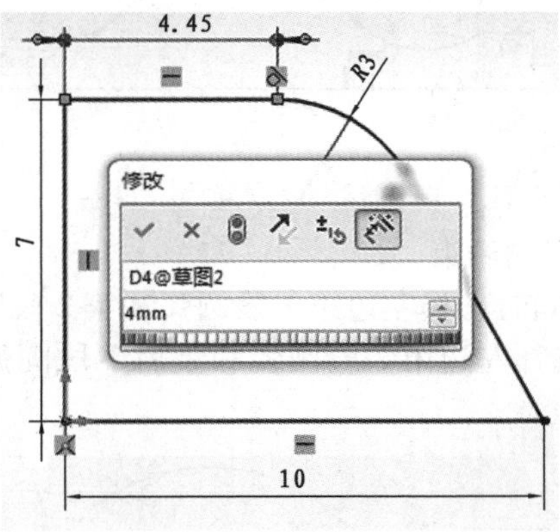

图 2.15　标注尺寸

步骤 5　保存草图

单击右上角图标，结束绘制编辑图元，单击“保存”命令保存草图。

2.3.3　草图绘制实例 2

草图绘制实例 2

绘制如图 2.16 所示的草图。

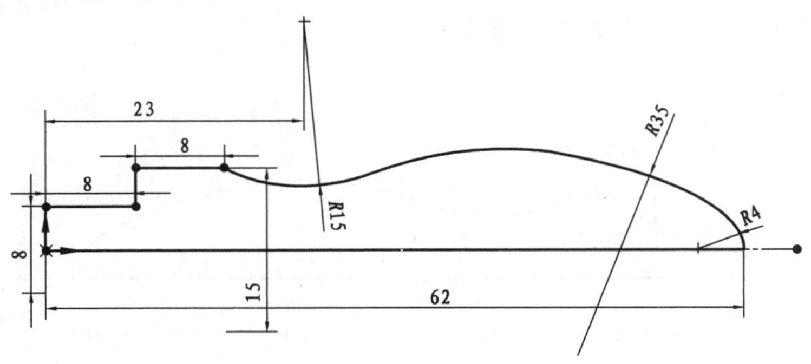

图 2.16　草图绘制实例 2

步骤 1　新建零件

单击“新建”按钮，在“新建 SolidWorks 文件”对话框中选择“零件”模板，单击“确定”。选择“前视基准面”，在该基准平面上开始绘图。

步骤 2　绘制中心线

选择“直线”按钮下面的“中心线”，从坐标原点开始绘制如图 2.17 所示的中心线。

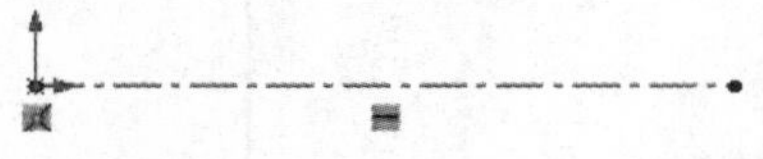

图 2.17　绘制中心线

步骤 3　绘制其他图元

选择“直线”按钮绘制直线，选择“圆心/起点/终点画圆弧”命令绘制圆弧，如图 2.18 所示。

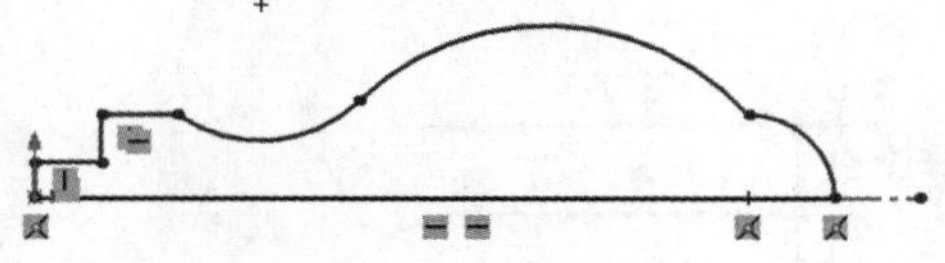

图 2.18　绘制其他图元

步骤 4　添加圆弧“线切”的约束

按住键盘上的“Ctrl”键，同时选择左边第 1 段圆弧和第 2 段圆弧，从出现的可能约束中选中“相切”约束。同样，同时选择左边第 2 段圆弧和最后 1 段圆弧，从出现的可能约束中选中“相切”约束，如图 2.19 所示。

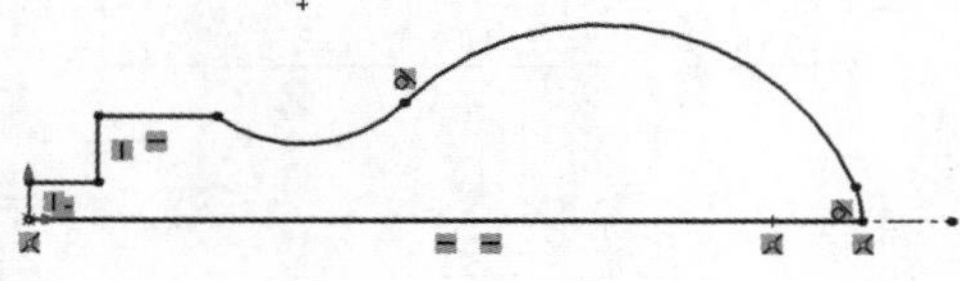

图 2.19　添加圆弧“线切”的约束

步骤 5　添加尺寸

单击“智能尺寸”按钮，标注并修改尺寸，如图 2.20 所示。

注意：尺寸“8”和“15”要对称标注。对称标注时，要同时选择该图元和对称中心线并把光标移到中心线的另外一侧才会出现对称尺寸。

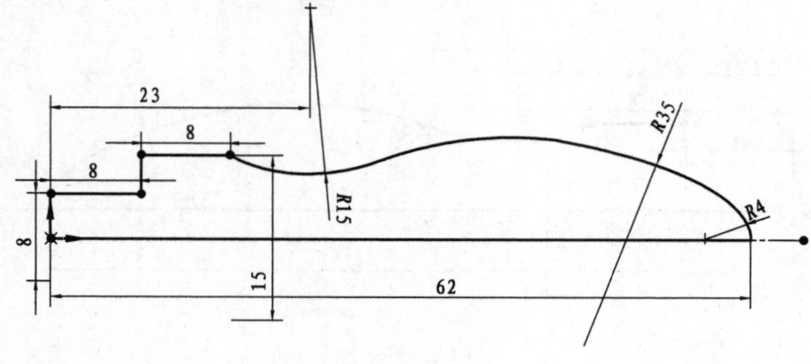

图 2.20　添加尺寸

步骤6　保存草图

单击右上角图标结束绘制编辑图元，再单击“保存”按钮，保存草图。

2.3.4　草图绘制实例3

绘制如图2.21所示的草图。

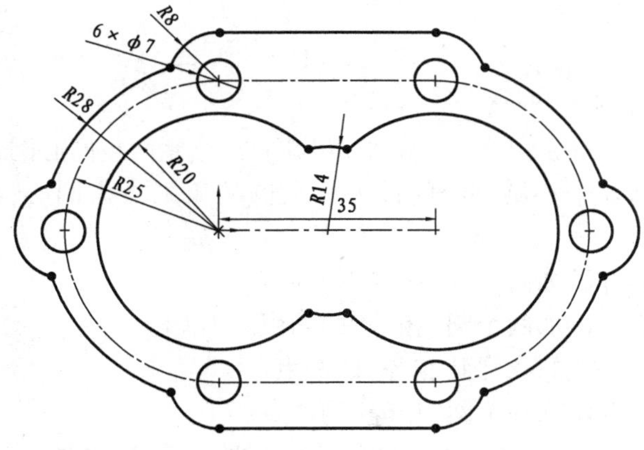

图2.21　草图绘制实例3

步骤1　新建零件

单击“新建”按钮，在“新建 SolidWorks 文件”对话框中选择“零件”模板，单击“确定”按钮。选择“前视基准面”，在该基准平面上开始绘图。

步骤2　绘制中心线

①单击“直线”按钮下面的“中心线”，从坐标原点开始绘制一条中心线。

②选择“圆”按钮，以中心线的端点为圆心，绘制两个圆。

③按住“Ctrl”键，选中两个圆，从左边的属性栏中选择“添加几何关系”为“相等”，并选中“作为构造线”，修改“圆”的属性，如图2.22所示。

④标注直线和圆的尺寸，如图2.23所示。

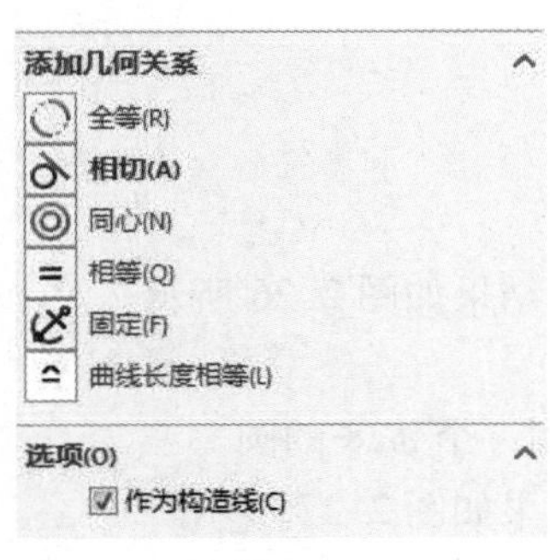

图2.22　修改“圆”的属性

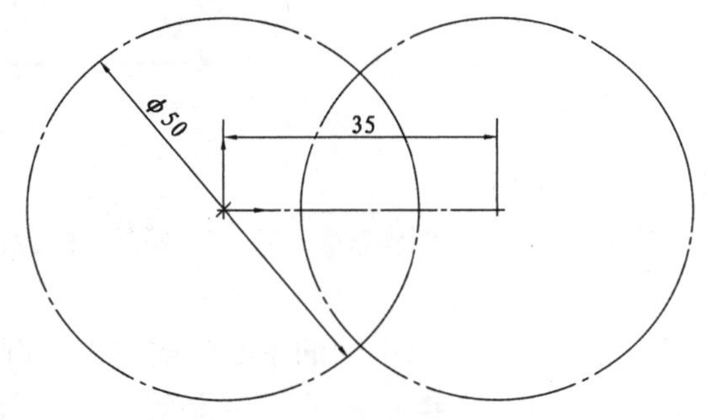

图2.23　标注尺寸

步骤3　绘制余下中心线

①单击“直线”按钮命令下面的“中心线”，捕捉到圆的“象限点”，绘制两条中心线。

②单击“裁剪实体”按钮，把不需要的圆弧裁剪掉，结果如图 2.24 所示。

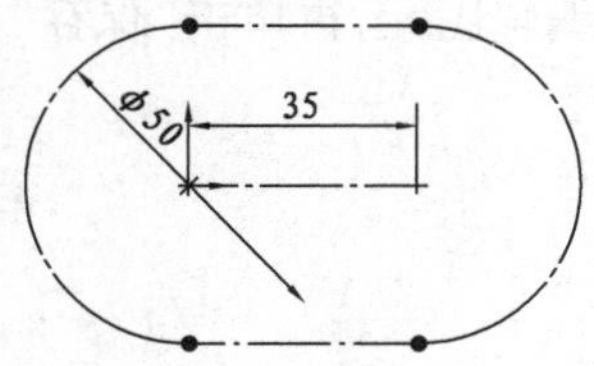

图 2.24 绘制余下中心线

步骤 4 绘制部分圆形

①单击“圆”按钮，分别以中心线的端点为圆心，绘制两组同心圆共 4 个圆，以外面大圆的象限点为圆心，绘制 6 个小圆，同样，以外面大圆的象限点为圆心，绘制 6 个稍大一点的小圆。

②标注 ϕ40 的圆，并添加两个圆“相等”的约束。

③标注 ϕ56 的圆，并添加两个圆“相等”的约束。

④标注 ϕ7 的圆，并添加 6 个圆“相等”的约束。

⑤标注 ϕ16 的圆，并添加 6 个圆“相等”的约束。

⑥绘制上方和最下方的通过 ϕ16 的圆的象限的两条直线，如图 2.25 所示。

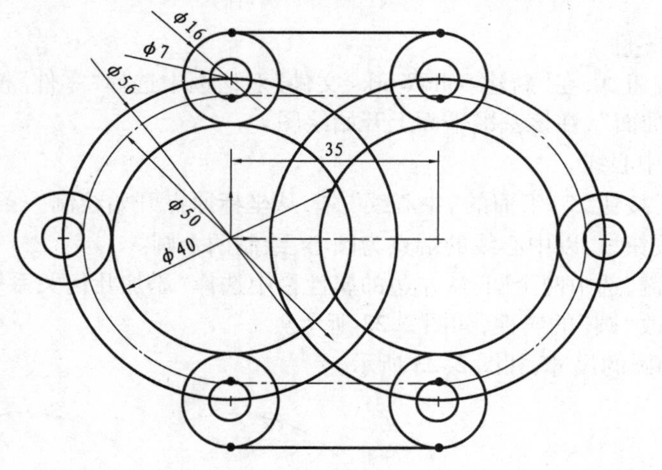

图 2.25 绘制部分圆形

步骤 5 修剪图形

单击“裁剪实体”按钮命令，把不需要的圆弧裁剪掉，结果如图 2.26 所示。

步骤 6 完善最后图形

①选择“圆”命令，以中间的中心线的中点为圆心绘制一个 ϕ28 的圆。

②选择“裁剪实体”命令，把不需要的圆弧裁剪掉，结果如图 2.27 所示。

步骤 7 保存草图

单击右上角图标结束绘制编辑图元，再单击 “保存”按钮，保存草图。

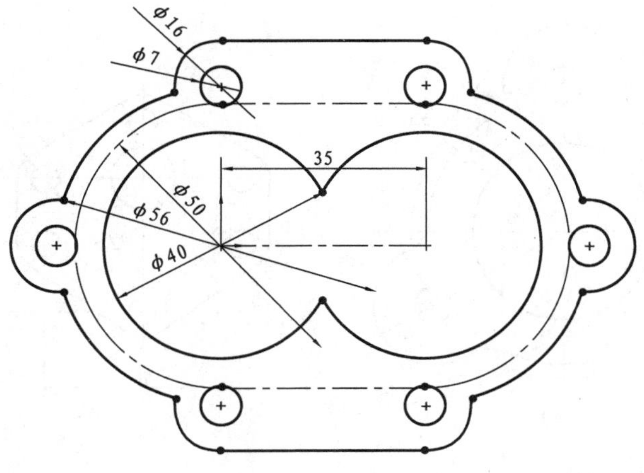

图 2.26　裁剪图形

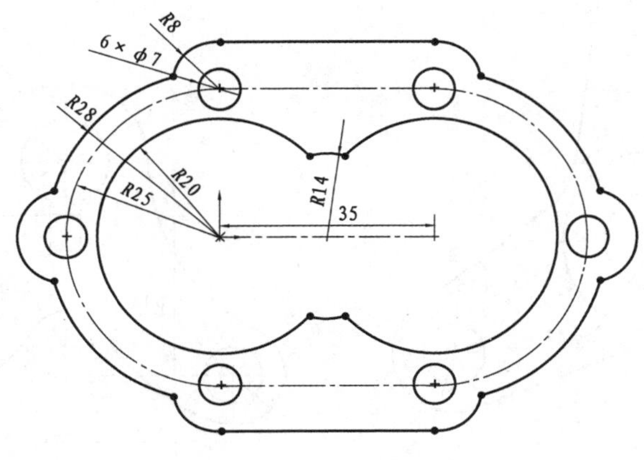

图 2.27　完善最后图形

2.4　草图绘制练习

分别绘制图 2.28(a)至(k)所示的草图。

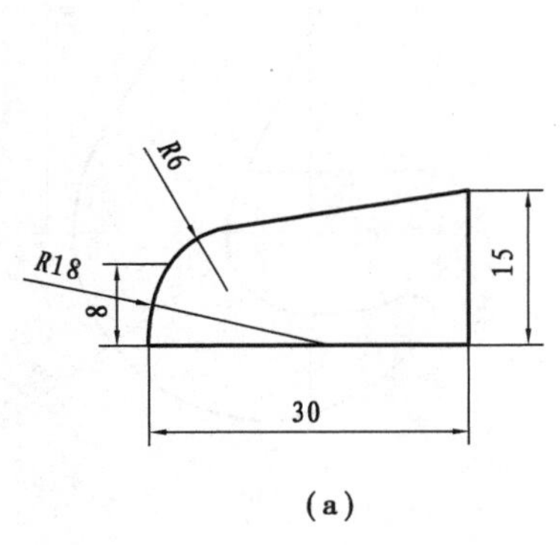

(a)

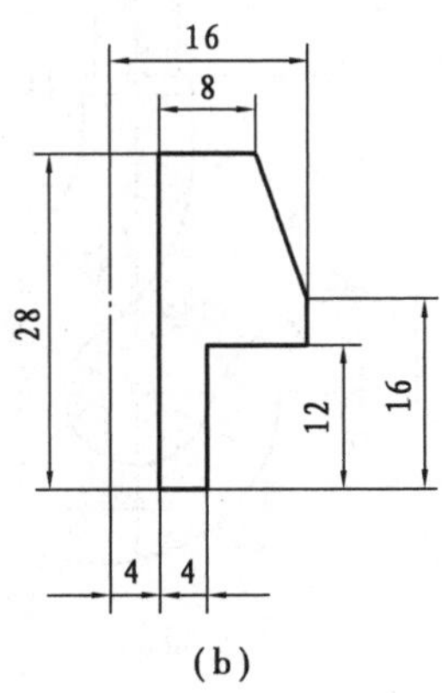

(b)

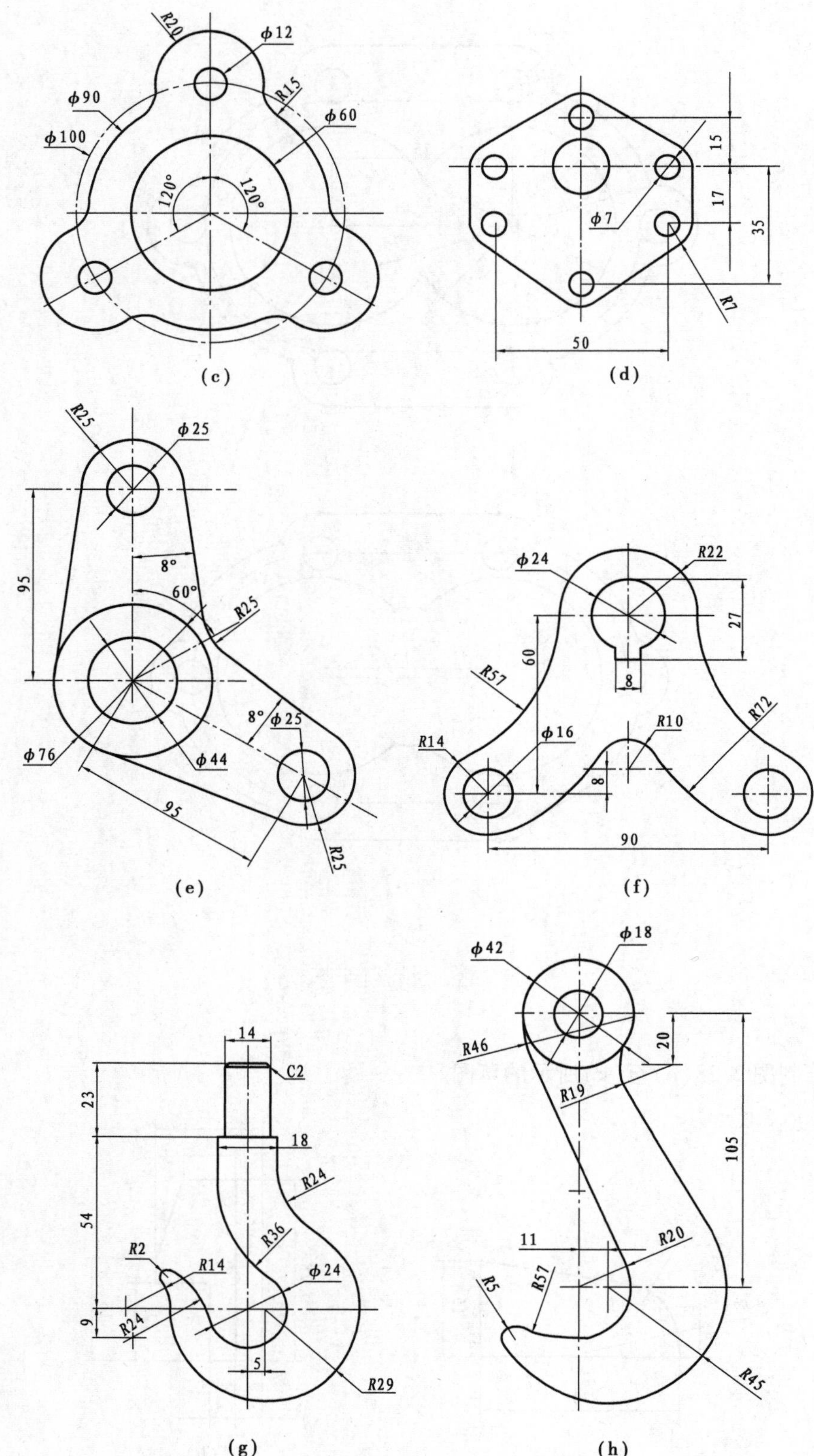
R20
φ12
φ90
R15
φ60
φ100
120°
120°
(c)
15
17
φ7
35
R7
50
(d)
R25
φ25
95
8°
60°
R25
8°
φ25
φ76
φ44
95
R25
(e)
φ24
R22
27
60
8
R57
R72
R10
R14
φ16
8
90
(f)
14
C2
23
18
R24
54
R36
R2
R14
φ24
9
R24
5
R29
(g)
φ42
φ18
R46
20
R19
105
11
R20
R5
R57
R45
(h)

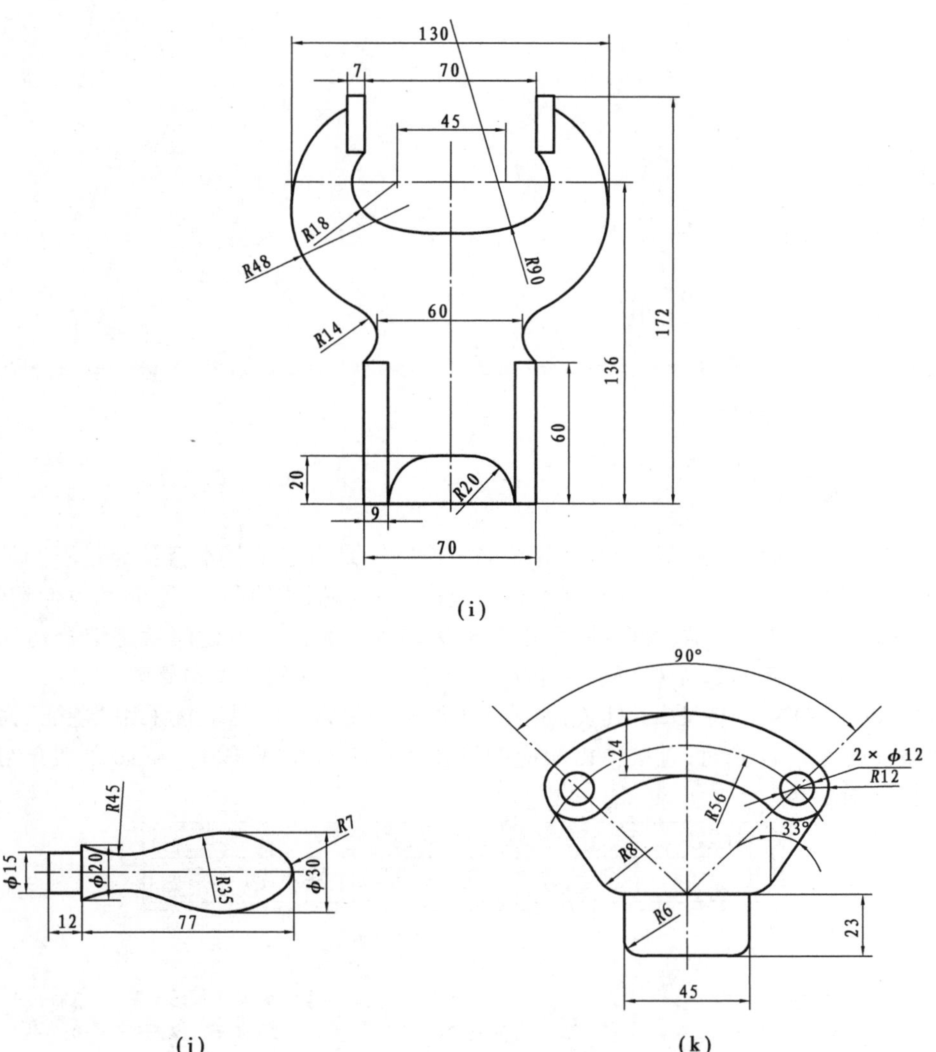

图 2.28　草图绘制练习题

第3章 基础特征及实例

特征是构成三维实体的基本元素，复杂的三维实体是由多个基本特征通过不同的次序和空间构造组成的。在 SolidWorks 中，基本特征建模方法包括拉伸凸台/基体和拉伸切除、旋转凸台/基体和旋转切除、扫描、放样、圆角以及筋等多种。零件实体建模就是综合运用上面的建模方法，把零件分解成多个尽可能简单的特征，然后一一建模和编辑修改。

SolidWorks 提供了“特征”工具条，如图 3.1 所示。更常用的是直接采用“特征”命令管理器，如图 3.2 所示。使用时，直接单击相应的按钮就可进行特征建模。下面详细介绍各种基本特征建模方法。

图 3.1 “特征”工具条

图 3.2 “特征”命令管理器

3.1 拉伸凸台/基体和拉伸切除

平键零件的建模

拉伸凸台/基体和拉伸切除特征是通过将二维拉伸面沿着垂直于草图面的方向移动一定距离或到特定位置，从而形成基体或孔洞的一种方法。它是 SolidWorks 最基础、最常用的特征建模方法之一。

3.1.1 拉伸凸台/基体和拉伸切除特征介绍

SolidWorks 中最常用的特征建模方法就是拉伸凸台/基体和拉伸切除，单击“拉伸”按钮或者“拉伸切除”按钮就可以把一个草图面拉伸或者切除得到一定的立体。单击“拉伸”按钮后，会弹出“凸台-拉伸”属性管理器，如图3.3所示。

注意：开始条件有“草图基准面”“曲面/面/基准面”“顶点”和“等距”4种选项，终止条件有“给定深度”“成形到一顶点”“成形到一面”“到离指定面指定的距离”“成形到实体”和“两侧对称”6种选项。同时还有“方向2”和“薄壁特征”开关可以勾选。“所选轮廓”选项在草图中有多个草图时，可以选中其中一个或者多个草图进行拉伸。

单击“拉伸切除”命令后，系统会弹出“拉伸-切除”属性管理器，其基本界面和“凸台-拉伸”属性管理器类似。

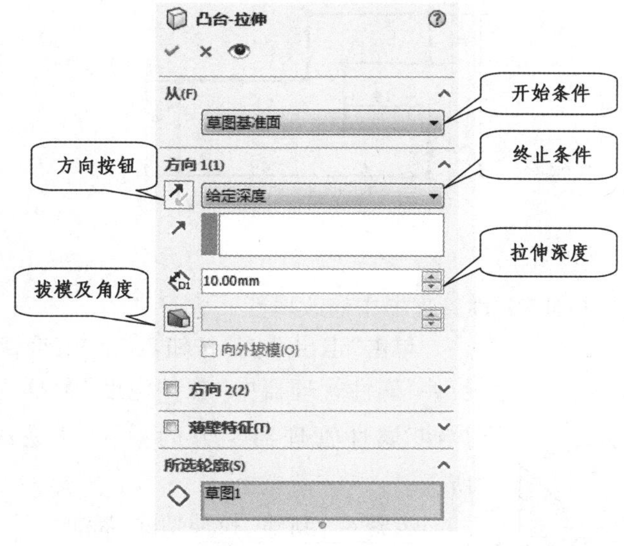

图3.3　“凸台-拉伸”属性管理器

3.1.2　拉伸凸台/基体和拉伸切除特征实例1

创建如图3.4所示的实体模型。

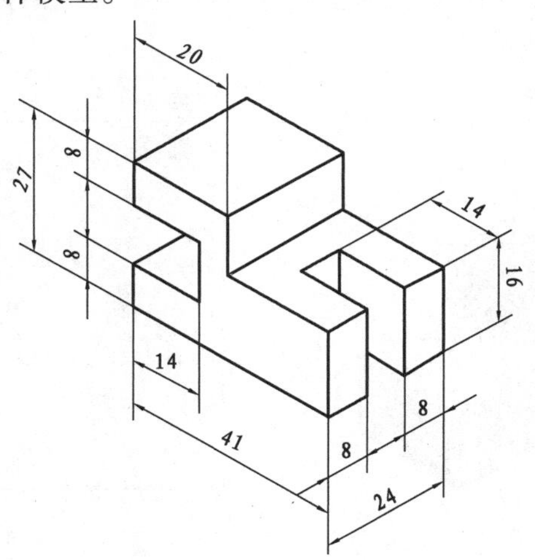

图3.4　拉伸凸台/基体和拉伸切除特征实例1

步骤 1　新建零件

单击“新建”按钮，在“新建 SolidWorks 文件”对话框中选择“零件”模板，单击“确定”按钮。单击“拉伸”命令，在弹出的 3 个标准数据平面中选择“前视基准面”，在该数据平面上开始绘草图。

步骤 2　绘制草图

单击“直线”按钮，让某条直线从坐标原点开始，绘制如图 3.5 所示草图，并标注尺寸。

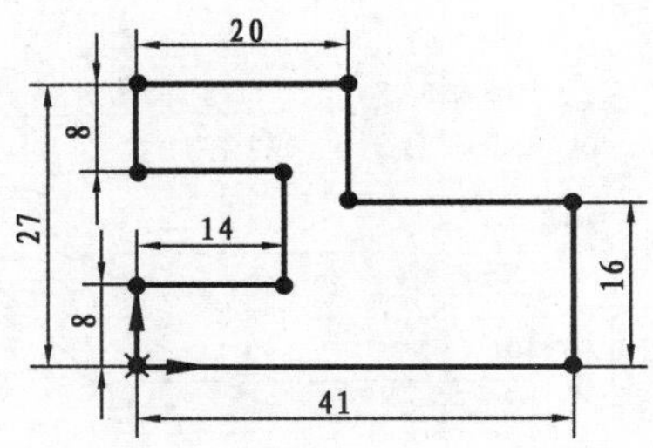

图 3.5　拉伸凸台/基体和拉伸切除特征实例 1 的草图面

步骤 3　在“凸台-拉伸”属性管理器中修改属性

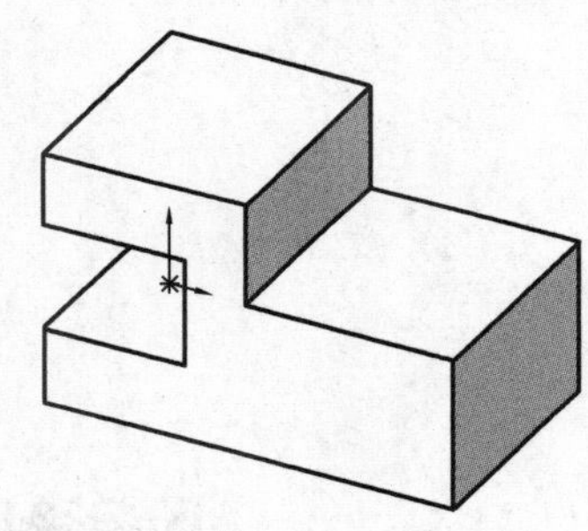

图 3.6　拉伸凸台/基体和拉伸切除特征实例 1 的拉伸特征

单击“退出草图”按钮，结束编辑草图。修改“凸台-拉伸”属性管理器中“拉伸深度”数据为“24”，单击“凸台-拉伸”属性管理器上方的确认完成该特征，如图 3.6 所示。

步骤 4　新建“拉伸切除”特征

单击“拉伸切除”，选中步骤 3 中特征的右上平面(图 3.7 中亮显的面)，按空格键，从弹出的“方向”选择器(图 3.8)选中“正视于”，让该绘图面平行于屏幕，以方便绘制草图。在该绘图平面上绘制如图 3.9 所示的草图并标注尺寸。

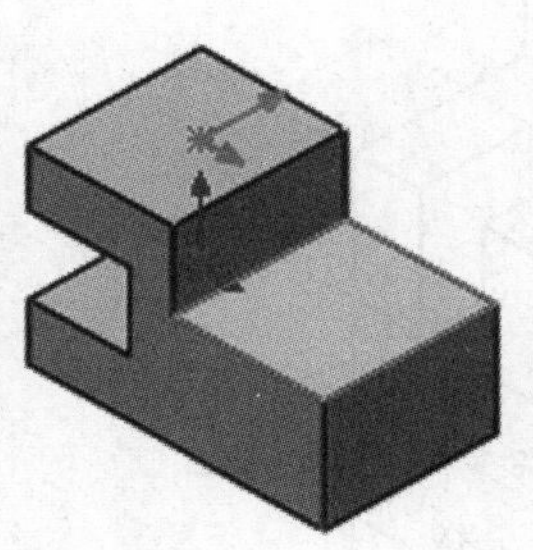

图 3.7　选中的绘图面

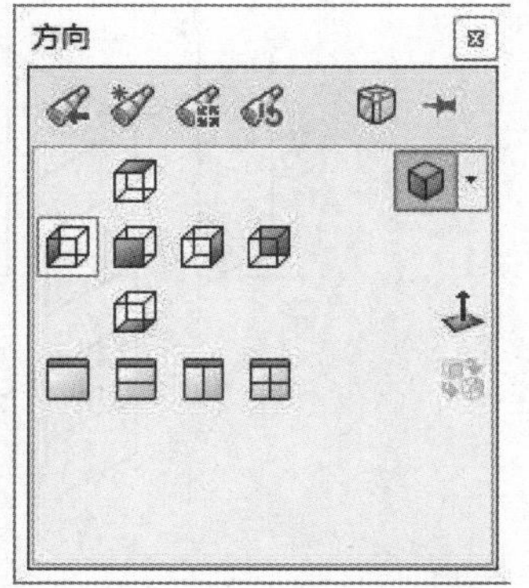

图 3.8　“方向”选择器

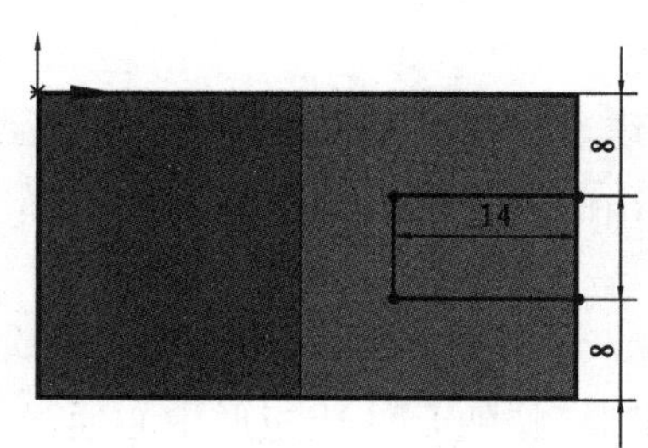

图 3.9　“拉伸切除”特征的草图

步骤 5　在“拉伸切除”属性管理器中修改属性，完成建模

单击“退出草图”按钮，结束编辑草图。在“拉伸切除”属性管理器中，将“终止条件”修改为“完全贯穿”，单击“拉伸切除”属性管理器上方的确认完成该特征，最终结果如图 3.10 所示。

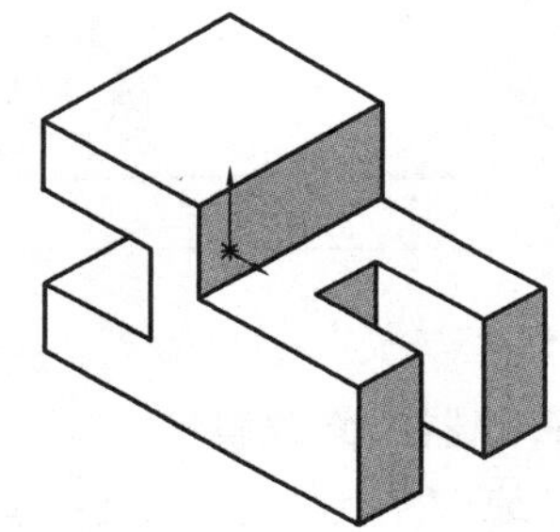

图 3.10　拉伸凸台/基体和拉伸切除特征实例 1 的最终结果

3.1.3　拉伸凸台/基体和拉伸切除特征实例 2

根据图 3.11 所示的视图，绘制其实体模型。

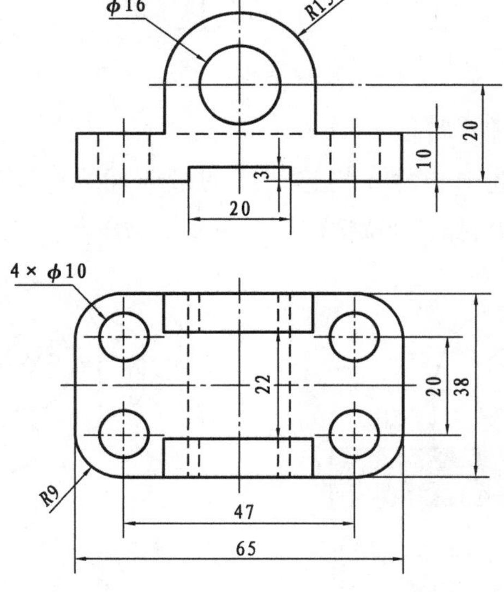

图 3.11　拉伸凸台/基体和拉伸切除特征实例 2

步骤 1　新建零件

单击“新建”按钮，在“新建 SolidWorks 文件”对话框中选择“零件”模板，单击“确定”按钮。单击“拉伸”按钮，在弹出的 3 个标准数据平面中选择“上视基准面”，在该基准平面上开始绘草图。

步骤 2　绘制草图

单击“矩形”下方的“中心矩形”按钮，让矩形中心通过坐标原点，绘制一个 65×38 的矩形，再用“倒圆角”命令倒 $R9$ 的圆角，用“圆”命令绘制 4 个 $\phi10$ 的圆，并标注尺寸，如图 3.12 所示。

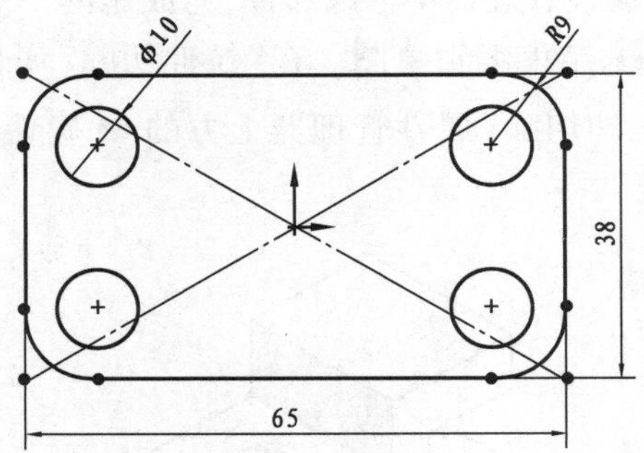

图 3.12　拉伸凸台/基体和拉伸切除特征实例 2 的草图面

步骤 3　在“凸台-拉伸”属性管理器中修改属性

单击“退出草图”按钮，结束编辑草图。在“凸台-拉伸”属性管理器中修改“拉伸深度”数据为“10”，单击“凸台-拉伸”属性管理器上方的确认完成该特征，如图 3.13 所示。

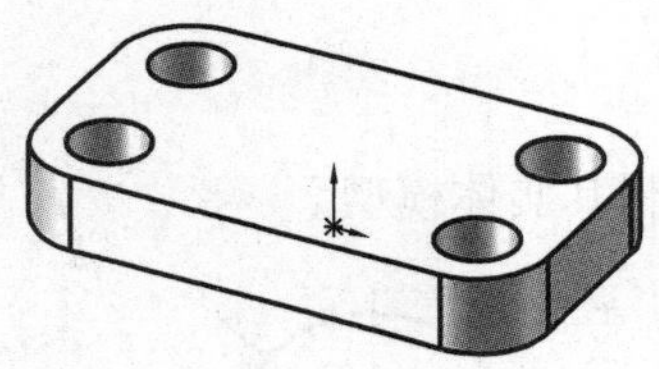

图 3.13　拉伸凸台/基体和拉伸切除特征实例 2 的拉伸特征 1

步骤 4　新建“凸台-拉伸”特征

单击“拉伸”按钮，选中步骤 3 构建特征的最前面为绘图平面，并使其正视于屏幕。绘制如图 3.14 所示的拉伸面，修改“拉伸深度”为“9”，结果如图 3.15 所示。

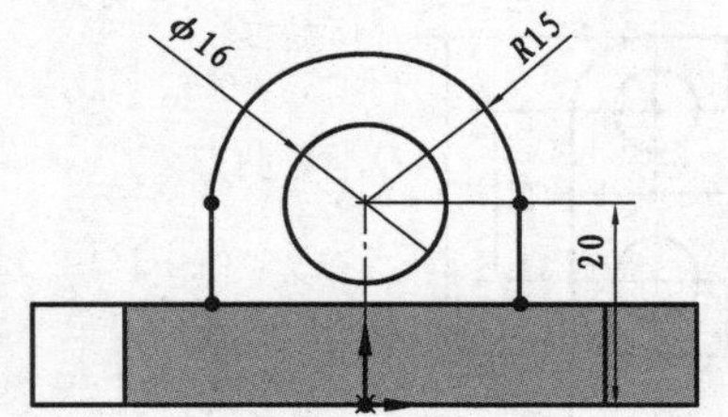

图 3.14　拉伸凸台/基体和拉伸切除特征实例 2 的拉伸面

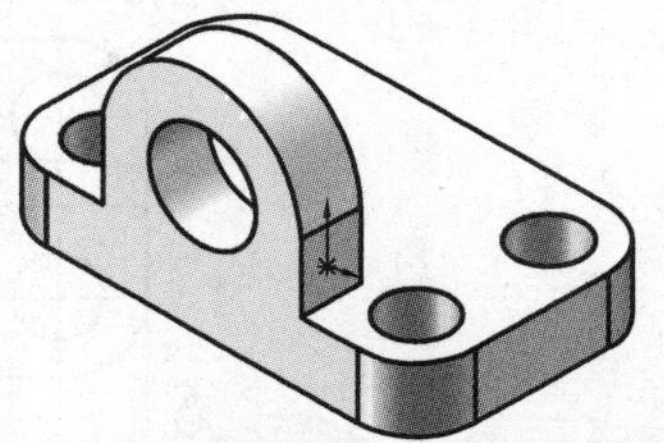

图 3.15　拉伸凸台/基体和拉伸切除特征实例 2 的拉伸特征 2

步骤 5　共用步骤 4 的草图拉伸另外一个特征

单击“特征管理树”中的“凸台-拉伸 2”特征前面的三角形，选中下面刚刚绘制的“草图 2”，如图 3.16 所示。再单击“拉伸”按钮 ，在“凸台-拉伸”属性管理器中将“开始条件”设为“等距”，修改“等距”下方“距离数据”为“38”，单击“开始条件”前面的“反向”，如图 3.17 所示。结果如图 3.18 所示。

图 3.16　选中共用的面

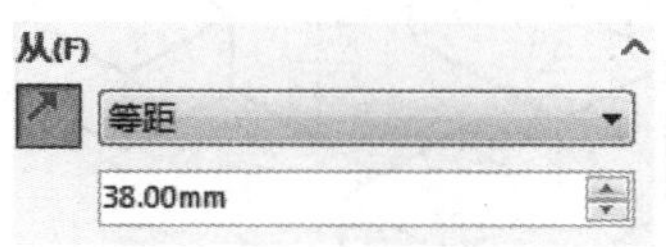

图 3.17　修改参数

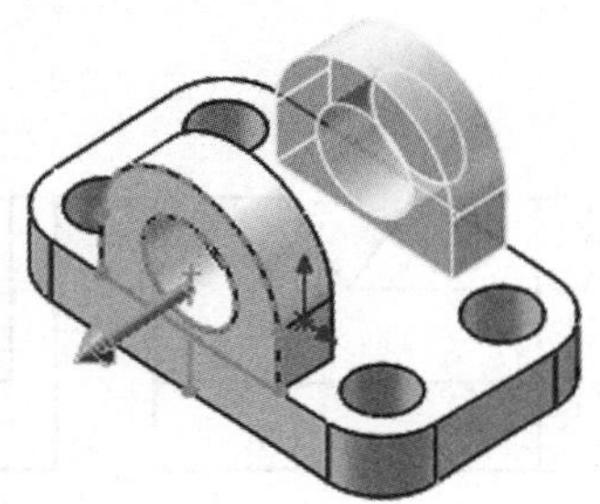

图 3.18　修改参数后的结果

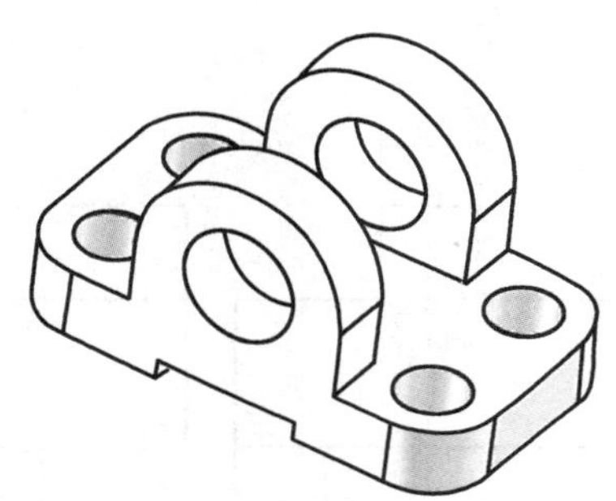

图 3.19　拉伸凸台/基体和拉伸切除特征实例 2 的最终结果

步骤 6　选中生成实体的最前面，绘制 20×3 的矩形，单击“拉伸切除” 命令，选用“完全贯穿”方式，切除下方长方形槽，保存、完成本例建模，最终结果如图 3.19 所示。

3.1.4　拉伸凸台/基体和拉伸切除特征练习

绘制如图 3.20(a)至(n)所示的实体模型。

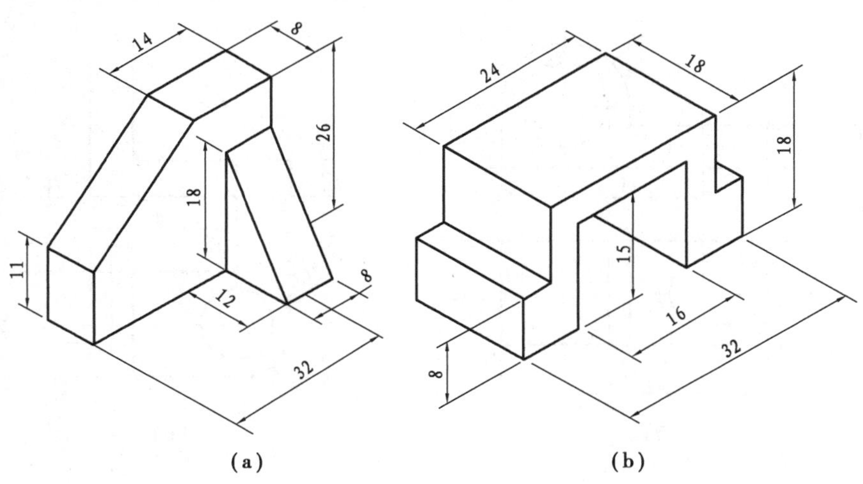

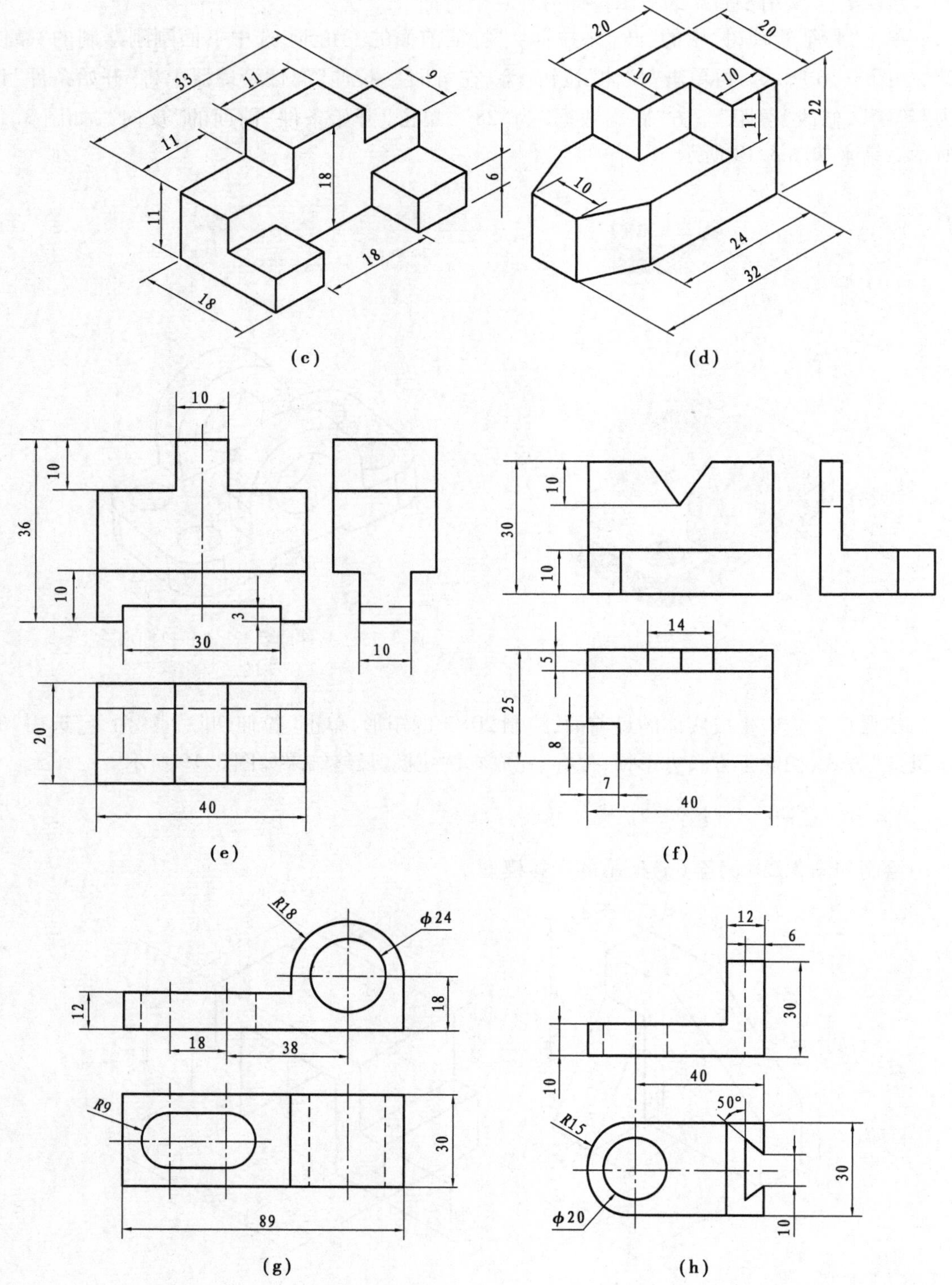
33
11
9
11
11
18
6
18
18
(c)
20
20
10
10
22
11
10
24
32
(d)
10
10
36
10
3
30
10
20
40
(e)
30
10
10
14
5
25
8
7
40
(f)
R18
ϕ24
12
18
18
38
R9
30
89
(g)
12
6
30
10
40
50°
R15
30
ϕ20
10
(h)

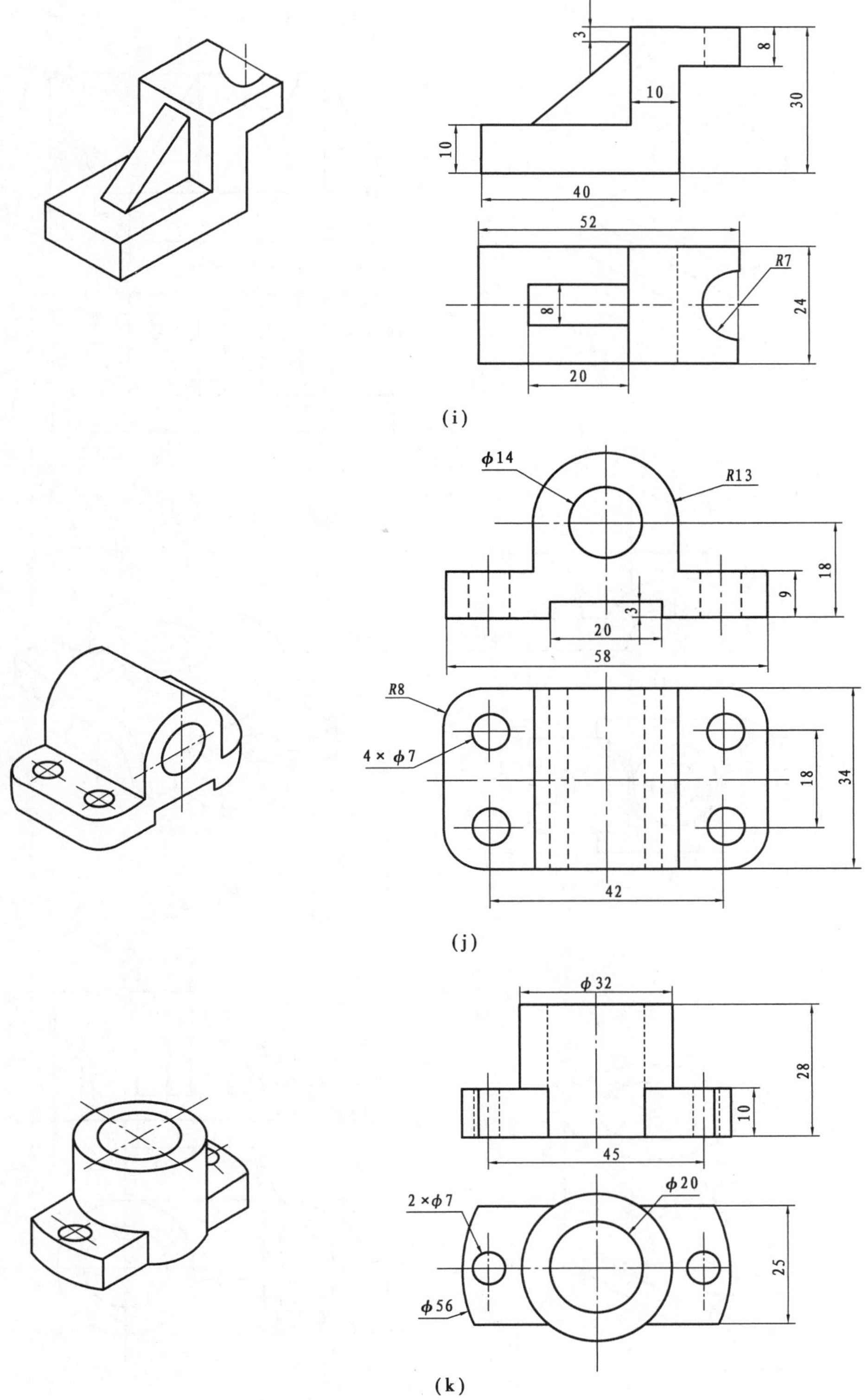
3
8
10
30
10
40
52
R7
8
24
20
(i)
φ14
R13
18
9
3
20
58
R8
4×φ7
18
34
42
(j)
φ32
28
10
45
2×φ7
φ20
25
φ56
(k)

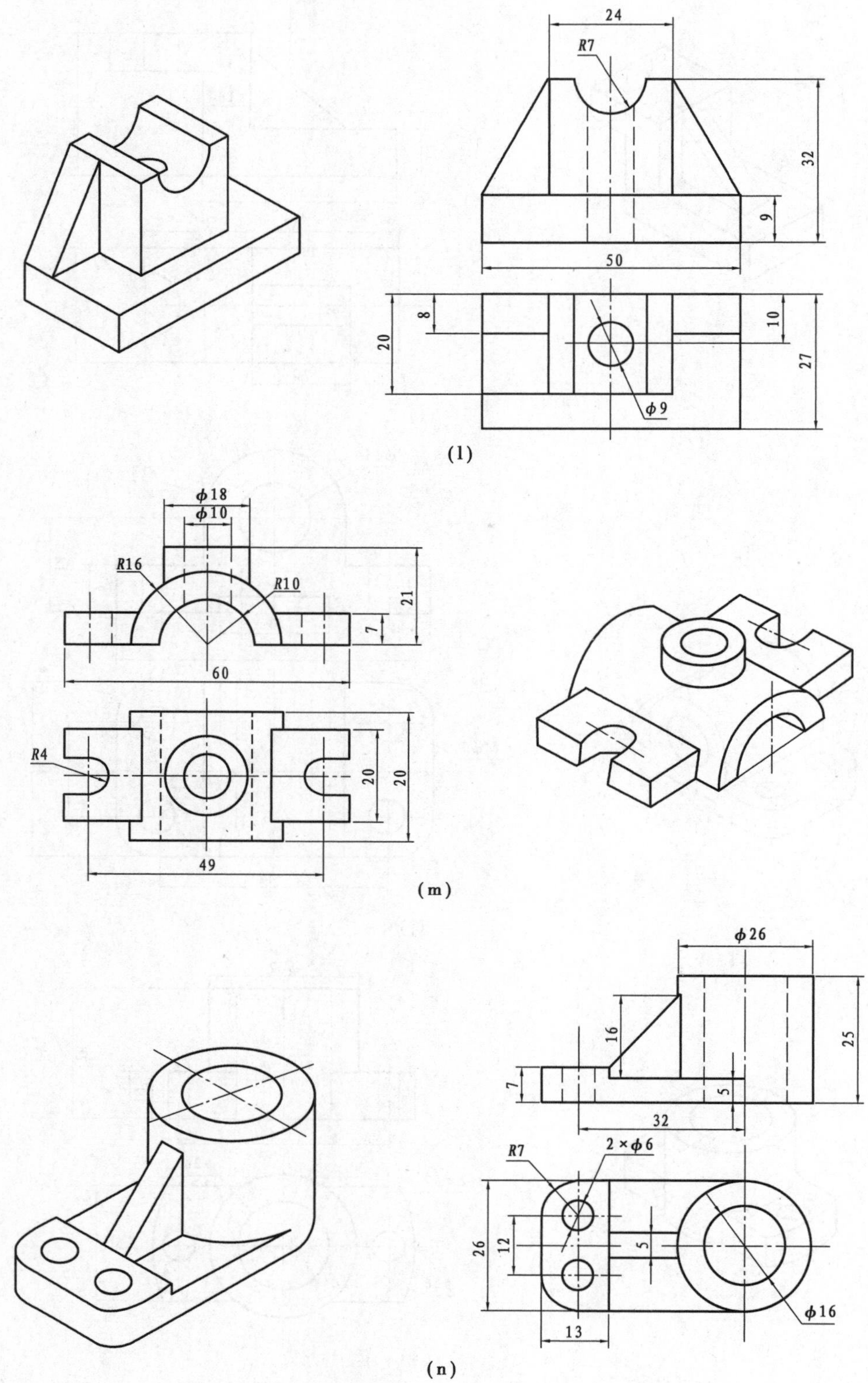

图 3.20　拉伸凸台/基体和拉伸切除特征练习题

3.2　旋转凸台/基体和旋转切除

旋转凸台/基体和旋转切除特征是通过将二维旋转面绕中心轴旋转一定角度，从而形成基体或孔的一种方法。它是SolidWorks最基础、最常用的特征建模方法之一。

3.2.1　旋转凸台/基体和旋转切除特征介绍

SolidWorks中最常用的特征之一是旋转凸台/基体和旋转切除，单击“旋转”按钮或者“旋转切除”按钮就可以旋转一个草图面得到实体模型。单击“旋转”按钮，系统会弹出“旋转”属性管理器，如图3.21所示。

注意：“旋转类型”有“给定深度”“成形到一顶点”“成形到一面”“到离指定面指定的距离”和“两侧对称”5种选项。同时还有“方向2”和“薄壁特征”选项可以勾选。“所选轮廓”选项在草图中有多个草图时，可以选中其中一个或者多个草图进行拉伸。

单击“旋转切除”按钮，系统会弹出“切除-旋转”属性管理器，其基本界面和“旋转”属性管理器类似。

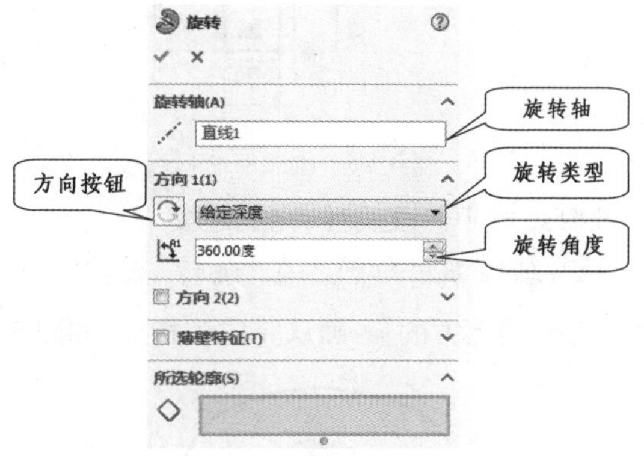

图3.21　“旋转”属性管理器

3.2.2　旋转凸台/基体和旋转切除特征实例

旋转凸台零件的建模

创建如图3.22所示的实体模型。

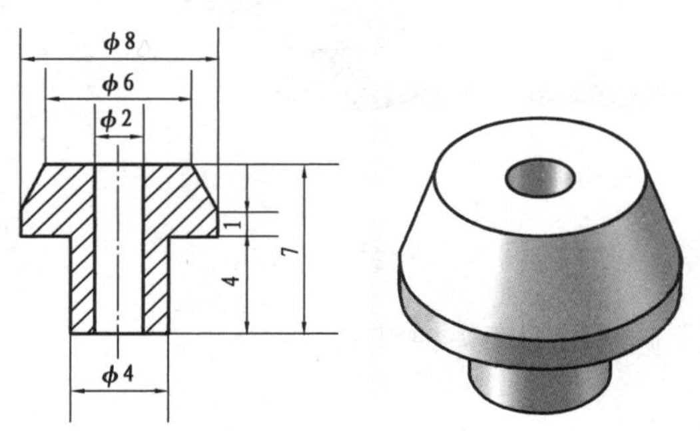

图3.22　旋转凸台/基体和旋转切除特征实例

步骤 1　新建零件

单击“新建”按钮，在“新建 SolidWorks 文件”对话框中选择“零件”模板，再单击“确定”按钮。单击“旋转”按钮，在弹出的 3 个标准基准平面中选择“前视基准面”，即可在该基准平面上绘制草图。

步骤 2　绘制草图

单击“直线”按钮，让某条直线从坐标原点开始，绘制如图 3.23 所示草图，并标注尺寸。

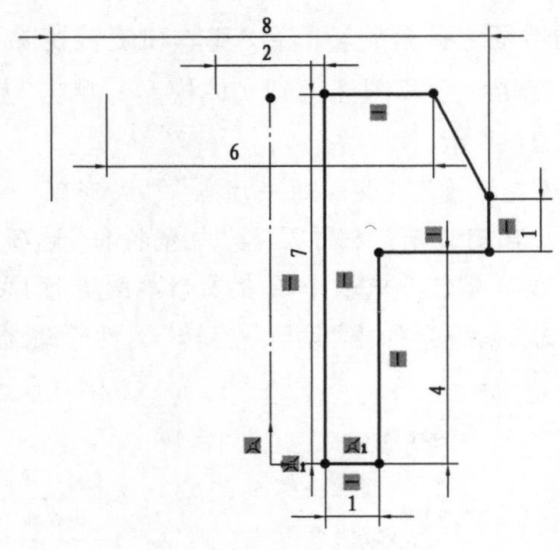

图 3.23　绘制草图

步骤 3　在“旋转”属性管理器中修改属性，完成建模

单击“退出草图”按钮，结束编辑草图。在“旋转”属性管理器中修改“旋转角度”为“360 度”，单击“旋转”属性管理器上方的确认完成该特征，如图 3.24 所示。

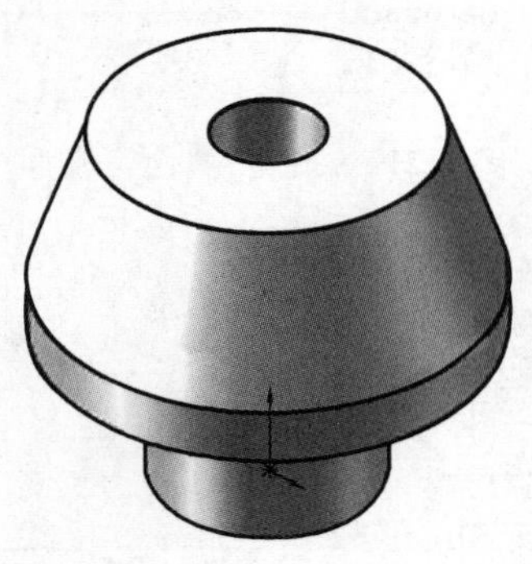

图 3.24　旋转凸台/基体和旋转切除特征实例的最终结果

3.2.3　旋转凸台/基体和旋转切除特征练习

绘制如图 3.25(a)至(f)所示的实体模型。

旋转及旋转切除零件的建模

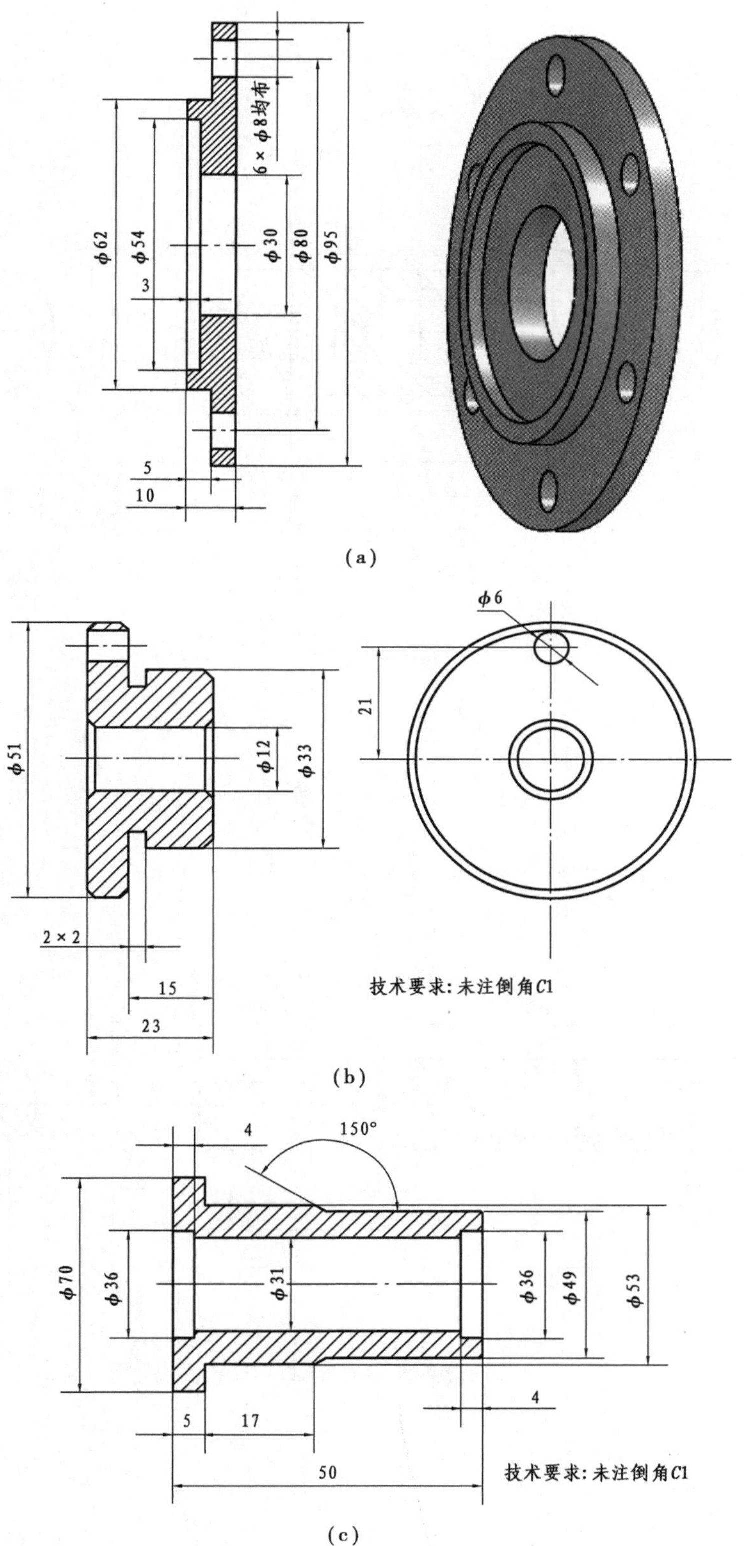
6×φ8均布
φ62
φ54
3
φ30
φ80
φ95
5
10
(a)
φ6
21
φ51
φ12
φ33
2×2
15
23
技术要求:未注倒角C1
(b)
4
150°
φ70
φ36
φ31
φ36
φ49
φ53
4
5
17
50
技术要求:未注倒角C1
(c)

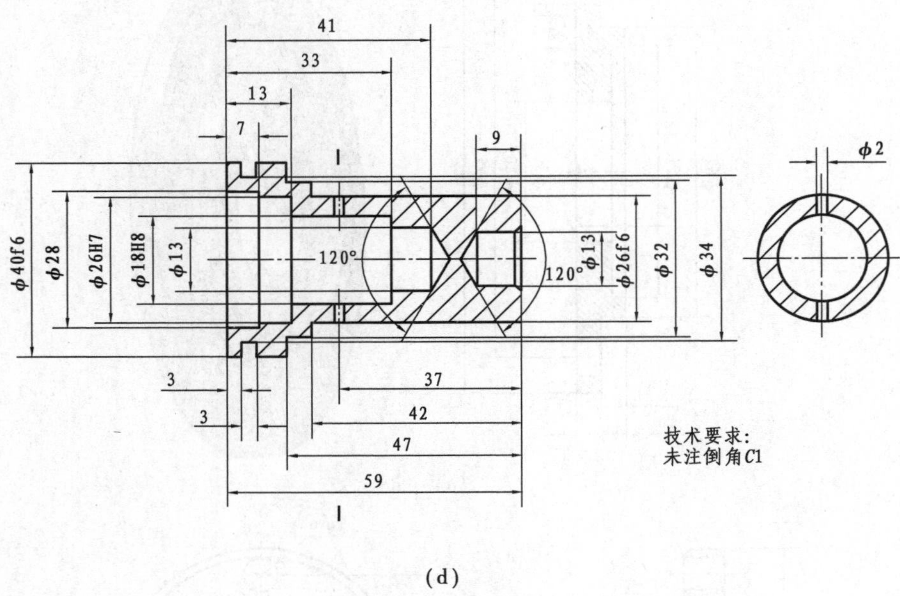
41
33
13
7
9
I
ϕ2
ϕ40f6
ϕ28
ϕ26H7
ϕ18H8
ϕ13
120°
120°
ϕ13
ϕ26f6
ϕ32
ϕ34
3
37
3
42
47
59
I
技术要求:
未注倒角C1

(d)

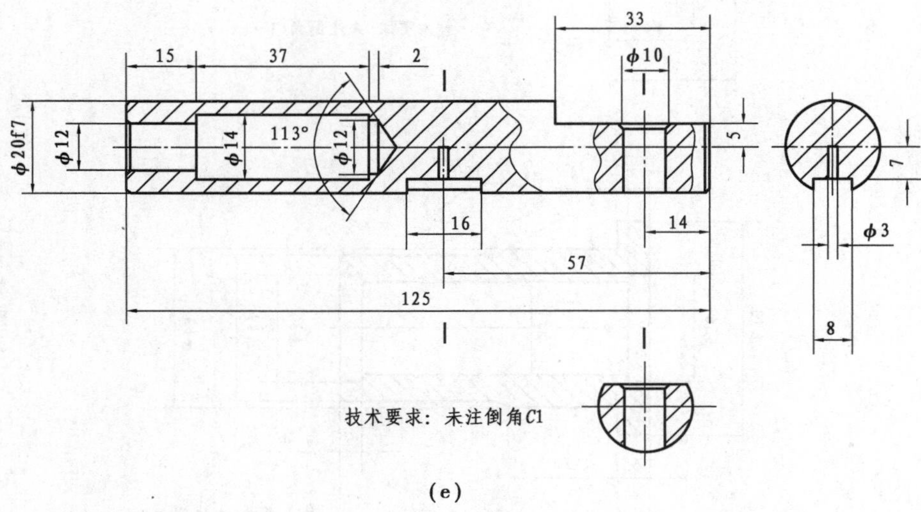
33
15
37
2
ϕ10
ϕ20f7
ϕ12
ϕ14
113°
ϕ12
5
7
16
14
ϕ3
57
125
8
技术要求: 未注倒角C1

(e)

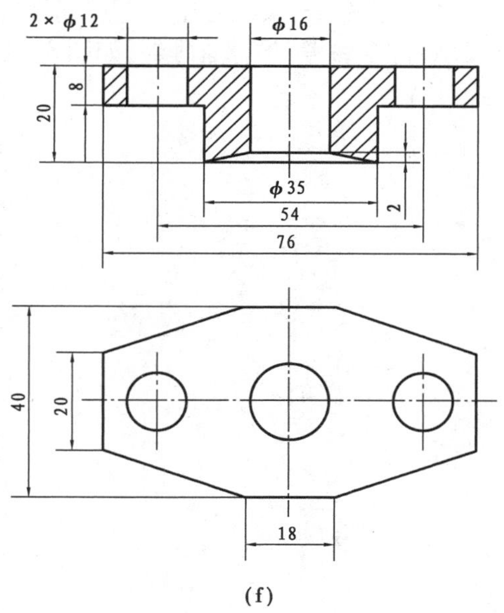

(f)

图 3.25　旋转凸台/基体和旋转切除练习题

3.3　参考几何体

参考几何体是 SolidWorks 比较重要的概念，也是创建模型的参考基准。参考几何体可以通过“特征工具管理器”的“参考几何体”中的嵌套命令按钮找到。它也有单独的工具条，命令按钮都在该工具条中，从左至右有“基准面”“基准轴”“坐标系”“点”和“配合参考”5 种基本参考几何体。“参考几何体”工具条如图 3.26 所示。

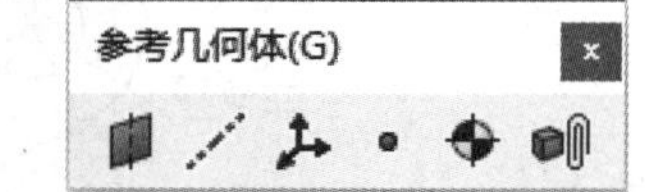

图 3.26　“参考几何体”工具条

3.3.1　参考几何体介绍

在 SolidWorks 中单击“参考几何体”按钮，并选中其中一个参考几何体类型，再单击“基准面”命令，系统会显示“基准面”属性管理器，如图 3.27 所示。单击“基准轴”命令，系统会显示“基准轴”属性管理器，如图 3.28 所示。单击“坐标系”命令，系统会显示“坐标系”属

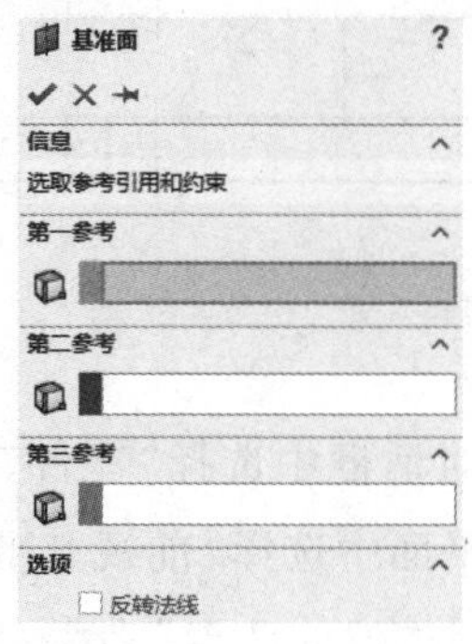

图 3.27　“基准面”属性管理器

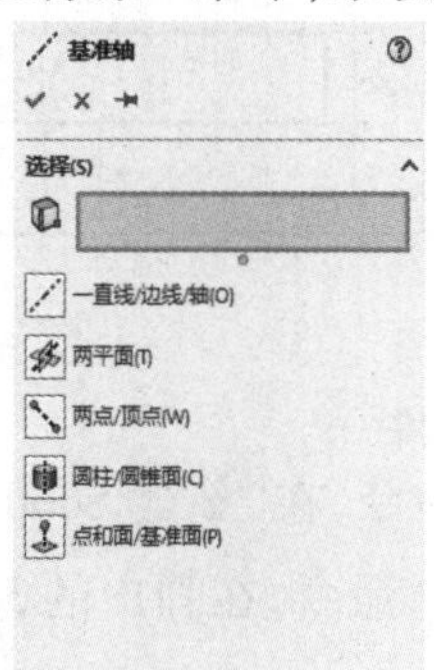

图 3.28　“基准轴”属性管理器

性管理器,如图 3.29 所示。单击“点”命令,系统会显示“点”属性管理器,如图 3.30 所示。单击“配合参考”命令,系统会显示“配合参考”属性管理器,如图 3.31 所示。

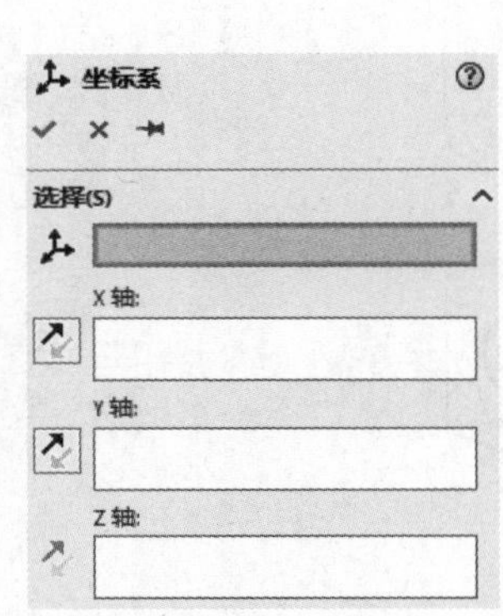

图 3.29 “坐标系”属性管理器

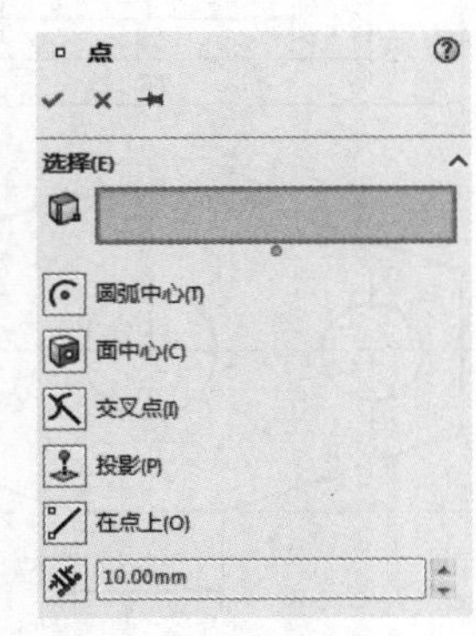

图 3.30 “点”属性管理器

图 3.31 “配合参考”属性管理器

3.3.2 参考几何体实例

创建如图 3.32 所示的实体模型。

参考几何体零件的建模(一)

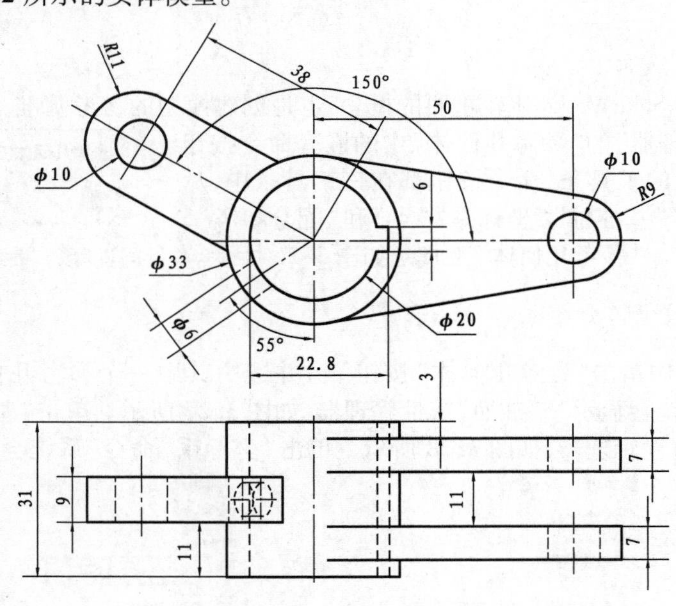

图 3.32 参考几何体实例

步骤 1 新建零件

单击“新建”命令,在“新建 SolidWorks 文件”对话框中选择“零件”模板,单击“确定”。单击“草图绘制”命令,在弹出的 3 个标准基准平面中选择“前视基准面”,然后在该基准平面上开始绘制草图。绘制草图如图 3.33 所示,单击“拉伸凸台”命令,把该草图的“拉伸长度”设为“31”,结果如图 3.34 所示。

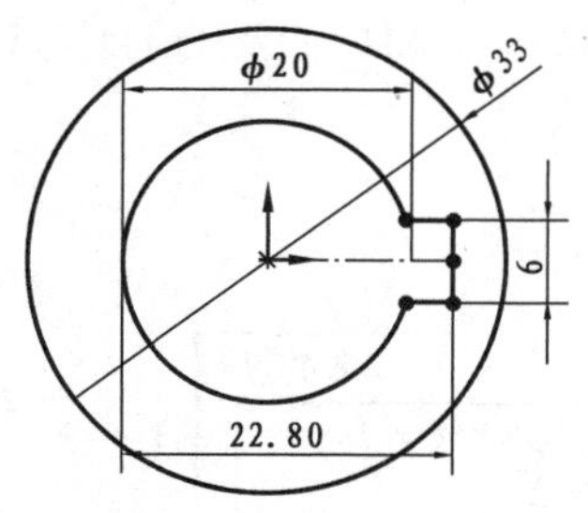

图3.33　参考几何体实例步骤1草图

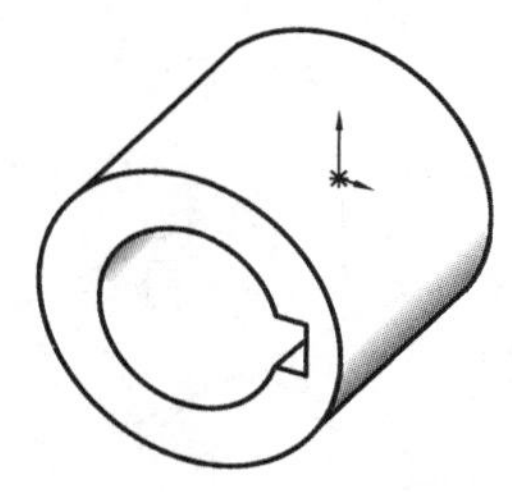

图3.34　参考几何体实例步骤1结果

步骤2　新建参考几何体的基准面

在SolidWorks中单击“参考几何体”命令并选择其中的“基准面”类型，再选中步骤1中空心圆柱体的前面，选中“反向等距”并改为“11”，如图3.35所示；生成一个和前面平行且距离为11的“基准面1”，结果如图3.36所示。

图3.35　修改基准面参数

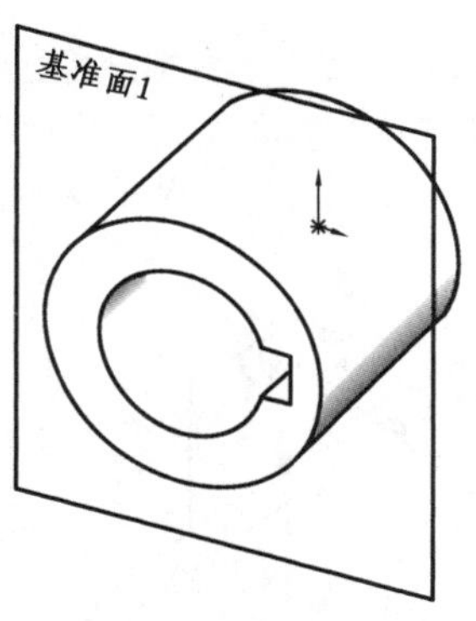

图3.36　生成“基准面1”

步骤3　在“基准面1”上绘制草图，建模左边特征

用鼠标选中新建的“基准面1”，采用“拉伸凸台”命令，在上面绘制草图，将“拉伸高度”改为“9”，如图3.37所示。注意拉伸的方向。生成零件左边特征如图3.38所示。

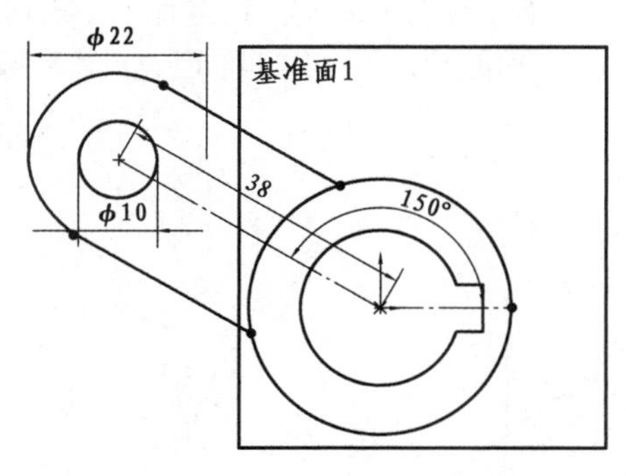

图3.37　在“基准面1”上绘草图

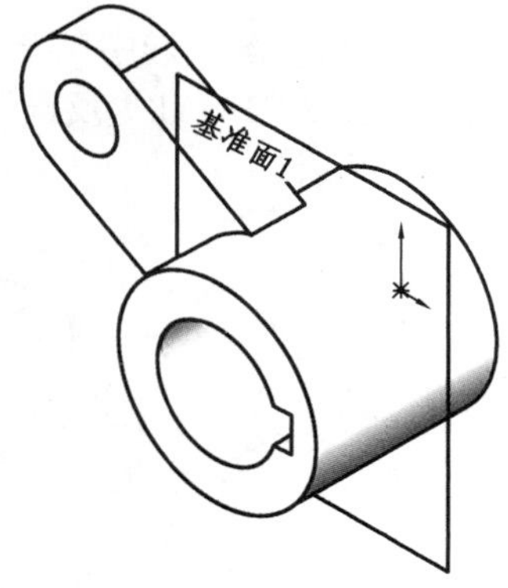

图3.38　生成零件左边特征

步骤4　新建另一平行的基准面

在SolidWorks中，单击“参考几何体”按钮，并选择其中的“基准面”类型。选中步骤1

中空心圆柱体的后面，选中“反向等距”并改为“3”，生成一个和后面平行且距离为“3”的“基准面2”，结果如图 3.39 所示。

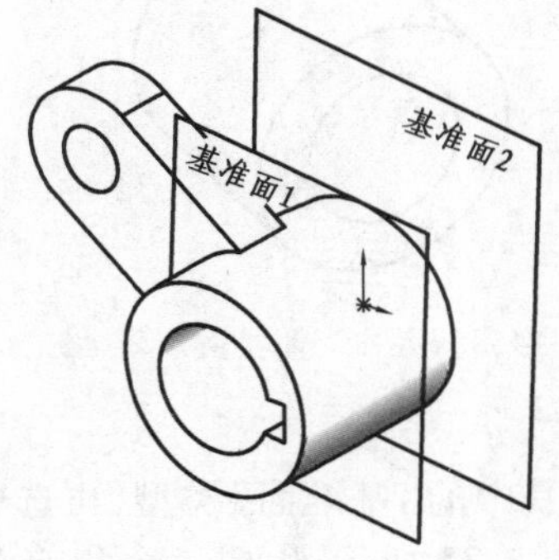

图 3.39　生成“基准面 2”

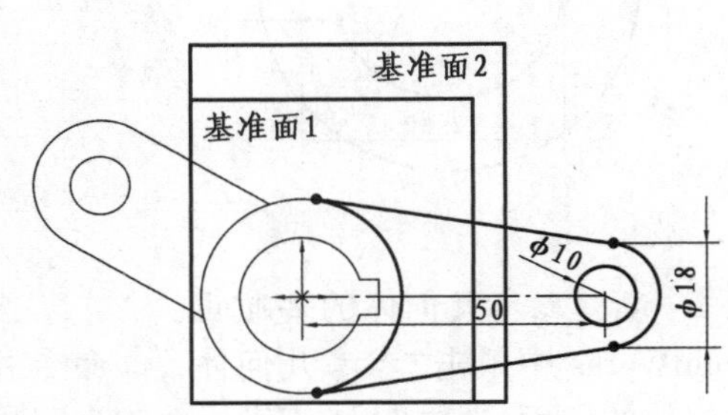

图 3.40　在“基准面 2”上绘草图

步骤 5　在“基准面 2”上绘制草图，建模右边特征

用鼠标选中新建的“基准面 2”，采用“拉伸凸台”命令，在上面绘制草图，将“拉伸高度”改为“7”，如图 3.40 所示。注意拉伸的方向。结果如图 3.41 所示。

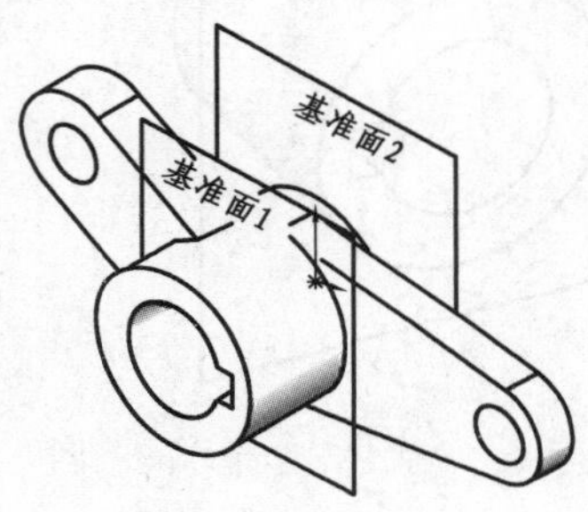

图 3.41　生成零件右边特征

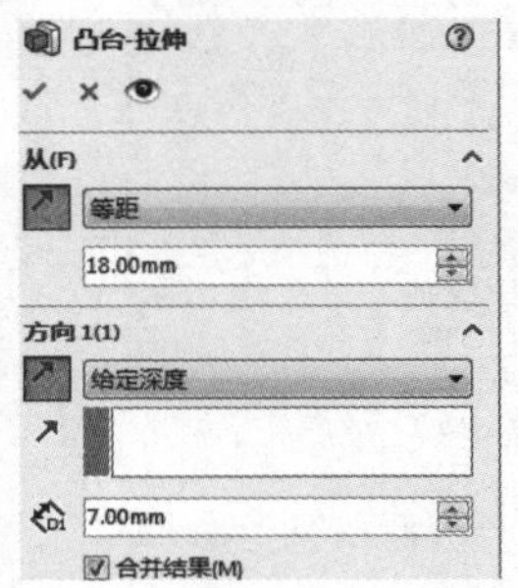

图 3.42　采用“等距”方式拉伸参数

参考几何体零件的建模（二）

步骤 6　重复使用步骤 5 中的草图，采用“等距”方式建模右前特征

用鼠标选中步骤 5 中特征前面的右向小三角形，右向小三角形会变成向下的三角形，并显示出该特征的草图。选中该草图，然后单击“拉伸凸台”命令，选用“等距”方式构建拉伸特征，修改“等距”为“18”和 “反向”，同时修改“给定深度”为“7”和 “反向”，如图 3.42 所示。结果如图 3.43 所示。

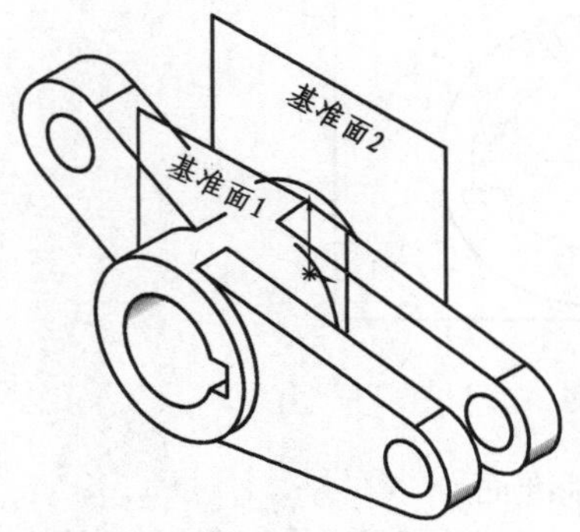

图 3.43　生成零件右前特征

步骤 7　新建另一个和垂直方向倾斜 35°的基准面，以便切除 $\phi 6$ 的圆孔。

在 SolidWorks 中单击“参考几何体”，并选择其中的“基准面”类型，再单击“第一参考”，选中“右视基准面”；然后单击“第二参考”，选中第一步空心圆柱体中的旋转轴；单击“第一参考”中的“角度”方式，修改“角度”为“35 度”，选中“反向等距”前面的框，生成“基准面 3”，如图 3.44 所示。结果如图 3.45 所示。

注意：

①为了避免前面生成的基准面影响观察视线，可以隐藏基准面。方法是在“设计树”中鼠标右键单击选中的基准面，从弹出的快捷菜单中选择“隐藏”。图 3.45 已经隐藏了“基准面 1”和“基准面 2”。

②旋转轴系统一般是不会显示的。要显示旋转轴，则需要单击菜单“视图”→“隐藏/显示”→“临时轴”，系统才会显示旋转轴。本例“第二参考”中的旋转轴“基准轴 1”需要先按照这样操作才会被显示出来。

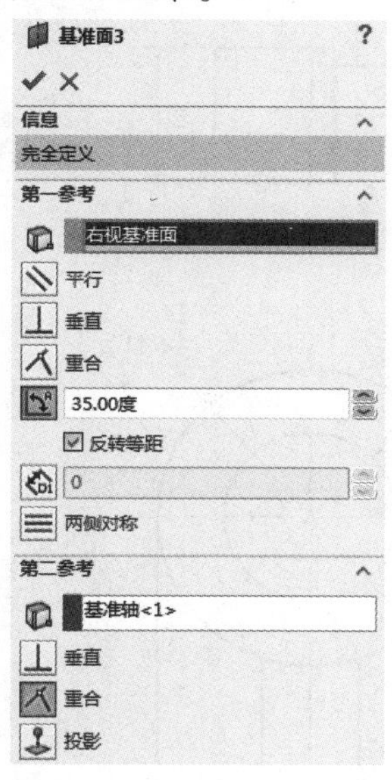

图 3.44　建立倾斜的参考面参数设置

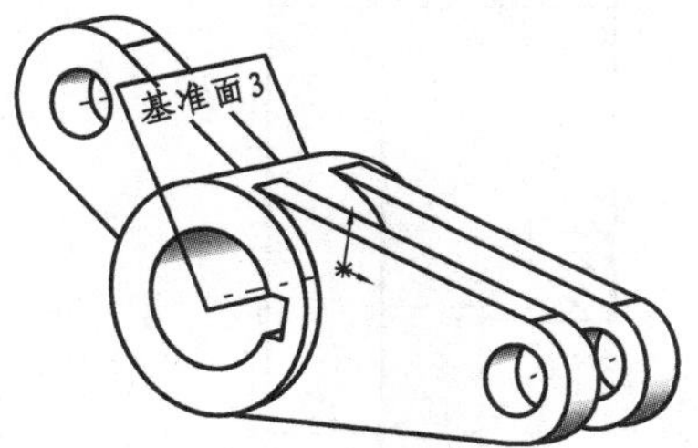

图 3.45　建立倾斜的参考面

步骤 8　在“基准面 3”绘制 $\phi 6$ 的圆

在“基准面 3”上重复前面几个步骤，绘制 $\phi 6$ 的圆；再采用拉伸切除的方式，切除生成 $\phi 6$ 的圆孔。最终结果如图 3.46 所示。

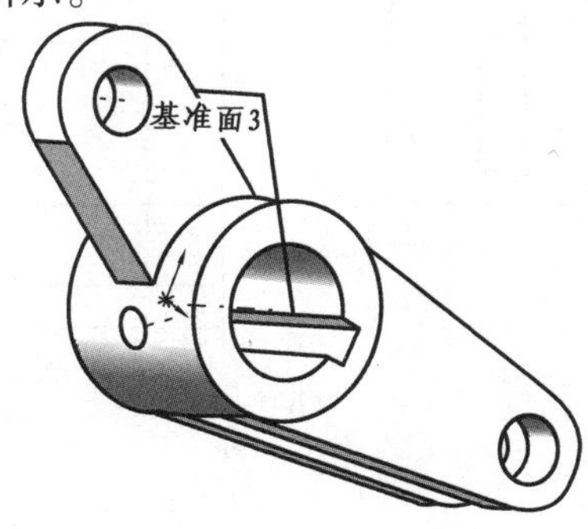

图 3.46　参考几何体实例的最终结果

3.3.3 参考几何体练习

创建如图 3.47(a)至(c)所示的实体模型。

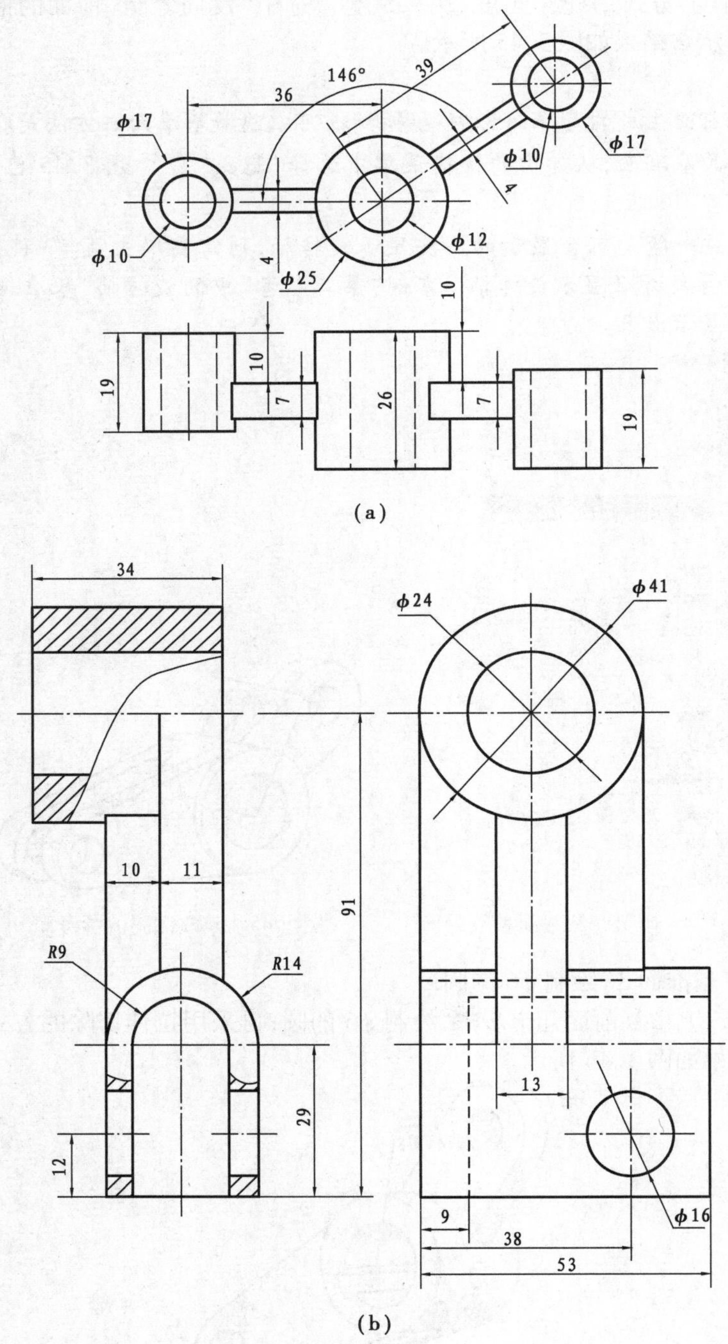

(a)

(b)

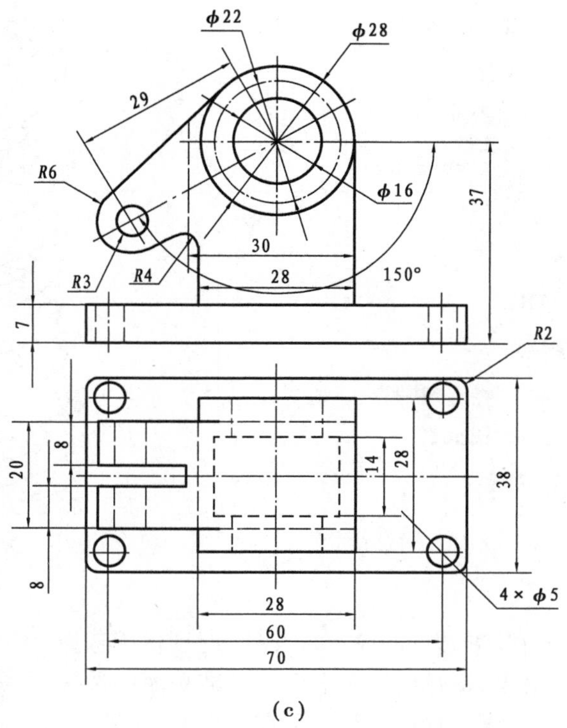

(c)

图 3.47　参考几何体练习

3.4　扫描/扫描切除

扫描/扫描切除特征是扫描面沿着某一轨迹移动而形成的特征，其建模需要扫描轮廓和扫描路径两个要素。

3.4.1　扫描/扫描切除特征介绍

在 SolidWorks 中单击“扫描”命令或者“扫描切除”命令，就可以用一个扫描轮廓沿着一个扫描路径得到扫描特征。单击“扫描”，系统会出现“扫描”属性管理器，如图 3.48 所示，分别选取草图轮廓和路径即可。单击“扫描切除”，系统会出现“切除-扫描”属性管理器，其基本界面和“扫描”属性管理器类似。

3.4.2　扫描/扫描切除特征实例

弹簧零件的建模

创建如图 3.49 所示的弹簧模型。其中弹簧总长 100，中径 $\phi40$，簧丝 $\phi5$，节距 10。

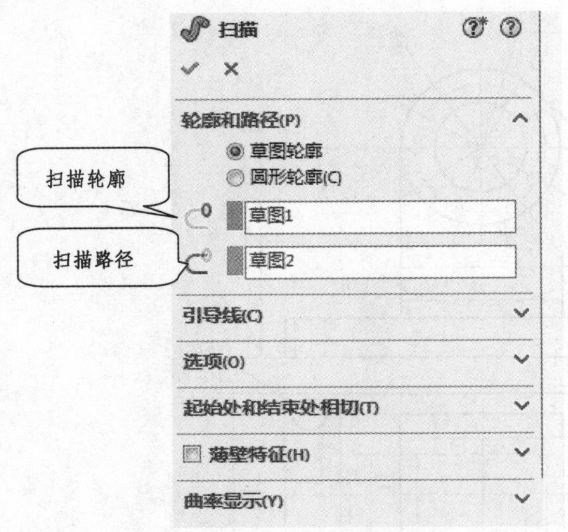

图 3.48　“扫描”属性管理器

图 3.49　扫描/扫描切除特征实例

步骤 1　新建零件

单击“新建”命令,在“新建 SolidWorks 文件”对话框中选择“零件”模板,单击“确定”按钮。再单击“草图绘制”命令,在弹出的 3 个标准基准平面中选择“上视基准面”,在该基准平面上开始绘制草图。选取“圆”命令,绘制 1 个直径为 40 的圆。

步骤 2　插入螺旋线作为扫描路径

选择菜单“插入”→“曲线”→“螺旋线/涡状线”,在“螺旋线/涡状线”管理器中修改参数如图 3.50 所示,生成长度为 150 的螺旋线作为扫描路径,如图 3.51 所示。

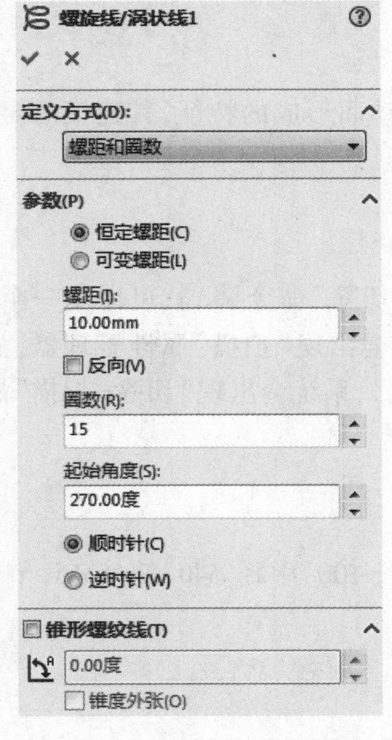

图 3.50　修改螺旋线/涡状线参数

图 3.51　生成长度为 150 的螺旋线

步骤 3　建立扫描面

再次单击“草图绘制”命令,在弹出的 3 个标准数据平面中选择“前视基准面”,在该数据平面上绘制草图。选取“圆”命令,绘制 1 个直径为 5 的圆。选择“圆心”和“螺旋线”,添加“穿透”约束,作为扫描面。

步骤 4　扫描完成弹簧

单击“扫描”命令,分别选择扫描面和扫描路径,生成长度为 150 的弹簧,如图 3.52 所示。选择“拉伸切除”命令,上下各绘制 1 个矩形,控制矩形间的距离为“100”,把多余的弹簧长度切除掉,如图 3.53 所示。最终弹簧如图 3.54 所示。

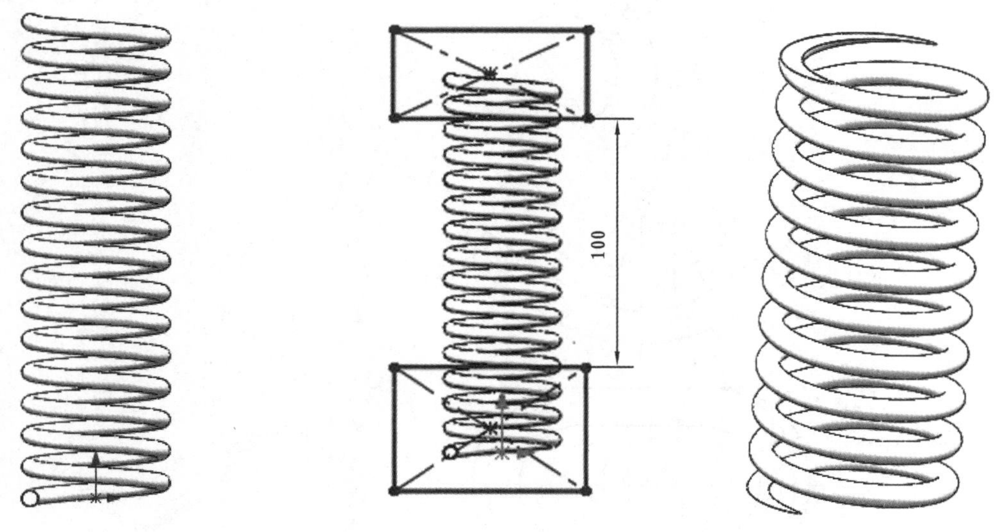

图 3.52　生成长度为 150 的弹簧　　图 3.53　用矩形切除多余的弹簧长度　　图 3.54　最终弹簧

3.4.3　扫描/扫描切除特征练习

创建如图 3.55(a)至(c)所示的实体模型。

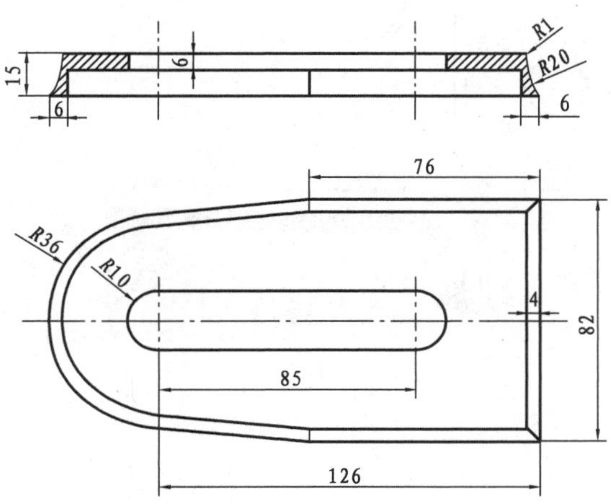

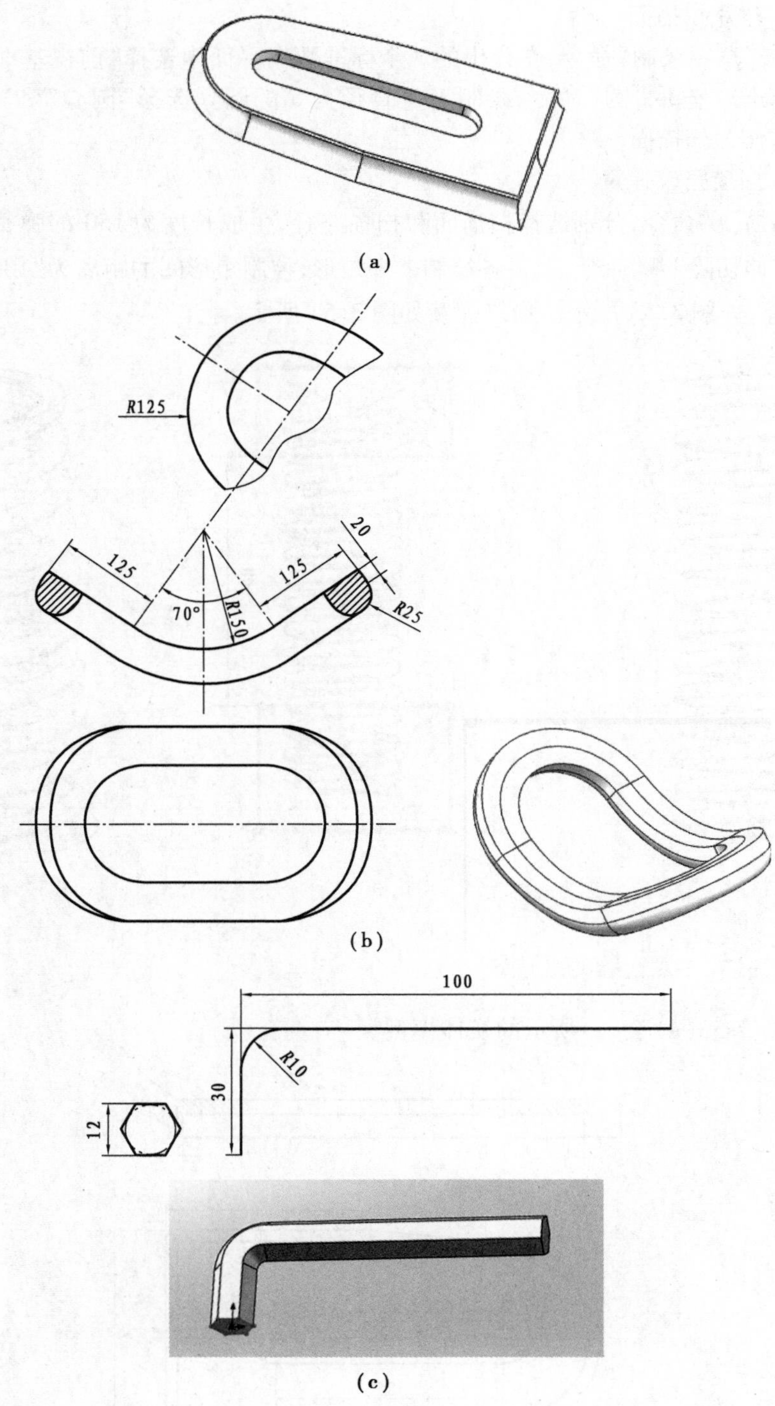

图 3.55　扫描/扫描切除练习

3.5 放样凸台/基体和放样切割

放样凸台/基体和放样切割特征是由两个或者多个截面在其边处用过渡曲面连接形成的一个连续特征。其建模需要两个或者多个截面要素，有时还可以用引导线辅助控制生成方向。

3.5.1 放样凸台/基体和放样切割特征介绍

在 SolidWorks 中单击“放样”命令或者“放样切割”命令，就可以用两个或者多个截面生成放样特征。单击“放样”命令，系统会显示“放样”属性管理器，如图 3.56 所示，分别选取草图轮廓和路径即可。单击“放样切割”命令，系统会显示“切除-放样”属性管理器，其基本界面和“放样”属性管理器界面类似。

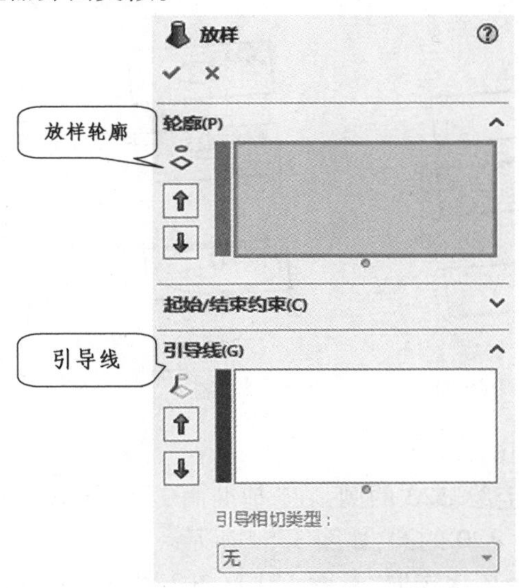

图 3.56 “放样”属性管理器

3.5.2 放样凸台/基体和放样切割特征实例

创建如图 3.57 所示的实心花瓶模型。

步骤 1 新建零件

单击“新建”命令，在“新建 SolidWorks 文件”对话框中选择“零件”模板，单击“确定”按钮。

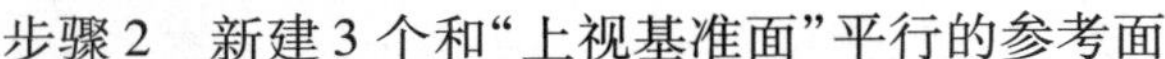

步骤 2 新建 3 个和“上视基准面”平行的参考面

选择“参考几何体”中的“基准面”命令，分别新建平行于“上视基准面”且距离为“40”的“基准面 1”、距离为“110”的“基准面 2”和距离为“160”的“基准面 3”，如图 3.58 所示。

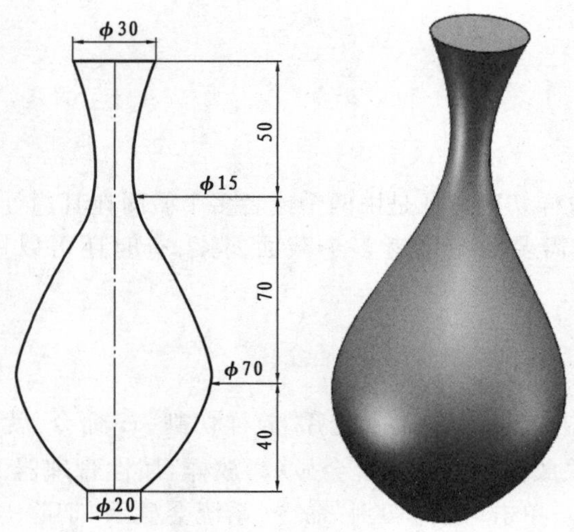

图 3.57　放样凸台/基体和放样切割特征实例

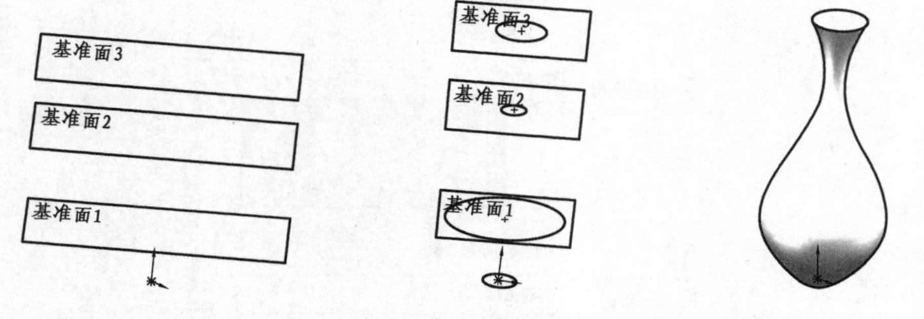

图 3.58　新建 3 个基准面　　图 3.59　绘制 4 个截面圆　　图 3.60　“放样”结果

步骤 3　绘制 4 个截面圆

分别在“上视基准面”上绘 ϕ20 的圆，在“基准面 1”上绘 ϕ70 的圆，在“基准面 2” 上绘 ϕ15 的圆，“基准面 3” 上绘 ϕ30 的圆，如图 3.59 所示。

步骤 4　用“放样”命令依次选取“草图 1”“草图 2”“草图 3”和“草图 4”，生成最终结果，如图 3.60 所示。

3.5.3　放样凸台/基体和放样切割特征练习

创建如图 3.61 所示的实体模型。

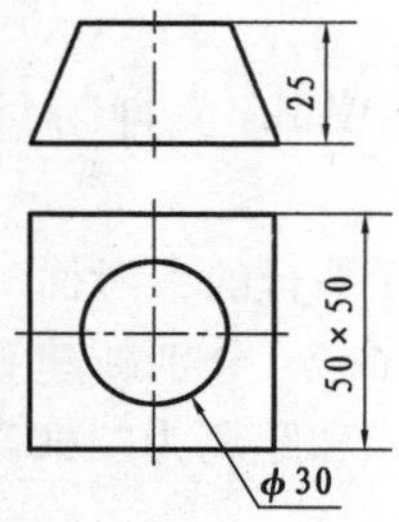

图 3.61　放样凸台/基体和放样切割练习

3.6　抽壳

抽壳特征是将实体内部掏空，只留一个指定壁厚的一种建模方法。抽壳可以选取一个或者多个开口的面，让这个面的方向上没有壳体厚度存在，从而形成开口。

3.6.1　抽壳特征介绍

在 SolidWorks 中单击"抽壳"按钮，就可以建立抽壳特征。单击"抽壳"后，系统会显示"抽壳"属性管理器，如图 3.62 所示。设定需要的壳厚度和需要移除的面就可以建立抽壳特征了。需要修改厚度时，可以在"抽壳"属性管理器中直接修改其厚度值和该厚度的面。

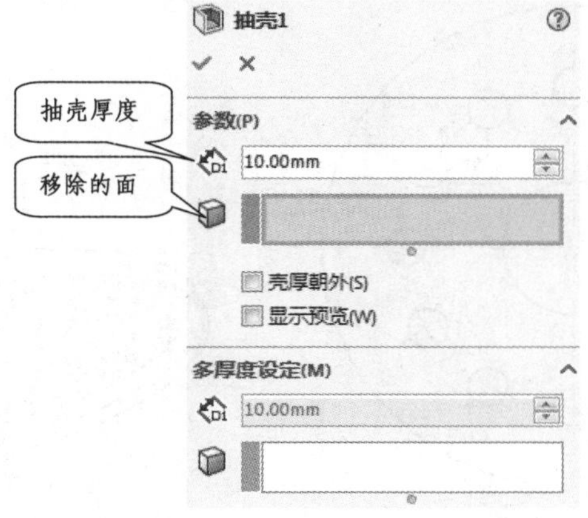

图 3.62　"抽壳"属性管理器

3.6.2　抽壳特征实例

创建如图 3.63 所示的空心花瓶模型，花瓶壁厚 2 mm。

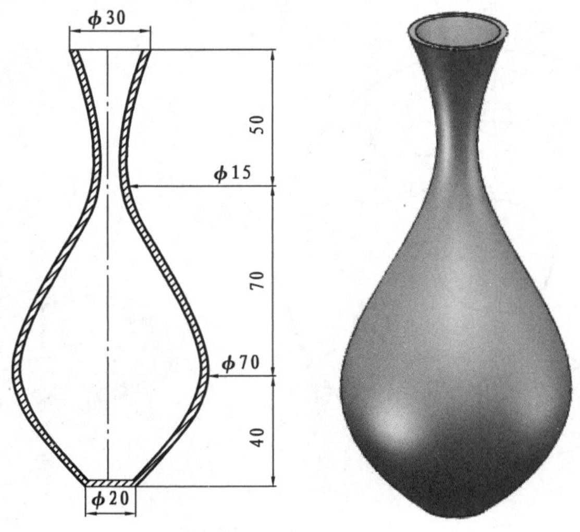

图 3.63　抽壳特征实例空心花瓶模型

步骤 1　和放样凸台/基体和放样切割特征实例一样,先新建实心花瓶。

步骤 2　单击“抽壳”命令,设置“抽壳厚度”为“2”,选择实心花瓶上表面作为移除的面,单击“确定”,即可得到如图 3.63 中右边的立体模型。

3.6.3　抽壳特征练习

创建如图 3.64(a)至(b)所示的实体模型。

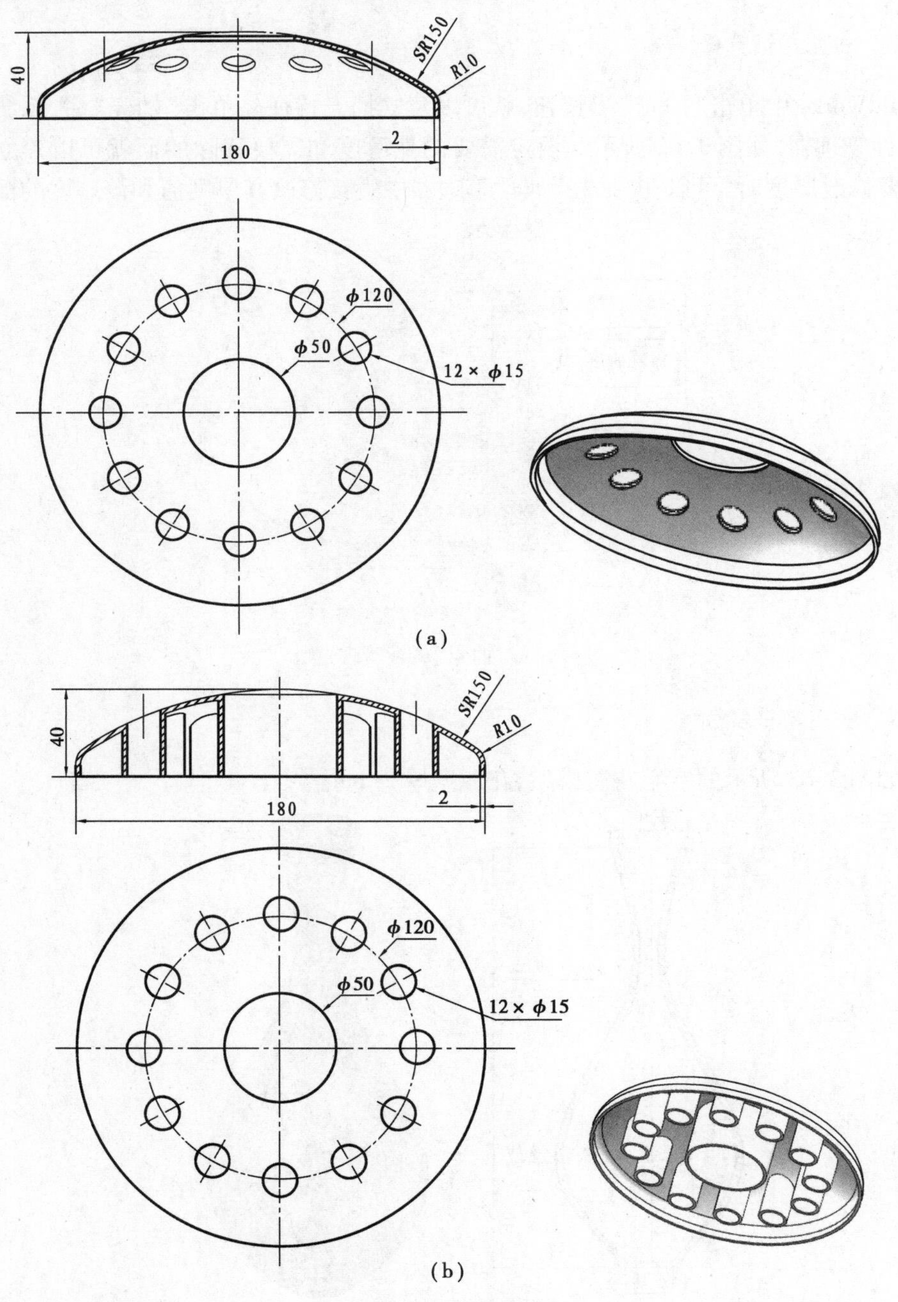

图 3.64　抽壳特征练习

3.7　异形孔向导

异形孔向导是针对生成孔特征的工具。通过“异形孔向导”命令，设计师无需查阅相关标准设计手册，可直接按不同的标准件选择相对应的标准孔特征，也可以根据需求对标准孔数据进行扩充，或自定义定制非标件的配对孔。目前，异型孔标准包含公制、英制、国标等 15 种。

异形孔的形状类型可分为柱形沉头孔、锥形沉头孔、孔、直螺纹孔、锥形螺纹孔、旧制孔、柱孔槽口、锥形槽口、槽口 9 种形式。

3.7.1　异形孔向导特征介绍

在 SolidWorks 中，“异形孔向导”命令管理器下嵌套了“异形孔向导”和“螺纹线”两个命令。“异形孔向导”一般用于建立光孔和各种内螺纹孔特征，而“螺纹线”一般用于建立外螺纹特征。单击“异形孔向导”命令，系统会显示“孔规格”属性管理器，如图 3.65 所示。单击“螺纹线”命令，系统会显示“螺纹线”属性管理器，如图 3.66 所示。

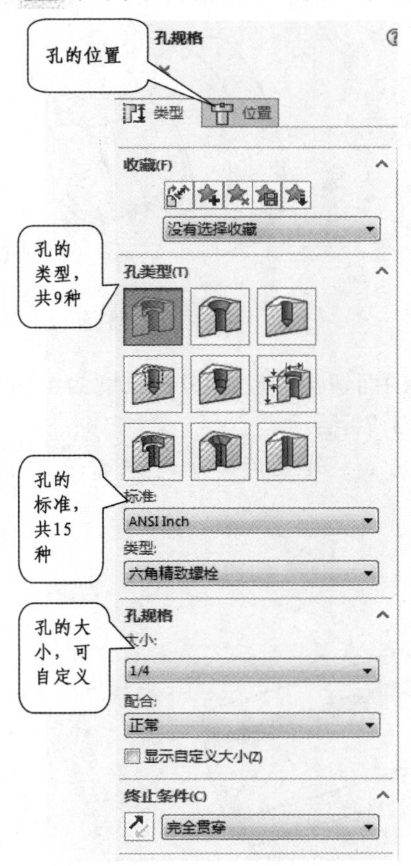

图 3.65　“孔规格”属性管理器

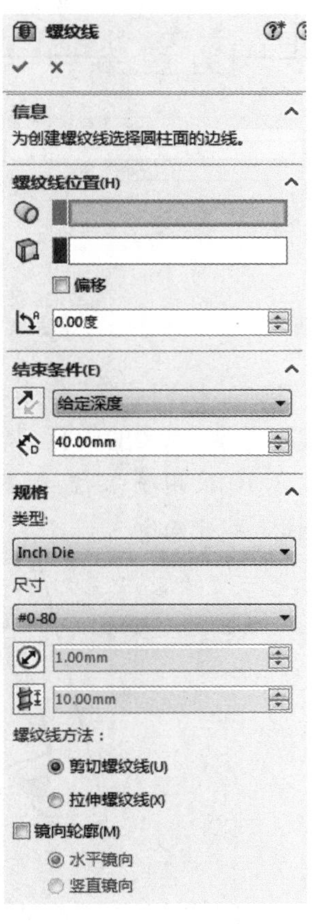

图 3.66　“螺纹线”属性管理器

3.7.2　异形孔向导特征实例

异形孔向导特征的建模

创建如图 3.67 所示的实体模型。

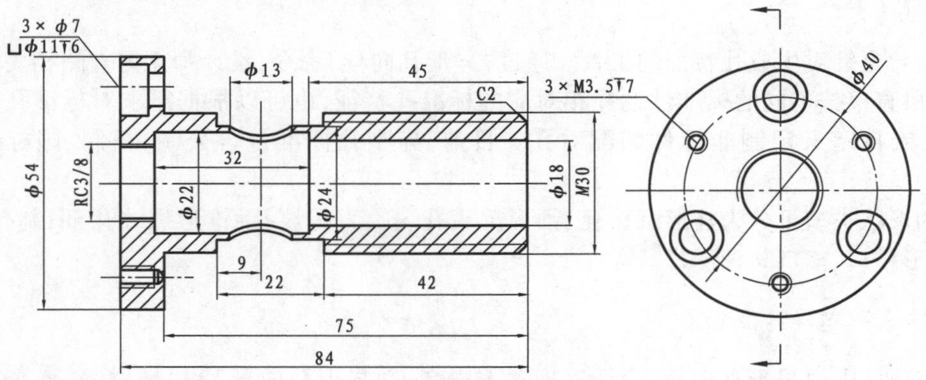

图 3.67　异形孔向导特征实例

步骤 1　新建零件。选取“旋转”命令，在“前视基准面”绘制如图 3.68 所示草图。旋转 360°，得到外形特征，如图 3.69 所示。

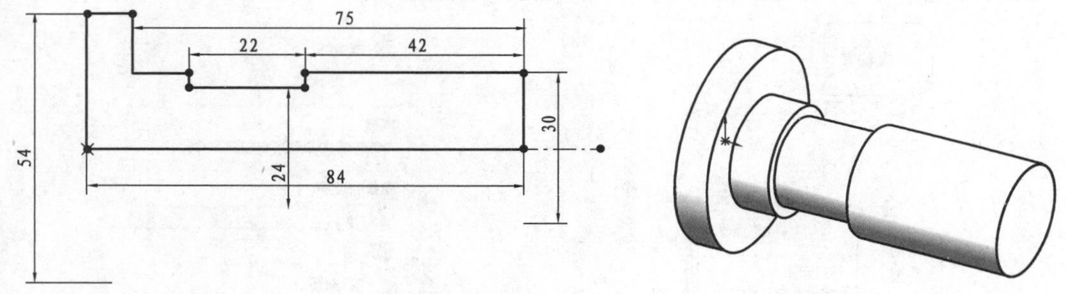

图 3.68　异形孔向导特征实例的草图

图 3.69　轴的外形特征

步骤 2　选取“拉伸切除”命令，选中最右边的面切除直径为 φ18、长度为 45 的内孔，再切除直径为 φ22、长度为 32 的内孔，其剖开面如图 3.70 所示。

注意：图 3.70 采用了“剖面视图”的显示方式。要采用该方式，只需要单击该按钮，并选择 1 个面作为剖开面即可。

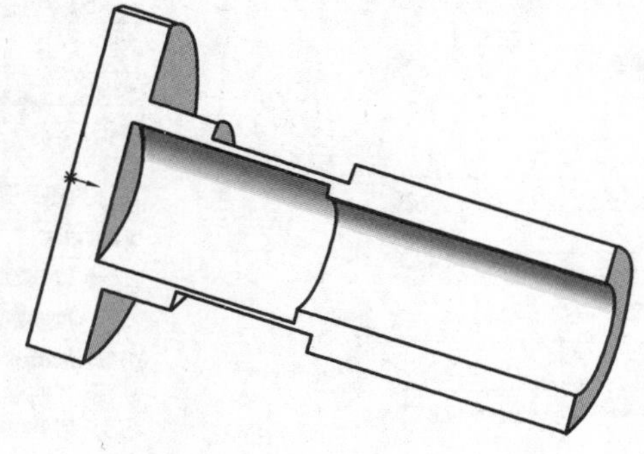

图 3.70　轴的内部特征(剖开)

步骤3 选取“拉伸切除”命令，选中“上视基准面”，显示“临时轴”，在其上绘制直径为 $\phi 13$ 的圆，采用方向1“完全贯穿”及方向2“完全贯穿”的方式切除中部的孔。其剖开显示如图3.71所示。

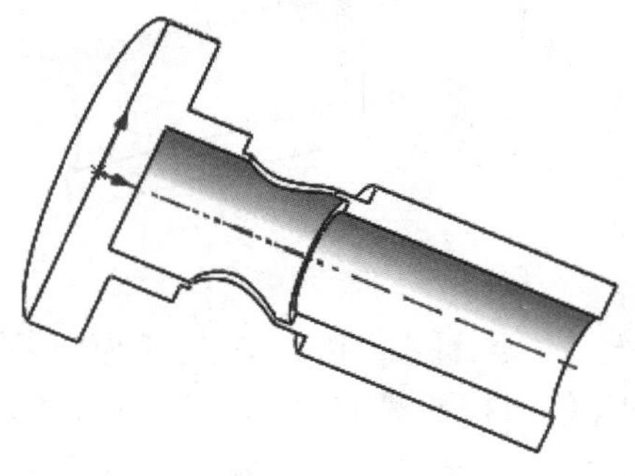

图3.71 轴的内部 $\phi 13$ 孔（剖开）

步骤4 选取“异形孔向导”命令，修改孔的“类型”为“锥形螺纹孔”，修改孔的“标准”为“GB”，修改孔的“规格大小”为“$\frac{3}{8}$”，修改孔的“终止条件”为“完全贯穿”，勾选“装饰螺纹线”，如图3.72所示。孔规格修改好后，单击“孔位置”。单击轴的左端面，黄色预览的孔会跟随鼠标光标移动，再单击轴左端面的圆心位置，确定锥形螺纹孔的位置。单击“确定”，剖开显示如图3.75所示。

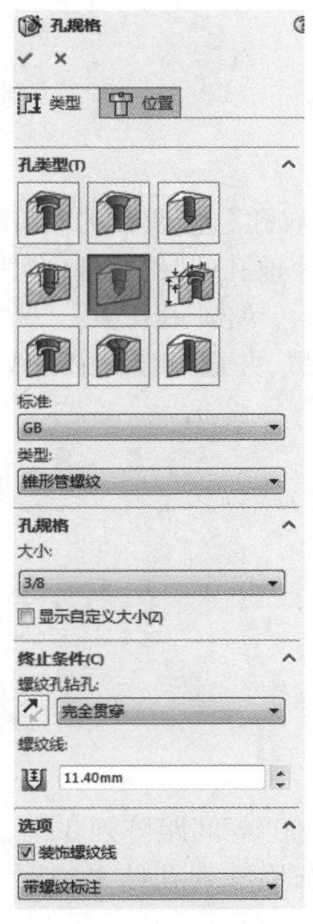

图3.72 锥形螺纹孔参数设置

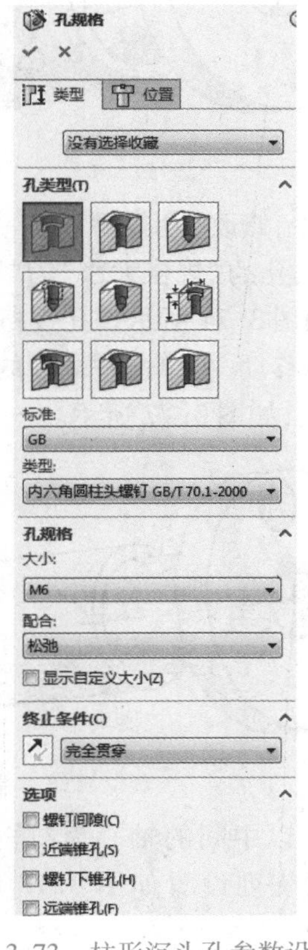

图3.73 柱形沉头孔参数设置

图3.74 直螺纹孔参数设置

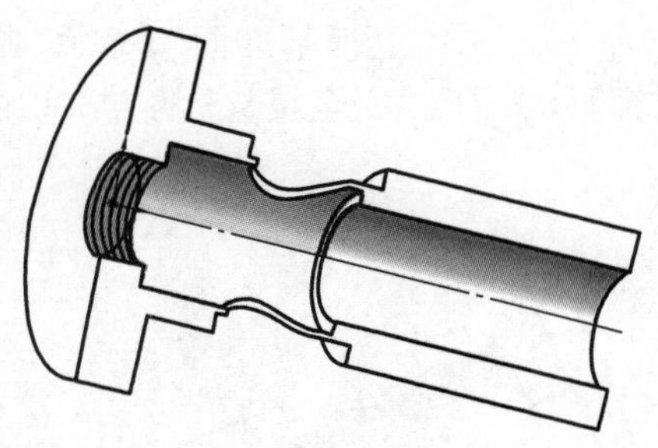

图 3.75　锥形螺纹孔(剖开)

步骤 5　选取“异形孔向导”命令,修改“孔类型(T)”为“柱形沉头孔”,修改孔的“标准”为“GB”,孔的“类型”为“内六角圆柱头螺钉 GB/T 70.1.2000”,修改孔的“规格大小”为“M6”,修改孔的“配合”为“松弛”,勾选“显示自定义大小”,把“柱形沉头孔深度”修改为“6”,修改孔的“终止条件”为“完全贯穿”,如图 3.73 所示。孔规格修改好后,单击“孔位置”。单击轴的左端面,黄色预览的孔会跟随光标移动,再单击左端面的某个位置,并适当绘制中心线定位其位置,单击“确定”后得到柱形沉头孔,如图 3.76 所示。

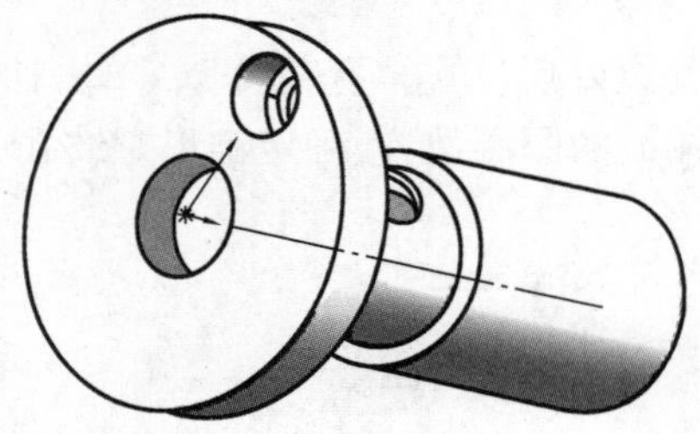

图 3.76　柱形沉头孔

步骤 6　选取“异形孔向导”命令,修改“孔类型(T)”为“直螺纹孔”,修改孔的“标准”为“GB”,孔的“类型”为“底部螺纹孔”,孔的“规格大小”为“M3.5”,修改孔的“终止条件”为“给定深度”,设定“盲孔深度”为“8”,如图 3.74 所示。孔规格修改好后,单击“孔位置”。单击轴的左端面,黄色预览的孔会跟随光标移动,再单击左端面的某个位置,并适当绘制中心线定位其位置,单击“确定”后得到直螺纹孔,如图 3.77 所示。

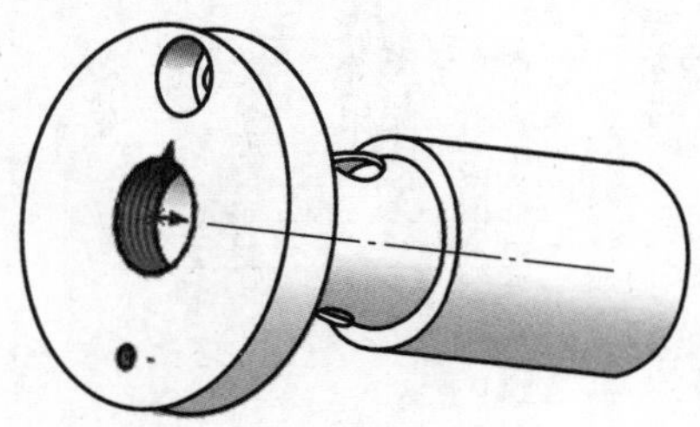

图 3.77　直螺纹孔

步骤 7　选取“圆周阵列”命令,以中间的轴心为“阵列轴”,360°等间距阵列 3 个,选中“柱形沉头孔”和“直螺纹孔”,圆周阵列设置如图 3.78 所示。圆周阵列孔结果如图 3.79 所示。

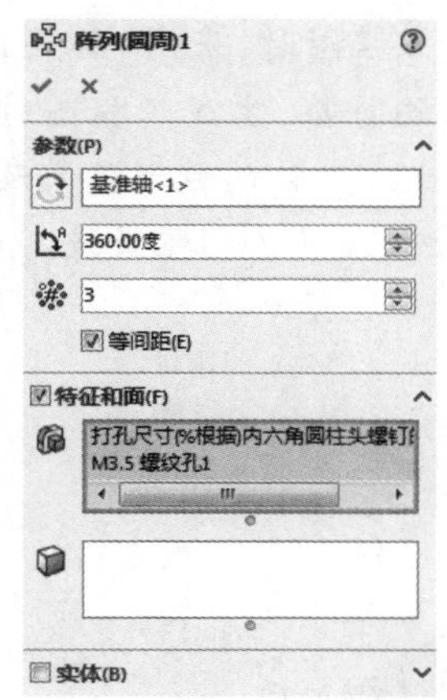

图 3.78　圆周阵列设置

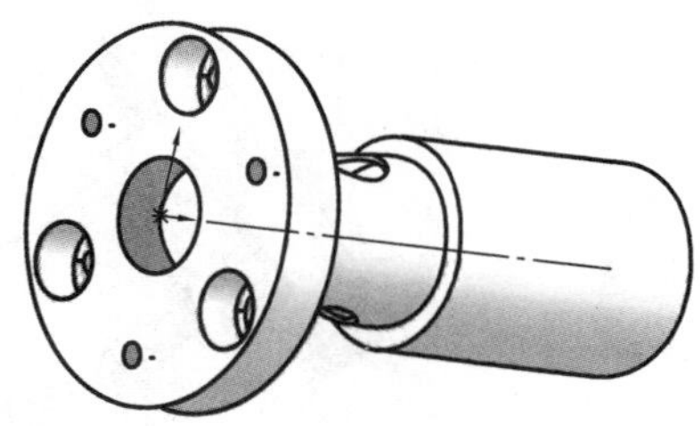

图 3.79　圆周阵列孔结果

步骤 8　菜单中选择“插入”→“注解”→“装饰螺纹线”，“螺纹设定”选用“ϕ30 的外圆柱面”，“标准”选用“GB”，“类型”选用“机械螺纹”，“大小”选用“M30”，“终止条件”选用“成形到下一面”，装饰螺纹线设置如图 3.79 所示。加装饰螺纹线如图 3.81 所示。

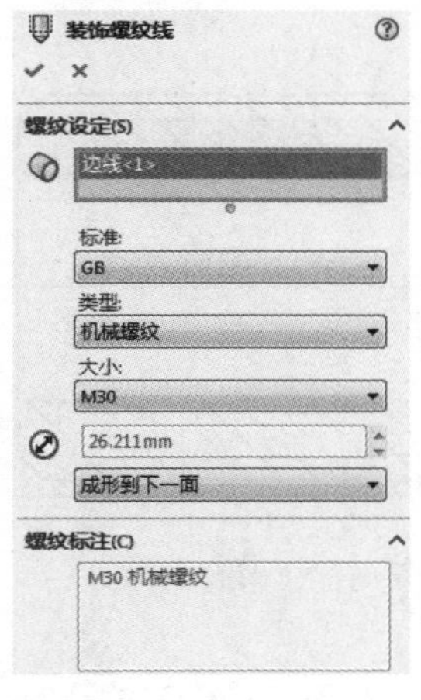

图 3.80　装饰螺纹线设置

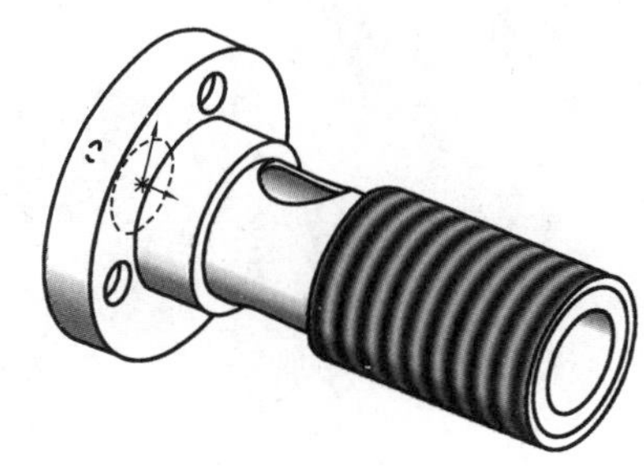

图 3.81　加装饰螺纹线

步骤 9　把右边端面倒角 *C*2，结果如图 3.82 所示。

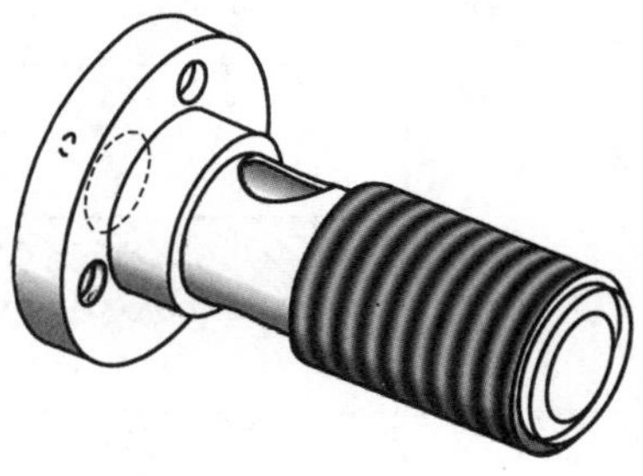

图 3.82　倒角 *C*2 后的最后结果

注意：步骤 8 中如果采用“螺纹线”命令，就可以建立螺纹线特征。其结果如图 3.83 所示。对比图 3.82，采用“加装饰螺纹线”方法建立的特征只是外观上有螺纹的外形，但是采用

“螺纹线”建立的特征，外观上是有螺纹形状的。但在生成工程图时，采用“加装饰螺纹线”方法更符合国家标准的螺纹规定表达；而采用“螺纹线”建立的特征，生成工程图时则不符合国家制图标准。图 3.84 显示的是采用“加装饰螺纹线”方法生成立体的放大效果及其工程图效果；图 3.85 显示的是采用“螺纹线”方法生成立体的放大效果及其工程图效果。

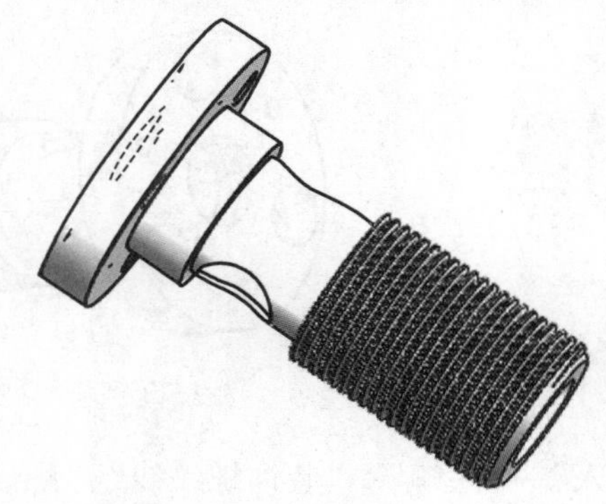

图 3.83 采用“螺纹线”方法建立螺纹线特征的结果

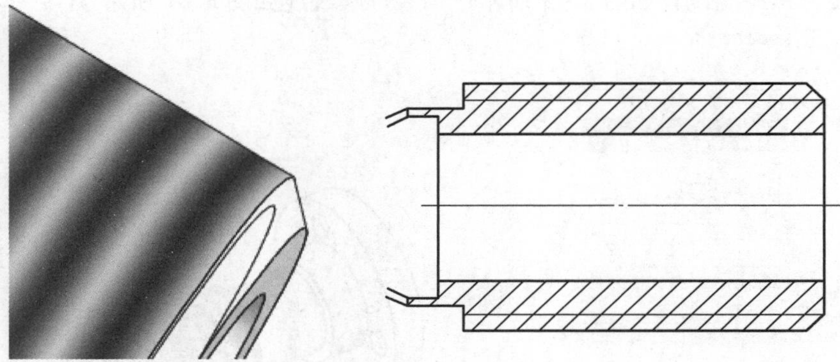

图 3.84 采用“加装饰螺纹线”方法建立的结果局部放大及工程图

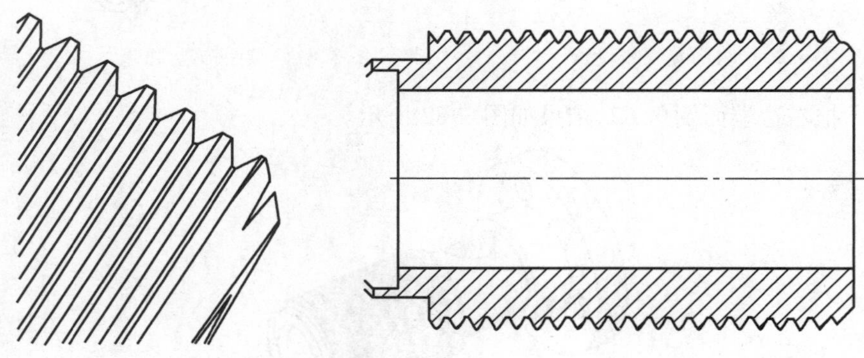

图 3.85 采用“螺纹线”方法建立的结果局部放大及其工程图

3.7.3 异形孔向导练习

创建如图 3.86(a)至(c)所示的实体模型。

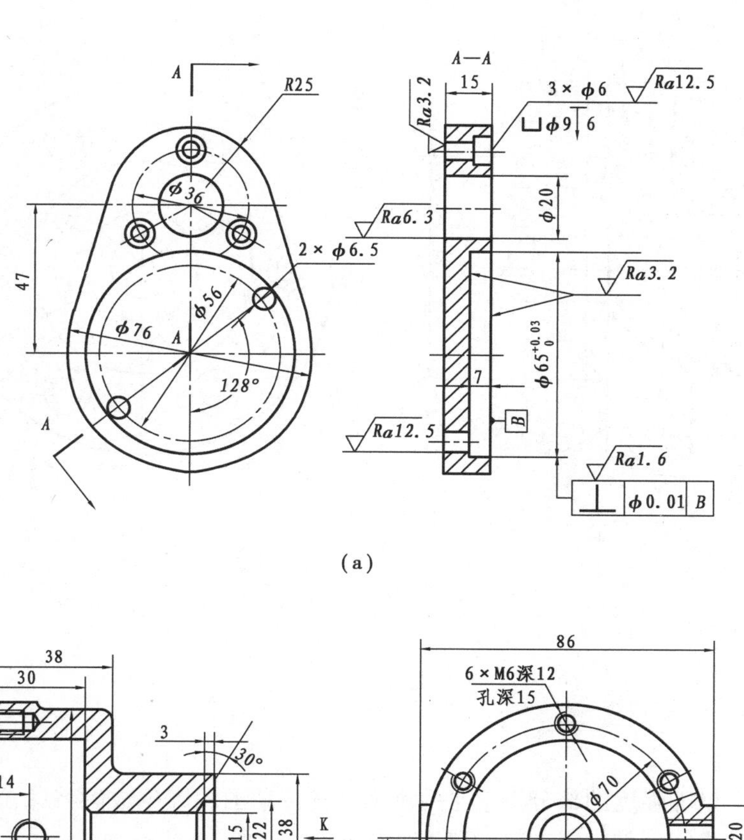
A—A
R25
15
3 × ϕ6
Ra12.5
Ra3.2
ϕ9 ↧ 6
ϕ36
ϕ20
Ra6.3
2 × ϕ6.5
47
Ra3.2
ϕ56
ϕ76
A
ϕ65 +0.03 0
7
128°
B
Ra12.5
Ra1.6
ϕ0.01 B

(a)

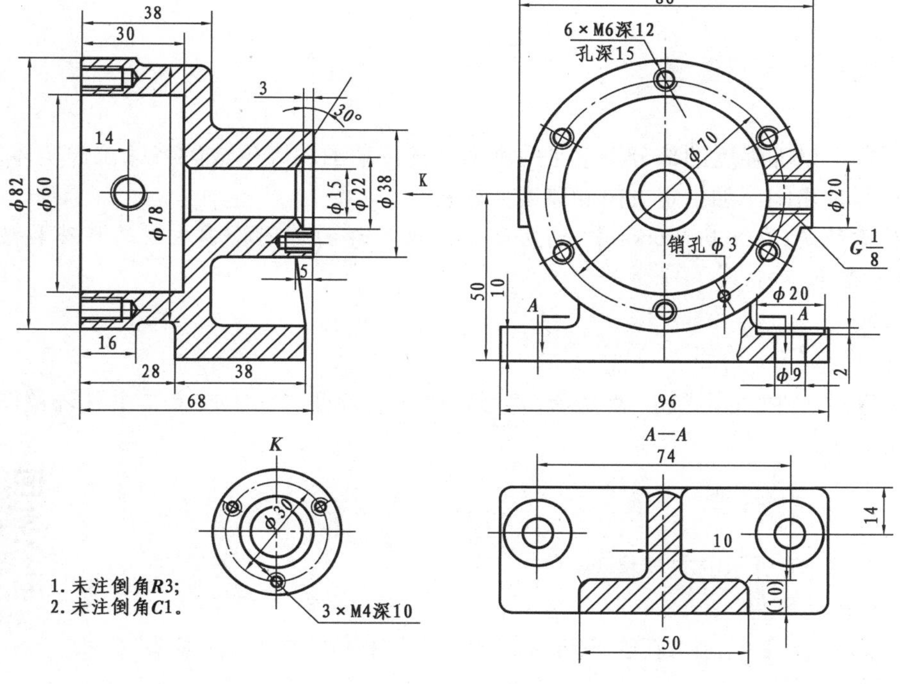
38
30
86
6 × M6深12
孔深15
3
30°
14
ϕ70
ϕ82
ϕ60
ϕ78
ϕ15
ϕ22
ϕ38
K
ϕ20
销孔 ϕ3
G 1/8
5
50
10
A
ϕ20
A
16
28
38
68
ϕ9
2
96
K
A—A
74
ϕ30
14
10
(10)
1. 未注倒角R3;
2. 未注倒角C1。
3 × M4深10
50

(b)

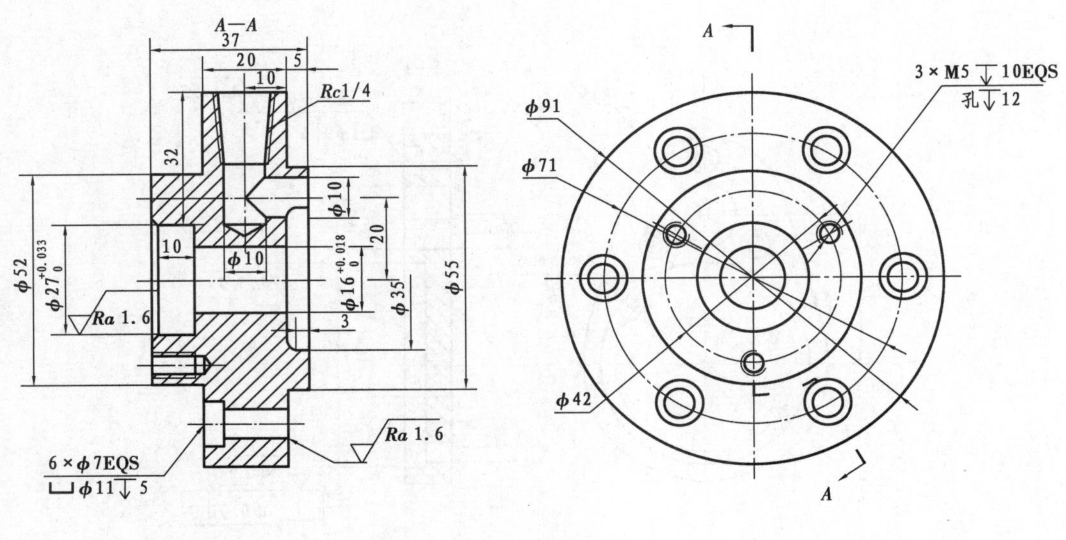

(c)

图 3.86　异形孔向导练习

3.8　筋

筋是零件上增加强度的部分。它是一种由开环的草图轮廓生成的特殊拉伸实体，在草图轮廓与现有零件之间添加指定方向和厚度的材料。

值得注意的是：在 SolidWorks 中，筋实际上是由开环的草图轮廓生成的特殊类型的拉伸特征，闭环草图则不行。

3.8.1　筋特征介绍

在 SolidWorks 中，单击“筋”命令，就可以建立筋特征。筋本质上是由开环草图生成的特殊的拉伸特征。

3.8.2　筋特征实例

筋特征的建模

创建如图 3.87 所示的立体模型。

步骤 1　新建零件

单击“新建”命令，在“新建 SolidWorks 文件”对话框中选择“零件”模板，单击“确定”按钮。

步骤 2　建立旋转特征，构建主体，如图 3.88 所示。

步骤 3　建立拉伸切除特征，切除底板 4×ϕ3 的孔，如图 3.89 所示。

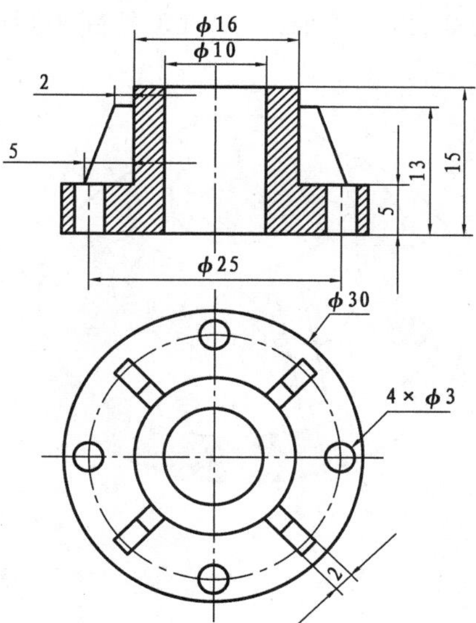

图3.87 筋特征实例

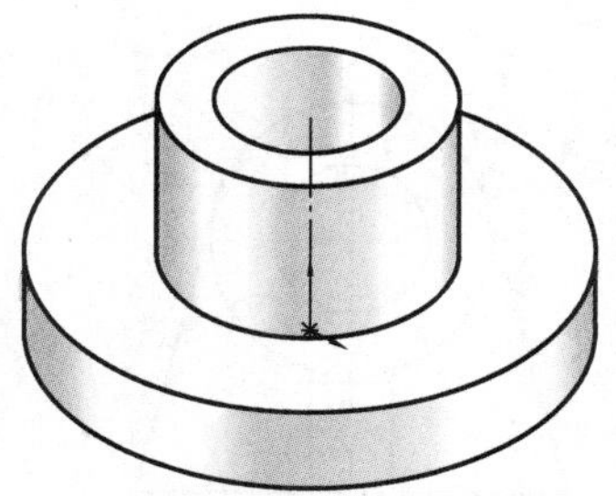

图3.88 构建主体

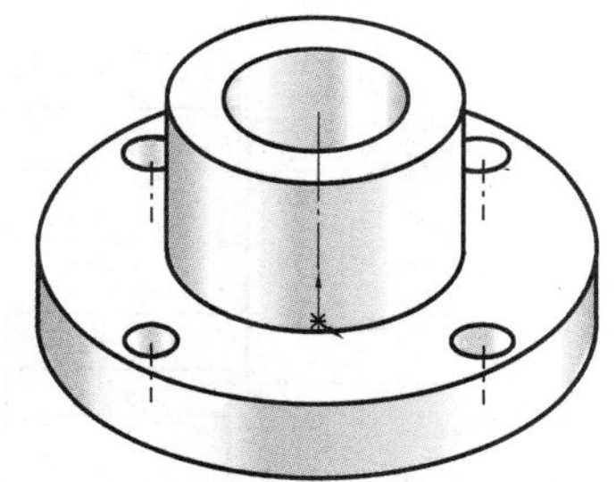

图3.89 切除底板4×φ3的孔

步骤4 新建一个和前视基准面夹45°的基准面1,在该基准面上绘制如图3.90所示的开环草图,选择"筋"命令,设置筋的"厚度"为"2"且为两侧对称方式,注意拉伸方向,确定生成筋特征,如图3.91所示。

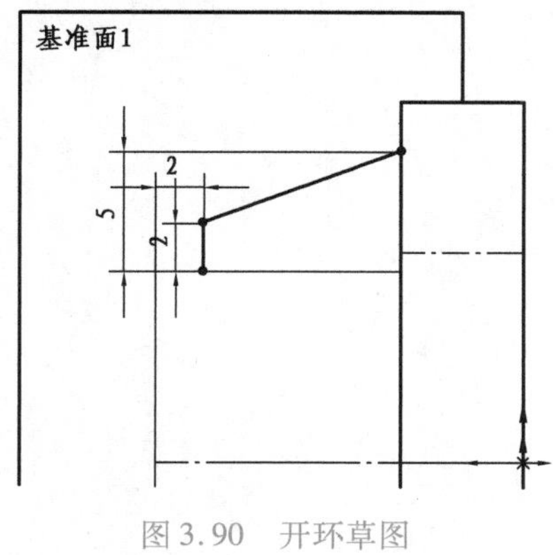

图3.90 开环草图

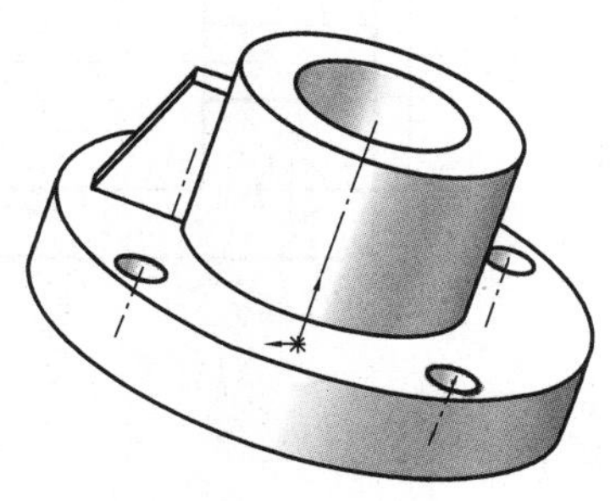

图3.91 生成筋特征

步骤 5 “圆周阵列”筋特征，以中心轴，采用 360°等间距圆周阵列 4 个筋，结果如图 3.92 所示。

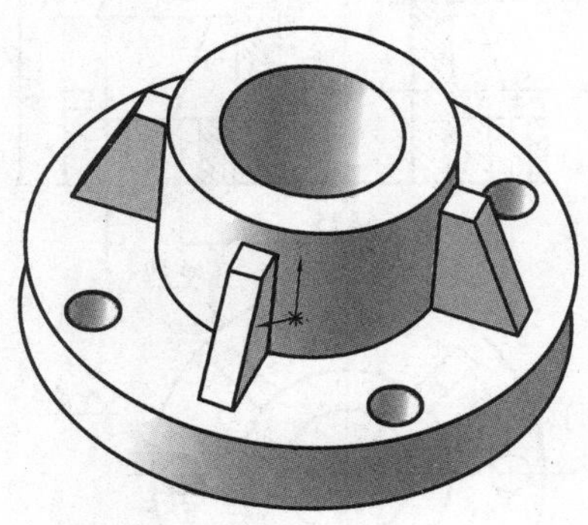

图 3.92 筋特征实例结果

3.8.3 筋特征练习

创建如图 3.93(a)至(d)所示的实体模型。

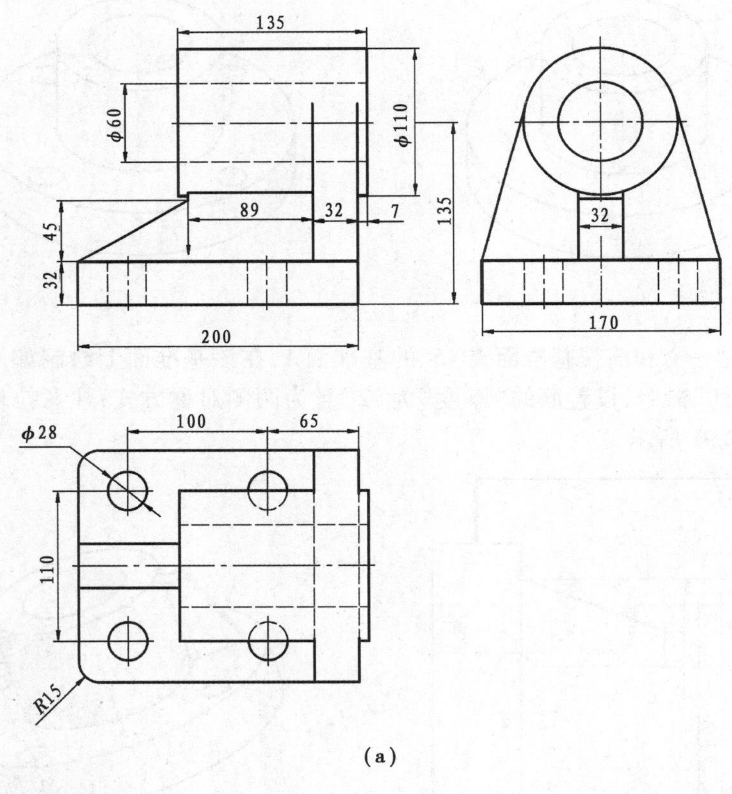

(a)

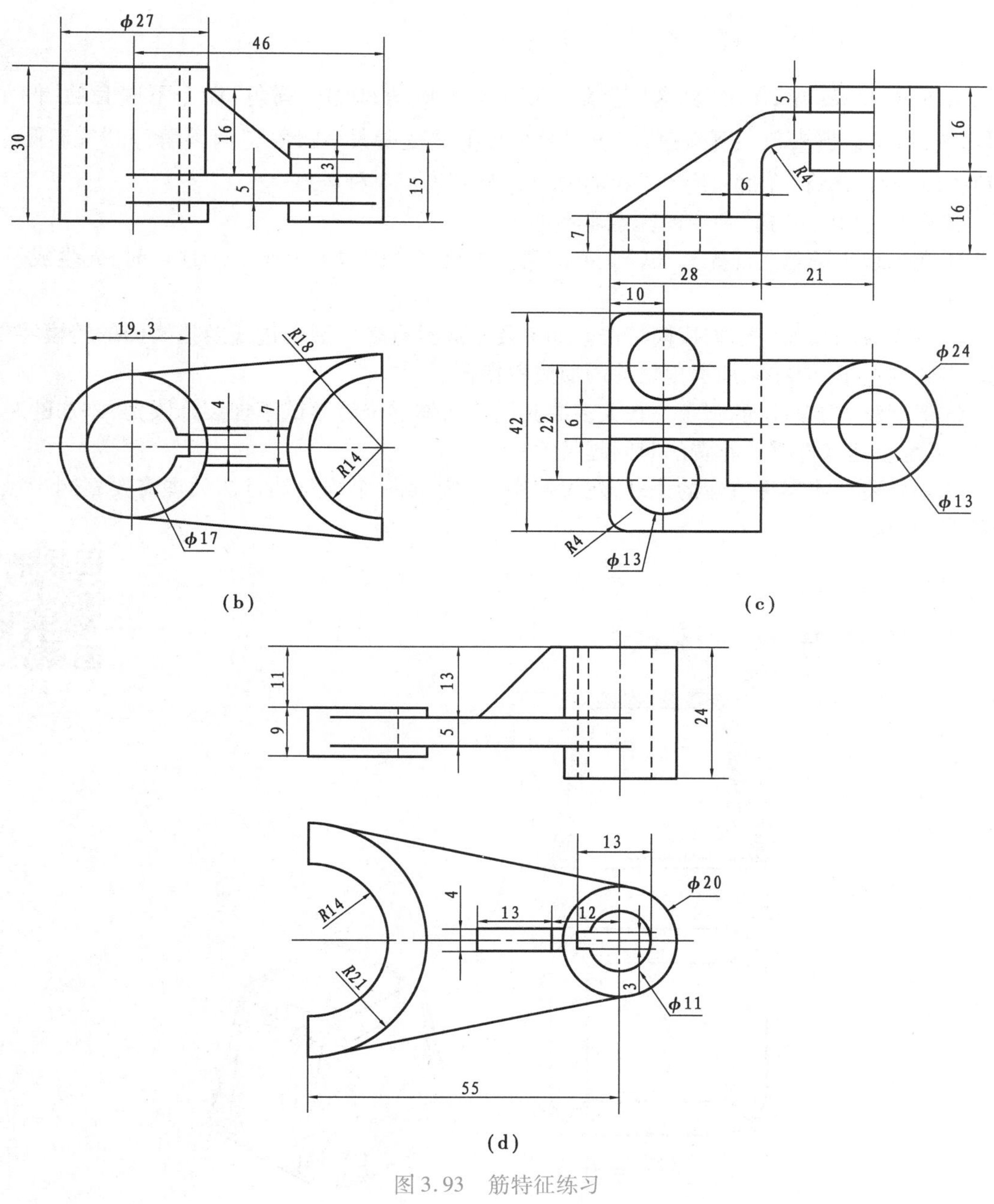

图 3.93　筋特征练习

3.9　圆角/倒角

圆角特征是在零件上生成内圆角面或者外圆角面的一种特征，可以在一个面的所有边线上、所选的多组面上、所选的边线或者边线环上生成圆角。

倒直角特征是利用面或者边斜切除一定距离的一种特征。

3.9.1 圆角/倒角特征介绍

在 SolidWorks 中,单击“圆角”命令就可以倒圆角;单击“圆角”命令下嵌套的“倒角”命令,就可以倒直角。倒圆角有“恒定大小圆角”“变量大小圆角”“面圆角”和“完整圆角”4 种类型,倒直角有“角度-距离”“距离-距离”和“顶点”3 种类型。

建模时,使用“圆角”命令的注意事项如下:

①在添加小圆角之前先添加较大的圆角。当有多个圆角汇聚于 1 个顶点时,先生成较大的圆角。

②在生成圆角前先添加拔模特征。如果要生成具有多个圆角边线及拔模面的铸模零件,在大多数情况下,应在添加圆角之前添加拔模特征。

③最后添加装饰用的圆角。在大多数其他几何体定位后尝试添加装饰圆角,添加的时间越早,系统重建零件需要花费的时间越长。

④如果要加快零件重建的速度,建议使用一次生成一个圆角的方法处理需要相同半径圆角的多条边线。

3.9.2 圆角/倒角特征实例

圆角及倒直角特征的建模

创建如图 3.94 所示的立体模型。

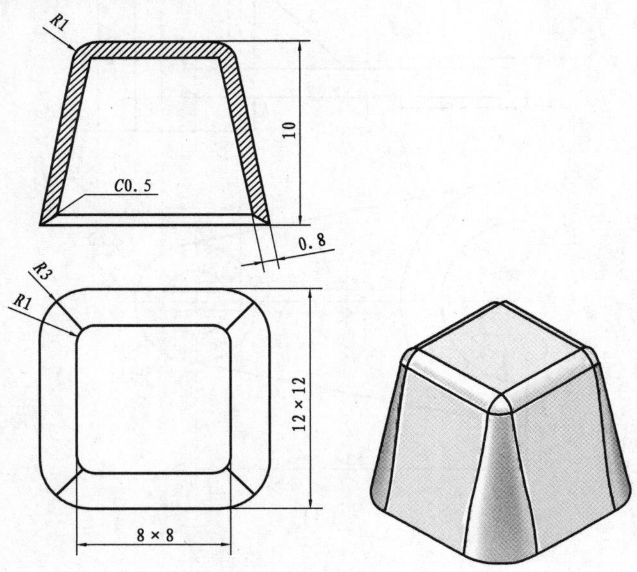

图 3.94 圆角/倒角特征实例

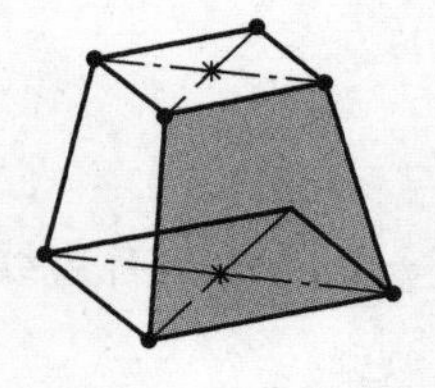

图 3.95 生成主体

步骤 1 新建零件

单击“新建”命令,在“新建 SolidWorks 文件”对话框中选择“零件”模板,单击“确定”按钮。

步骤 2 建立参考“基准面 1”,平行于“上视基准面”且距离为“10”。分别在“上视基准面”绘制 12×12 矩形,在“基准面 1”上绘制 8×8 矩形。采用“放样”命令,生成主体,如图 3.95 所示。

步骤3 单击“圆角”命令,选用“变量大小圆角”类型,圆角“项目”选用“四条斜边”,依次把上表面边线交点设置“变半径”为“1”,下表面边线交点设置“变半径”为“3”,如图3.96所示。最终得到如图3.97所示立体。

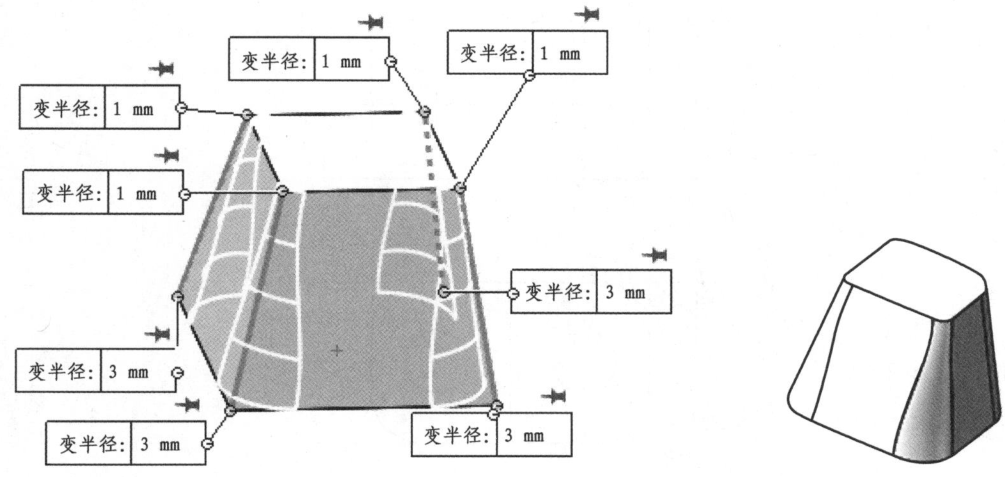

图3.96 设置变半径圆角

图3.97 变半径圆角结果

步骤4 单击“圆角”命令,选用“恒定大小圆角”类型,设置“圆角半径”为“1”,选中“上表面”为“圆角项目”。结果如图3.98所示。

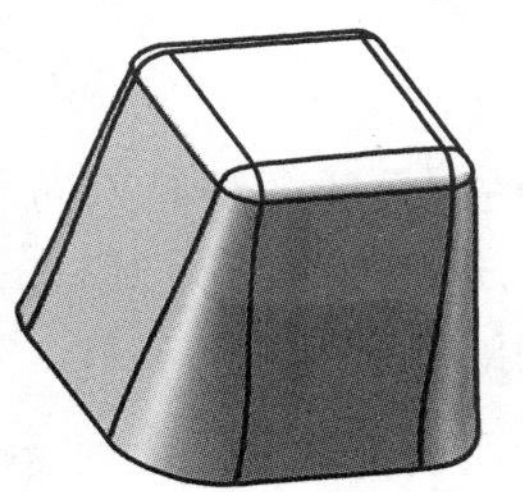

图3.98 上表面倒 *R*1 圆角

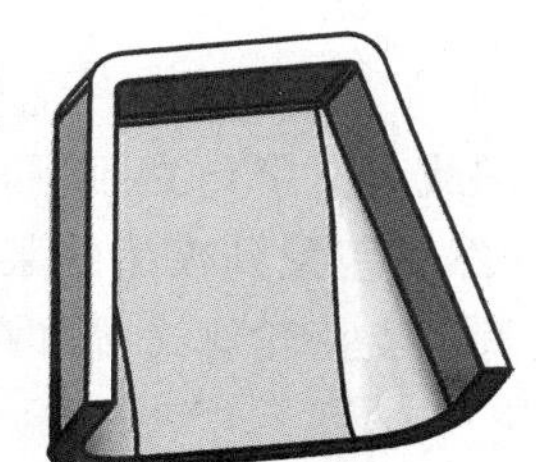

图3.99 抽壳厚度0.8

步骤5 单击“抽壳”命令,设置“抽壳厚度”为“0.8”,选中“下表面”为移除的面,结果如图3.99所示。

步骤6 单击“倒角”命令,选用“角度距离”类型,设置“角度”为“45°”,设置“距离”为“0.5”,选中下表面的内环线作为倒角的边。结果如图3.100所示。

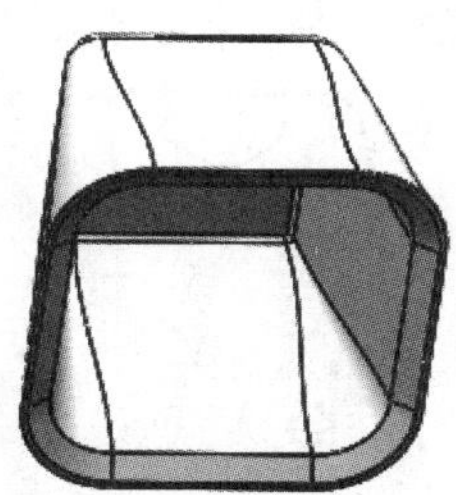

图3.100 圆角/直角实例结果

3.9.3 圆角/倒角特征练习

建立如图 3.101 所示的实体模型。

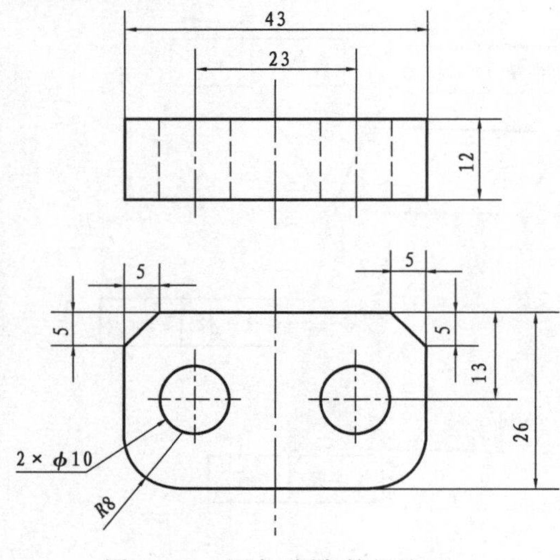

图 3.101 圆角/倒角特征练习

3.10 包覆

包覆特征是将草图或者文字包裹到平面或非平面上的一种特殊特征。设计者可在平面上生成草图或者文字,然后包覆到模型的某个面上,这个面可以是圆柱、圆锥或拉伸的模型生成的某个表面。包覆特征支持轮廓选择和草图重用。

3.10.1 包覆特征介绍

在 SolidWorks 中,单击“包覆”命令就可以生成包覆特征。包覆有“浮雕”“蚀雕”和“刻划”3 种类型。

3.10.2 包覆特征实例

包覆特征的建模

在倒角/圆角实例的基础上进行创意设计。如图 3.102 所示,在零件的上表面“浮雕”心形,在零件的前表面“蚀雕”文字“我的设计”。

图 3.102 圆角/直角特征实例

步骤1　打开倒角/圆角实例文件,在上表面"浮雕"心形

单击"包覆"命令,选取"上表面",采用"样条曲线"命令绘制1个心形,从弹出的"包覆"特征管理器中选取"浮雕"类型,选中"上表面"为包覆草图的面,设置"厚度"为"0.05",单击"确定",生成如图3.103所示的形状。

图3.103　上表面"浮雕"心形

图3.104　前表面"蚀雕"文字

步骤2　在前表面"蚀雕"写上文字

单击"包覆"命令,选取"前表面",采用"文字"命令,输入文字"我的设计",修改文字的大小为"1.2 mm",从弹出的"包覆"特征管理器中选取"蚀雕"类型,选中"前表面"为包覆草图的面,设置"厚度"为"0.05",单击"确定",生成如图3.104所示的模型。

3.10.3　包覆特征练习

创建如图3.105所示的键盘按钮实体模型,尺寸自定。要求中间的凸点采用"浮雕",字母"K"和数字"2"采用"蚀雕"。

图3.105　包覆特征练习

3.11　拔模

拔模特征是用指定的角度斜削模型中所选的面,使型腔零件更容易脱出模具。在实操中,既可以在现有的零件中插入拔模,或者在进行拉伸特征时拔模,也可以将拔模应用到实体或者曲面模型中。需要注意的是:拔模面是圆柱面或者平面时,才可以进行拔模操作。

3.11.1 拔模特征介绍

在 SolidWorks 中,单击“拔模” 命令就可以生成拔模特征。单击“拔模”后,弹出“拔模”属性管理器,如图 3.106 所示。设置好“拔模角度”“中性面”和“拔模面”就可以生成拔模特征。

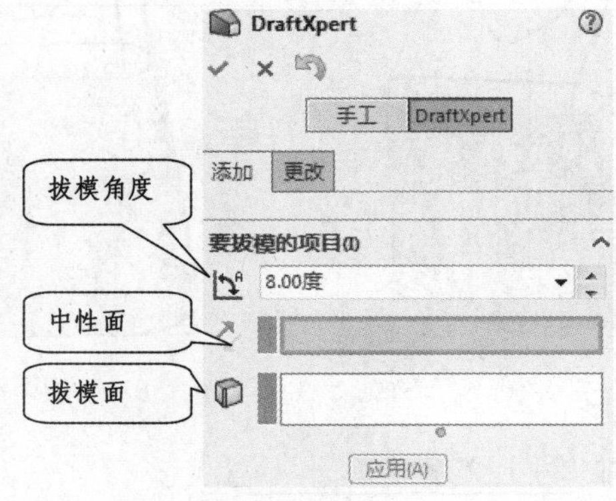

图 3.106 “拔模”属性管理器

3.11.2 拔模特征实例

创建如图 3.107 所示的模型。

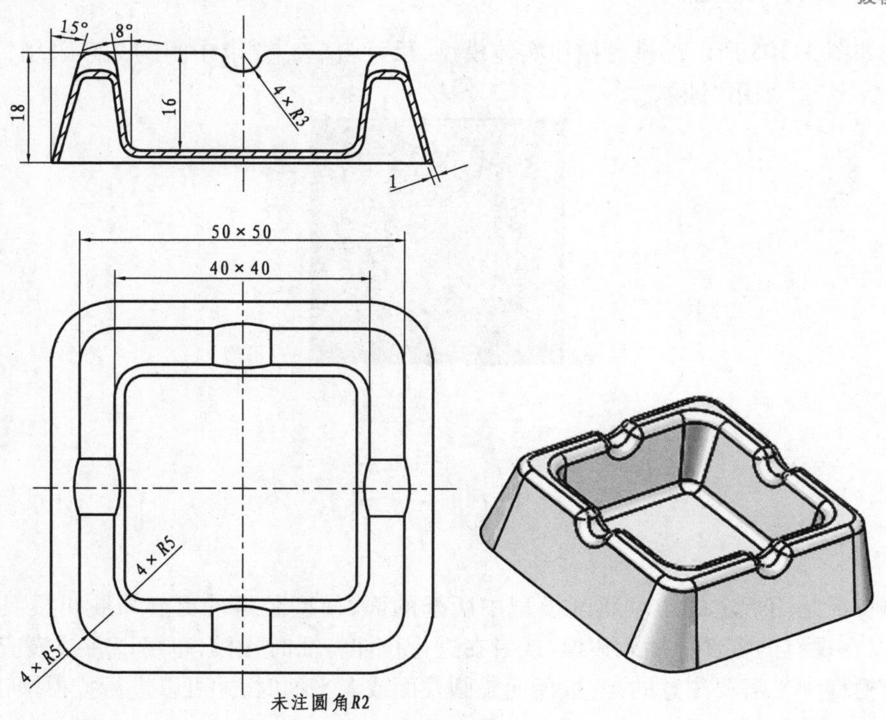

图 3.107 拔模特征实例

步骤 1　新建零件

单击“新建”命令,在“新建 SolidWorks 文件”对话框中选择“零件”模板,单击“确定”。

步骤 2　使用“拉伸”命令,选择“上视基准面”,在上面绘制 50×50 的矩形,将“拉伸高度”设置为“18”,结果如图 3.108 所示。

步骤 3　使用“拉伸切除”命令,选择长方体上表面,在上面绘制 40×40 的矩形,设置“拉伸切除深度”为“16”,结果如图 3.109 所示。

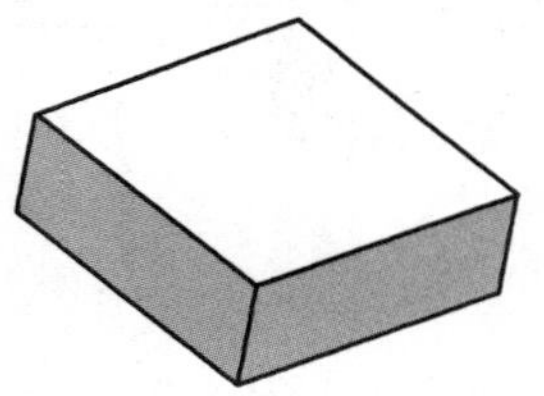

图 3.108　拉伸 50×50、高 18 的长方体

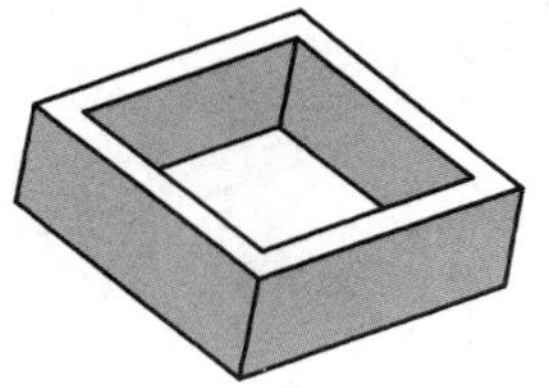

图 3.109　切除 40×40、深 16 的长方体

步骤 4　选择“圆角”命令,选择长方体内外表面的 8 根立棱线,倒圆角 *R*5,结果如图 3.110 所示。

步骤 5　使用“拉伸切除”命令,选择长方体前外表面,在中间处绘制 *R*3 的圆,采用“完全贯穿”拉伸切除;再次使用“拉伸切除”命令,选择长方体右外表面,在中间处绘制 *R*3 的圆,采用“完全贯穿”拉伸切除。结果如图 3.111 所示。

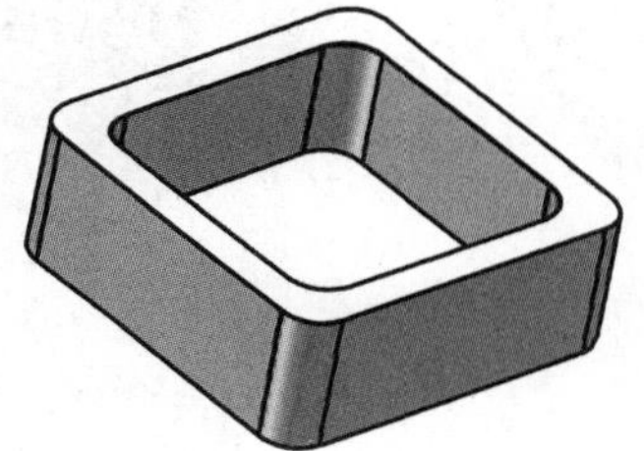

图 3.110　倒圆角 *R*5

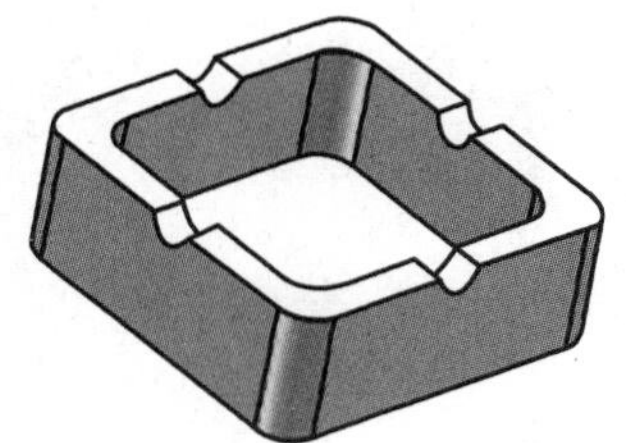

图 3.111　拉伸切除 *R*3

步骤 6　使用“拔模”命令,设置“拔模角度”为“15°”,选中“上表面”为“中性面”,选中外围 8 个面为“拔模面”,注意拔模方向,设置如图 3.112 所示。显示效果如图 3.113 所示,结果如图 3.114 所示。

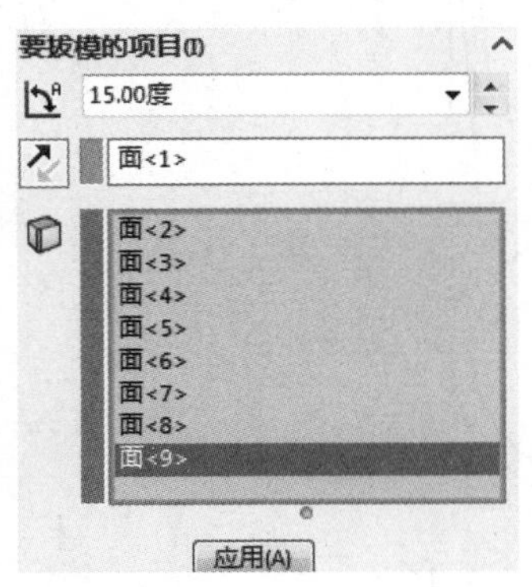

图 3.112　设置拔模属性

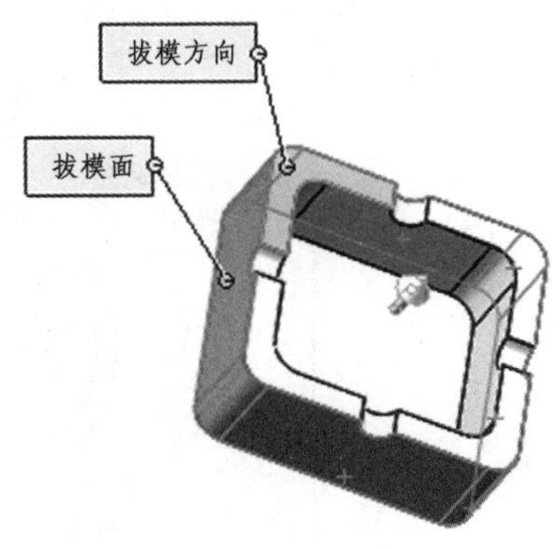

图 3.113　步骤 6 拔模显示效果

步骤 7　同样使用“拔模”命令，设置“拔模角度”为“8°”，选中“上表面”为“中性面”，选中内部 8 个面为“拔模面”，注意拔模方向，显示效果如图 3.115 所示，结果如图 3.116 所示。

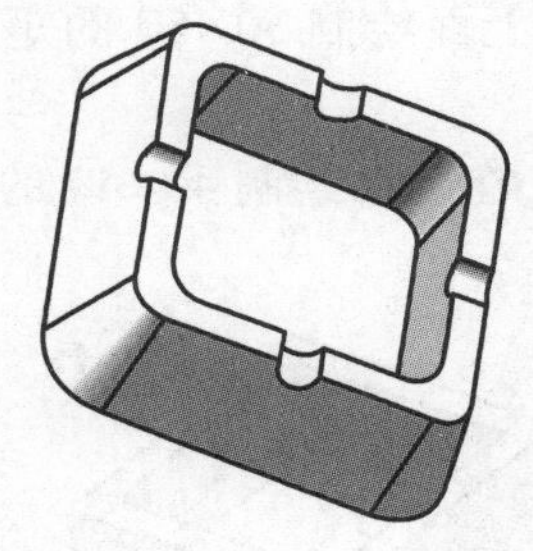

图 3.114　步骤 6 拔模结果

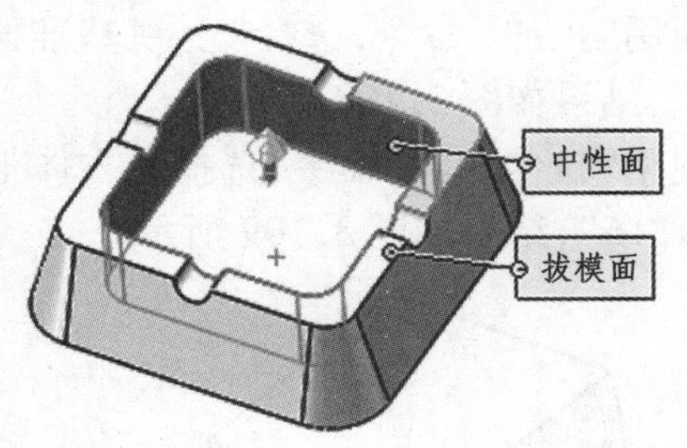

图 3.115　步骤 7 拔模显示效果

步骤 8　使用“圆角”命令，设置半径为 *R*2，把上表面、四个 *R*3 的圆柱面及上底面倒圆角 *R*2。结果如图 3.117 所示。

步骤 9　使用“抽壳”命令，设置“厚度”为“1”，设置“下表面”为移除的面，抽壳结果如图 3.118 所示。

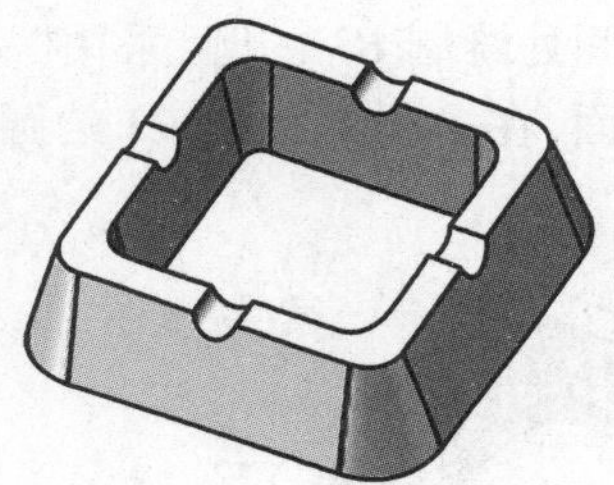

图 3.116　步骤 7 拔模结果

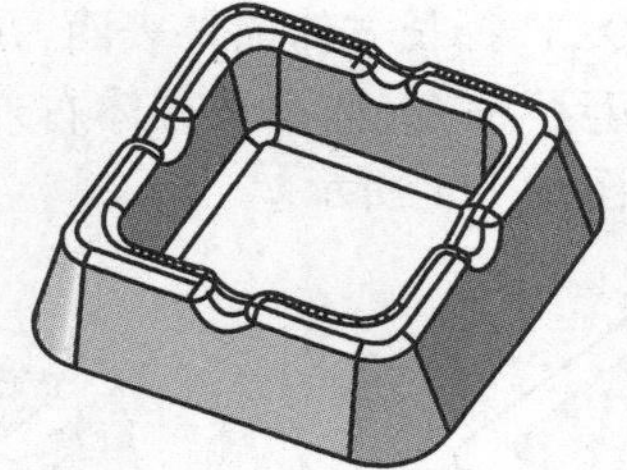

图 3.117　倒圆角 *R*2

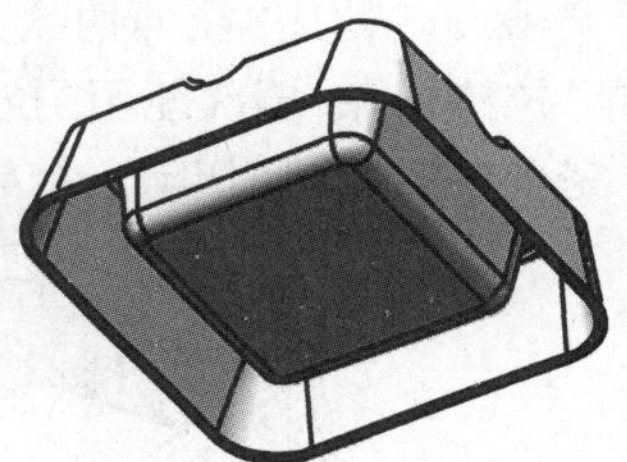

图 3.118　抽壳结果

3.11.3　拔模特征练习

创建如图 3.119 所示的实体模型。

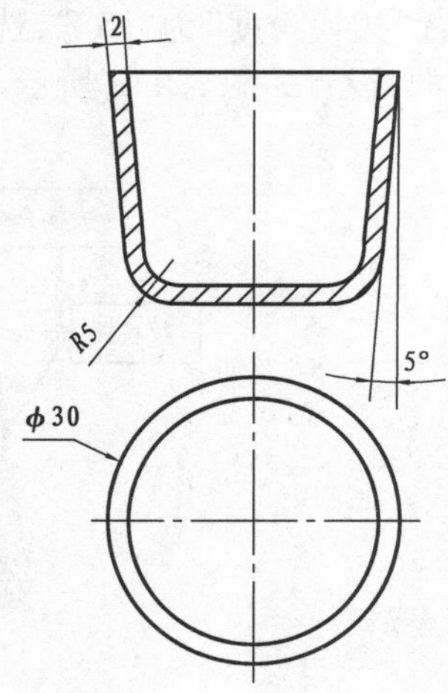

图 3.119　拔模特征练习

第4章 综合应用实例

在 SolidWorks 的特征建模中,大都不会只用到单一的某个特征,一般都需要综合使用各种建模工具和方法,以较快的速度,结合特征建模的思路,熟练地把各个零件设计出来。

4.1 组合体建模实例

4.1.1 组合体建模实例

看懂如图 4.1 所示组合体的视图,创建其实体模型。

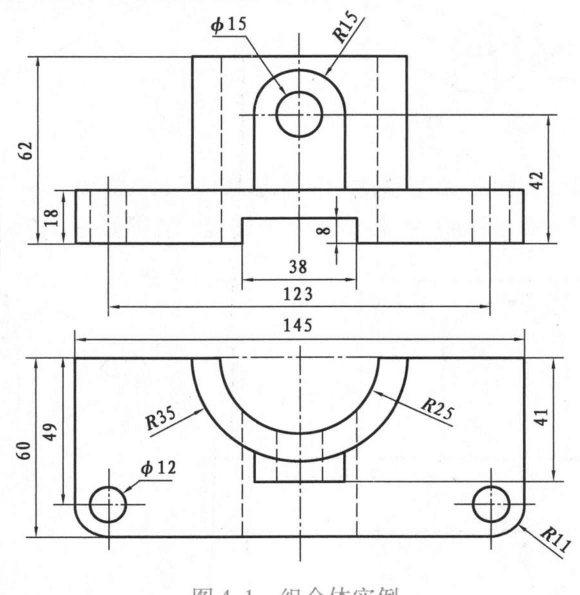

图 4.1 组合体实例

步骤 1　新建零件

单击"新建"命令，在"新建 SolidWorks 文件"对话框中选择"零件"模板，单击"确定"按钮。

步骤 2　使用"拉伸"命令，选择"上视基准面"，绘制如图 4.2 所示的底板草图，将"拉伸高度"设置为"18"，结果如图 4.3 所示。

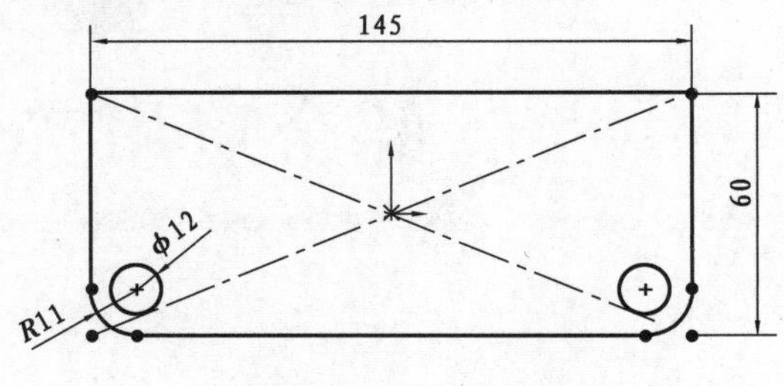

图 4.2　底板草图

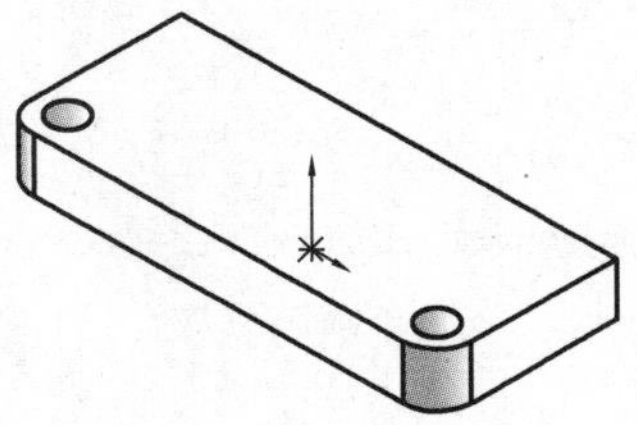

图 4.3　底板拉伸特征

步骤 3　使用"拉伸"命令，选择"底板上表面"绘制 *R*35 的半圆，设置"拉伸高度"为"44"，结果如图 4.4 所示。

步骤 4　使用"拉伸切除"命令，选择 *R*35 的半圆柱体上表面，绘制 *R*25 的半圆，采用"完全贯穿"切除。结果如图 4.5 所示。

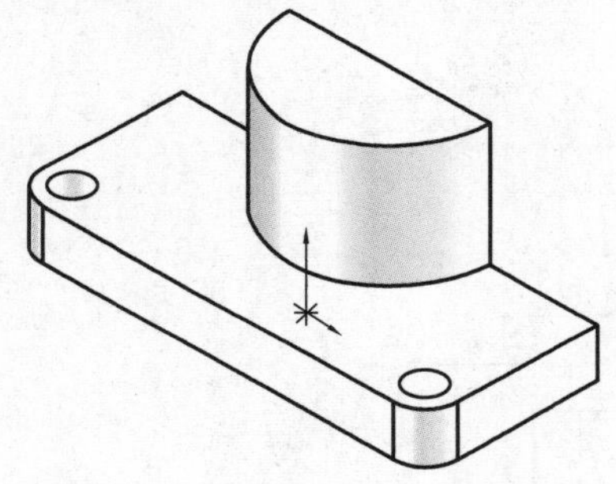

图 4.4　拉伸 *R*35 的半圆柱

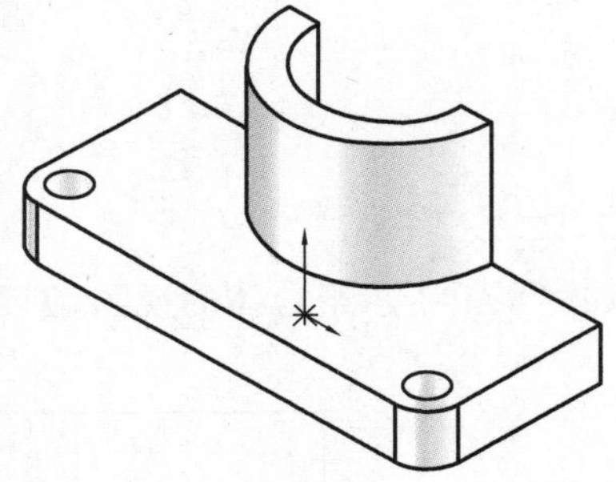

图 4.5　切除 *R*25 的半圆柱

步骤 5　用"平行于后表面"方法建立"参考基准面"且"距离"为"41"，生成"基准面 1"。在该基准面上绘制如图 4.6 所示草图，拉伸到下一个面，结果如图 4.7 所示。

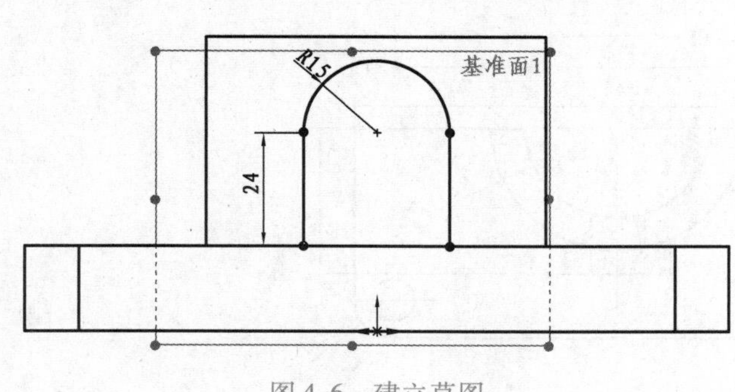

图 4.6　建立草图

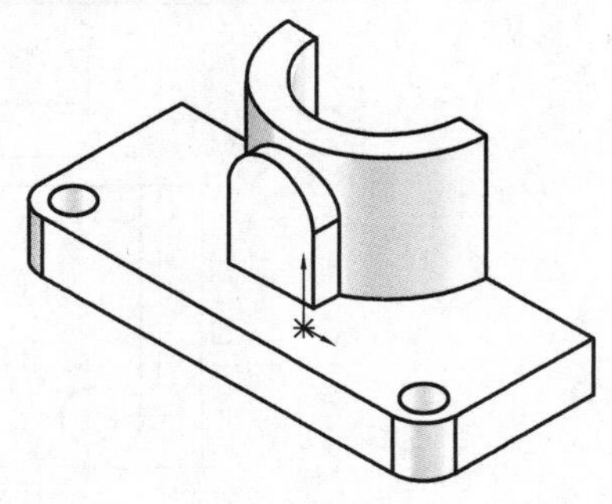

图 4.7　拉伸得到前面拱门

步骤 6　拉伸切除 ϕ15 的圆孔，结果如图 4.8 所示。

步骤 7　拉伸切除前下方 38×8 的长方体，结果如图 4.9 所示。

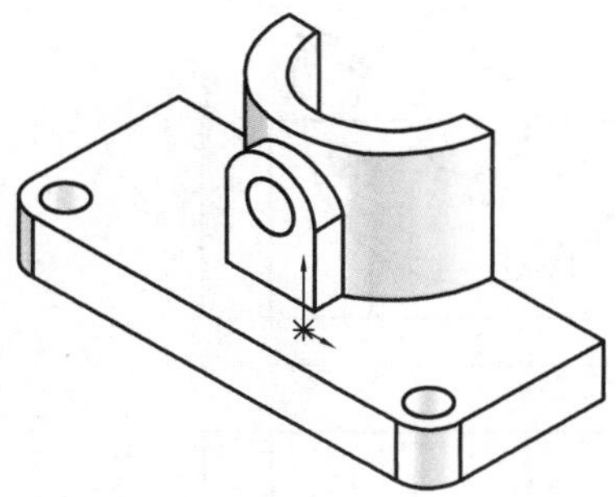

图 4.8　拉伸切除 ϕ15 的圆孔

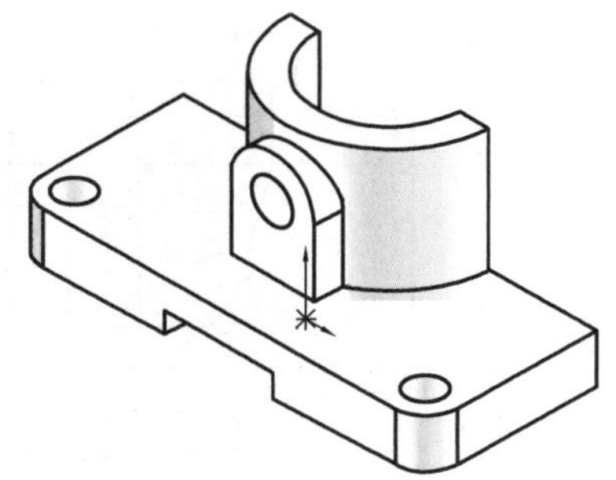

图 4.9　拉伸切除前下 38×8 方长方体

4.1.2　组合体建模练习

看懂图 4.10(a)至(k)组合体的视图,分别创建对应的实体模型。

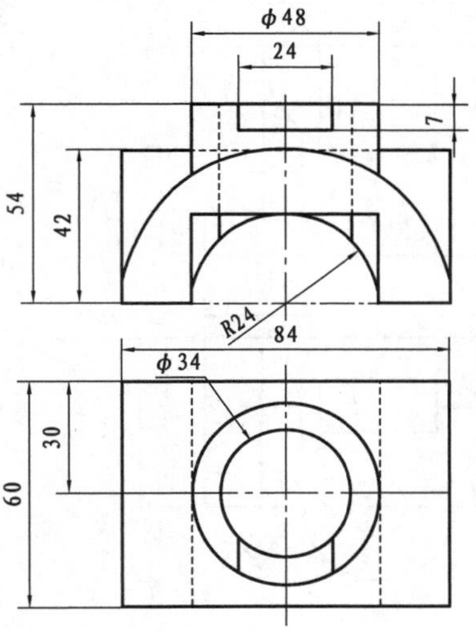

(a)

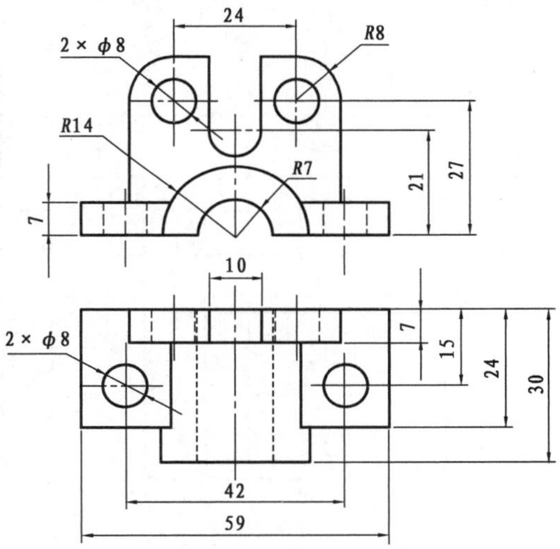

(b)

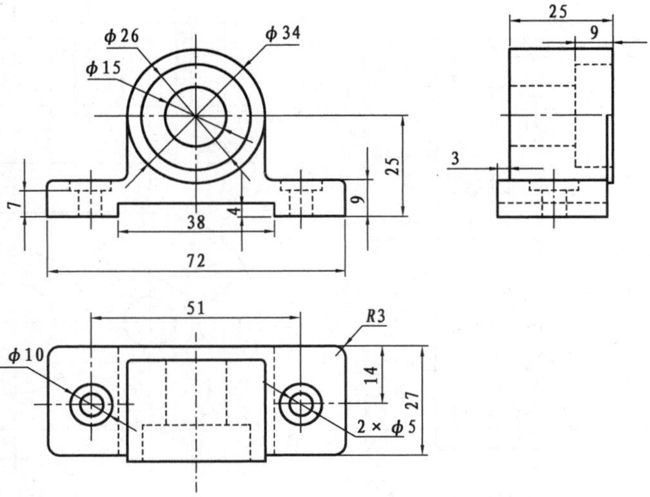

(c)

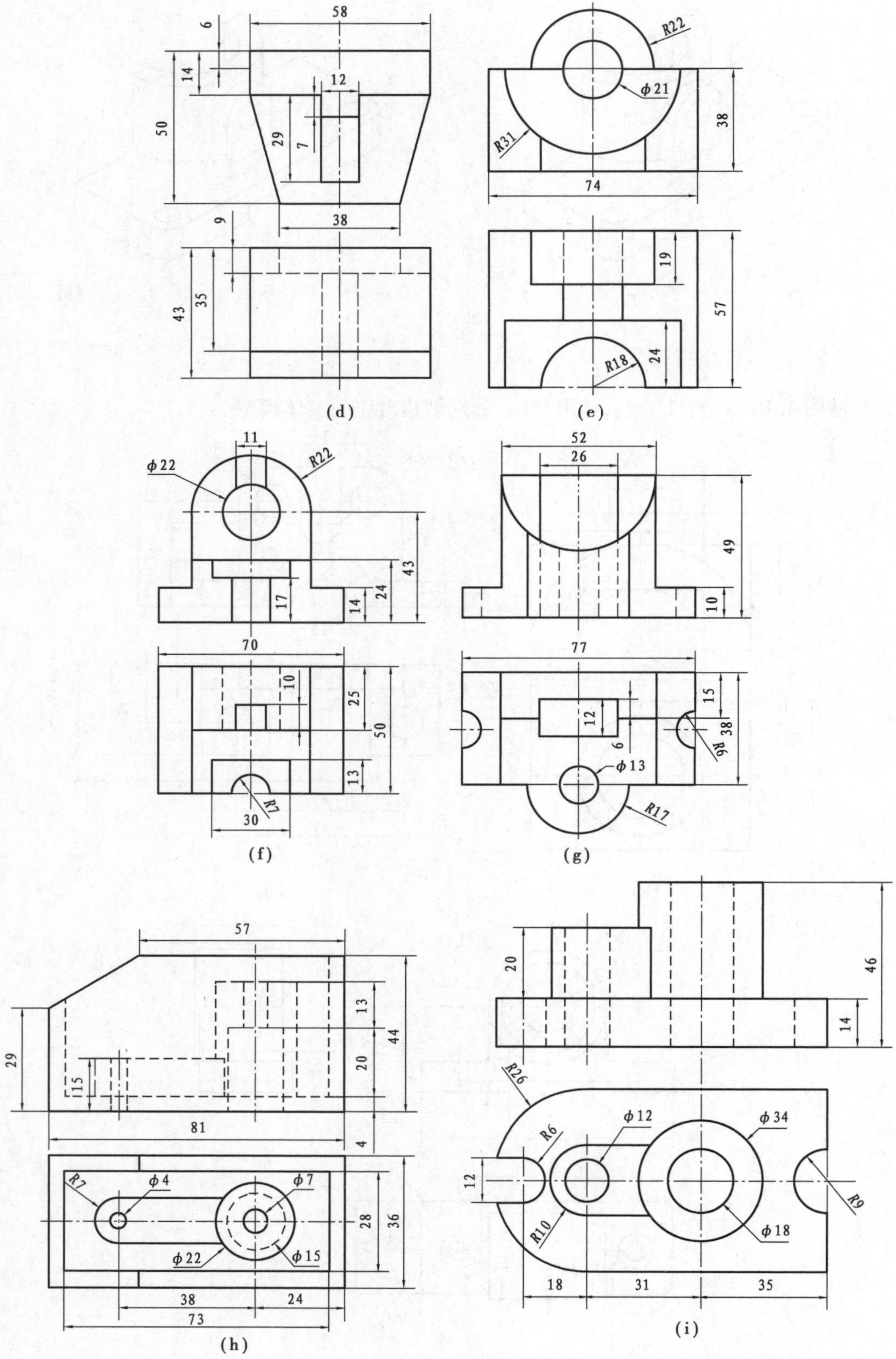
58
6
14
12
50
29
7
38
9
43
35
R22
φ21
R31
38
74
19
57
R18
24
11
φ22
R22
43
24
17
14
52
26
49
10
70
10
25
50
13
R7
30
77
15
12
38
R6
6
φ13
R17
57
29
15
13
44
20
81
4
R7
φ4
φ7
28
36
φ22
φ15
38
24
73
20
46
14
R26
R6
φ12
φ34
12
R9
R10
φ18
18
31
35
(d)
(e)
(f)
(g)
(h)
(i)

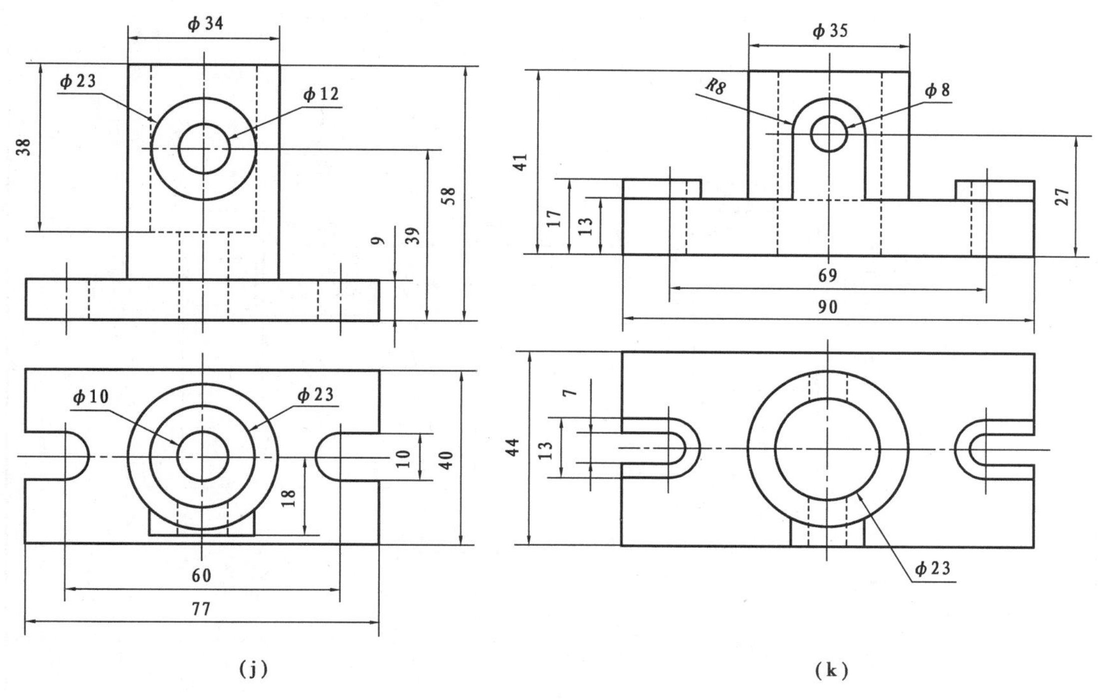

图 4.10　组合体综合练习

4.2　轴类零件建模实例

轴类零件一般起支承传动零件、传递动力的作用。这类零件多由不等径的圆柱体或圆锥体组成，轴向尺寸大，径向尺寸小，一般采用“旋转”方法建立其实体模型。对轴套上的键槽、退刀槽等结构，可以采用“拉伸切除”方法建立其结构。对有很多不同直径段的轴，也可以用“拉伸”方法一段一段地叠加建立其实体模型。

4.2.1　轴类零件建模实例

看懂如图 4.11 所示轴零件图，建立对应的实体模型。

步骤 1　新建零件。单击“新建” 命令，在“新建 SolidWorks 文件”对话框中选择“零件”模板，单击“确定”。

步骤 2　单击“SOLIDWORKS 插件”命令管理器，再单击“SOLIDWORKS Toolbox” 命令按钮，第一次使用需要一定的时间加载，加载完成后，Toolbox 设计库界面如图 4.12 所示。单击 Toolbox 图标，选中 GB，再单击下方的“动力传动”，再单击“齿轮”，在出现的各种齿轮类型中勾选“正齿轮”，单击鼠标右键，在弹出的快捷菜单中选择“生成零件”，在左边的“配置零部件”中修改齿轮参数：即“模数”为“3”，“齿数”为“14”，“压力角”为“20°”，“齿面宽”为“30”。如图 4.13 所示，单击“添加”按钮，即可生产 1 个零件。注意：“毂样式”有“类型 A”“类型 B”及“类型 C”，“表称轴直径”有不同的数据，但是本例是实心的轴，可以先有轴孔，然

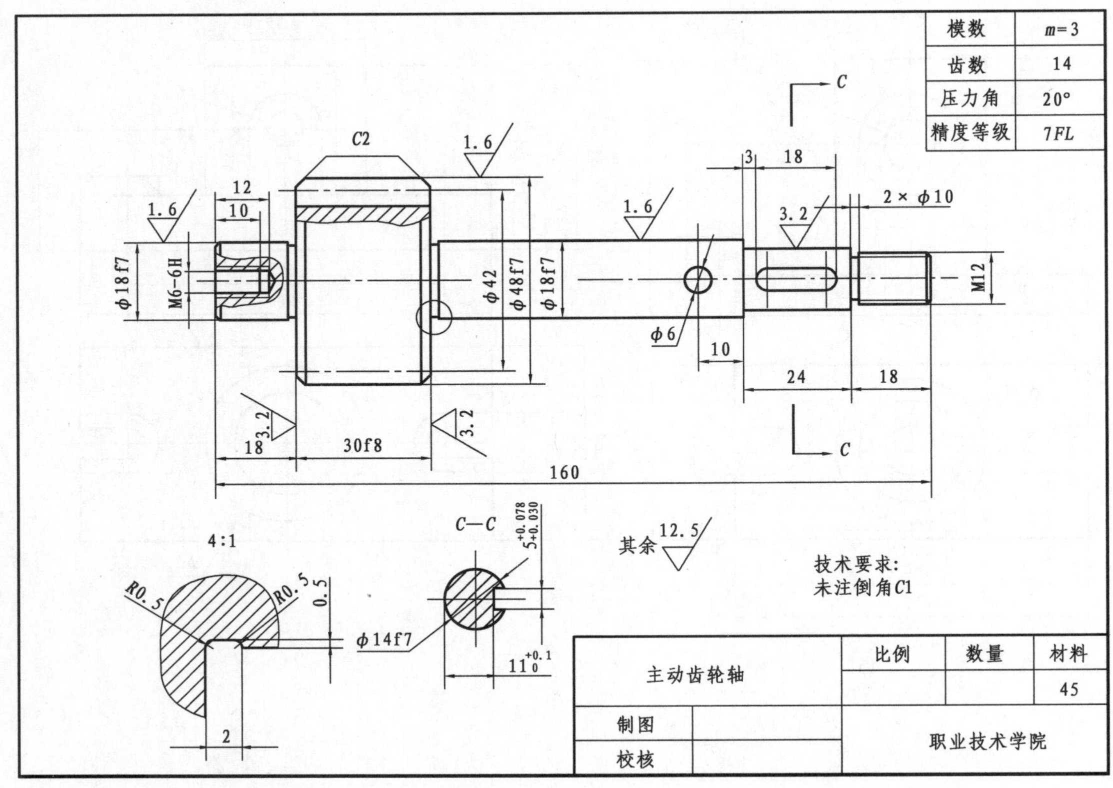

图 4.11　轴零件实例

后在后续步骤中把该孔填补上。单击“添加”按钮,在另外新的文件中生成一个零件实体配置,注意该零件实体模型属性为“只读”类型。为了方便后面的编辑,请采用“另存为”方式,在用户指定的存储位置用设定文件名保存该文件。结果如图 4.14 所示。

步骤 3　采用“旋转”命令,绘制如图 4.15 所示旋转草图,旋转生成轴主体,同时补上齿轮中间的孔。结果如图 4.16 所示。

步骤 4　采用“异形孔向导”命令,生成轴左端面上 M6 的螺纹孔。采用“直螺纹孔”的方式,“标准”选用“GB”,“类型”选用“中底部螺纹孔”,“大小”选用“M6”,“终止条件”选用“给定深度”,“深度”选用“10”。

步骤 5　采用“拉伸切除”命令,切除 $\phi6$ 的通孔。

步骤 6　新建“参考基准面”,其和“前视基准面”平行且距离为“7”。在该基准面上采用“直槽孔”命令,绘制键槽形状,采用“拉伸切除”命令,将“切除深度”设定为“3”。结果如图 4.17 所示。

步骤 7　菜单中选取“插入”→“注解”→“装饰螺纹线”命令,“螺纹设定”选中 $\phi12$ 的外圆柱面,“标准”选用“GB”,“类型”选用“机械螺纹”,“大小”选用“M12”,“终止条件”选用“成形到下一面”,生成 M12 的外螺纹。结果如图 4.18 所示。

步骤 8　倒直角 *C*2、*C*1;倒圆角 *R*0.5。在齿轮大径面倒直角 *C*2;在轴的左右两端倒直角 *C*1。在齿轮左右两边的槽处倒圆角 *R*0.5。结果如图 4.19 所示。

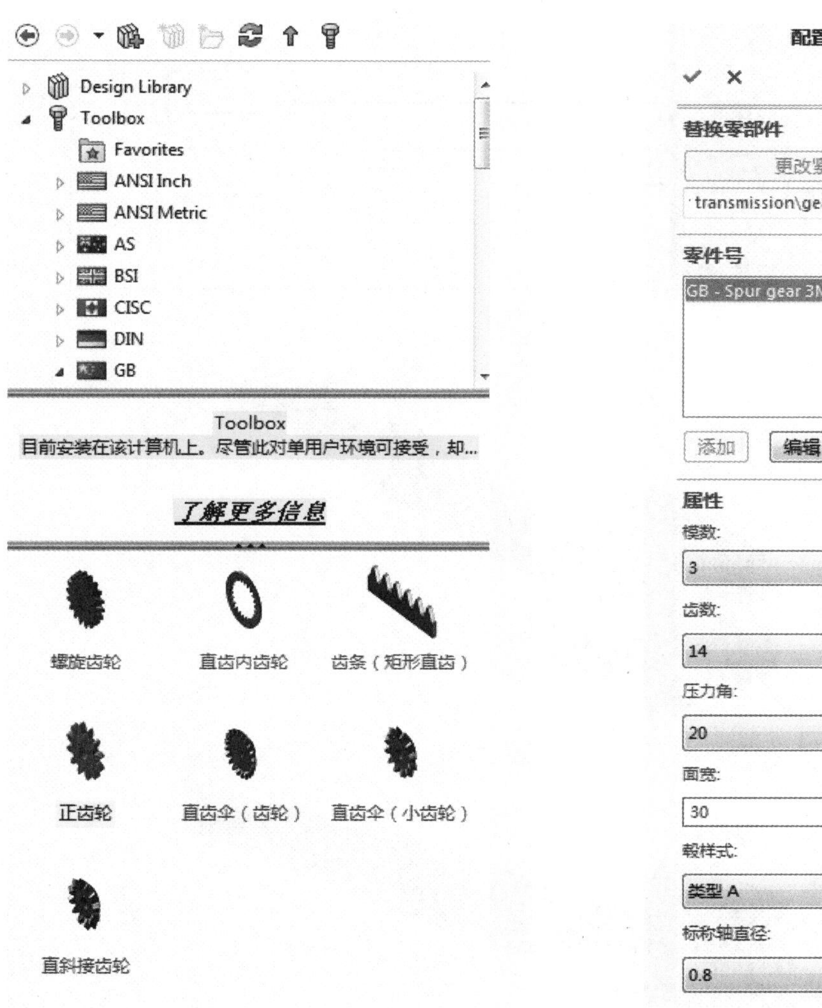

图 4.12　Toolbox 设计库

图 4.13　齿轮参数设置

图 4.14　生成齿轮（中间有轴孔）

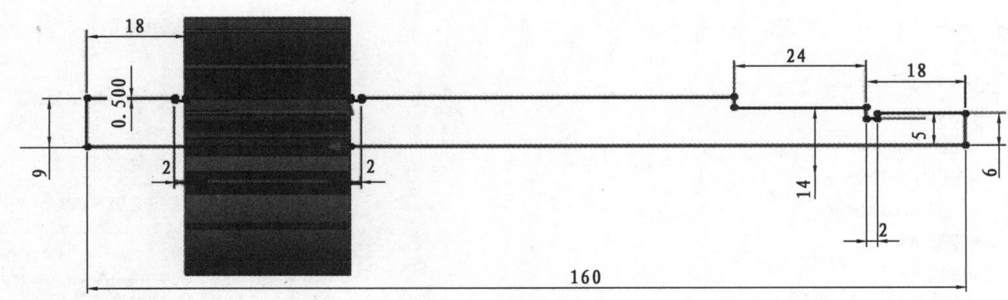

图 4.15　旋转草图

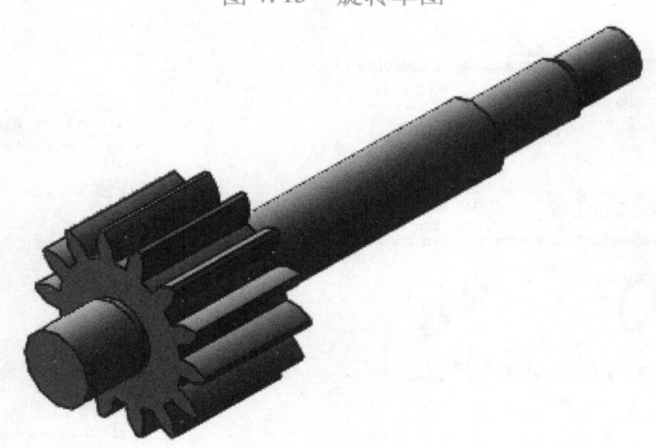

图 4.16　旋转后的齿轮轴

图 4.17　生成 M6 和 ϕ6 的通孔及键槽

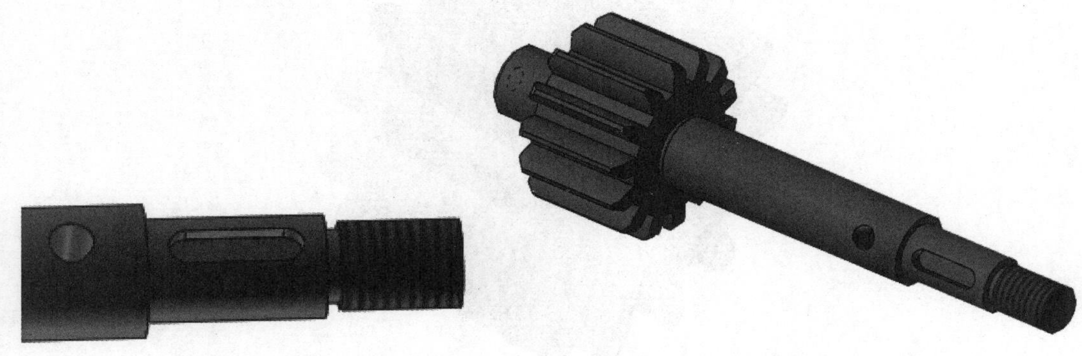

图 4.18　生成 M12 的外装饰性螺纹线

图 4.19　齿轮轴结果

4.2.2　轴类零件建模练习

看懂图 4.20(a)至(f)所示的轴类零件图,分别创建对应的实体模型。

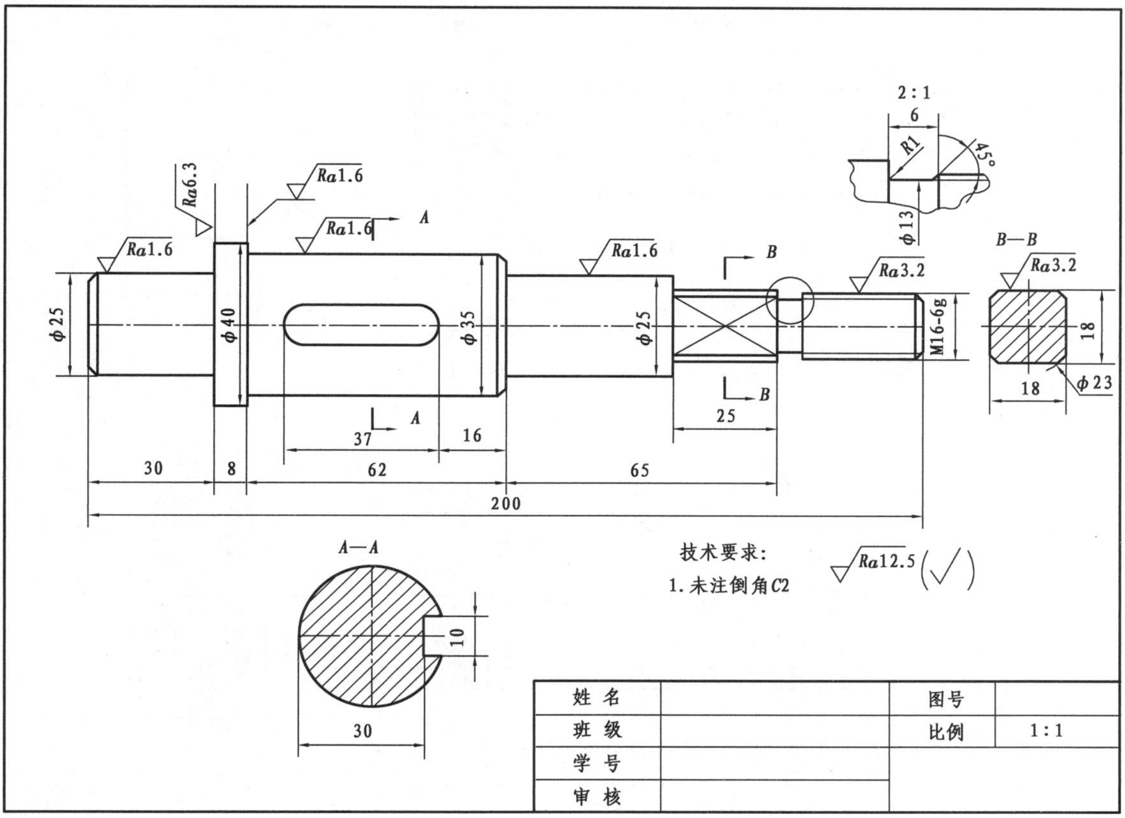

技术要求:

1. 未注倒角C2

姓　名		图号	
班　级		比例	1:1
学　号			
审　核			

(a)

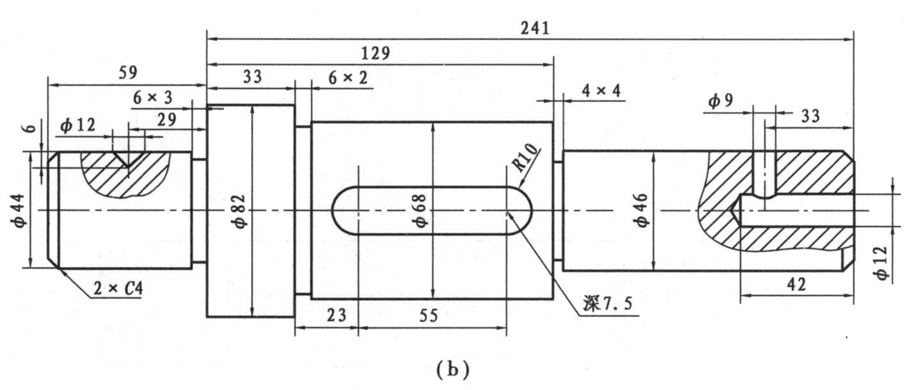

(b)

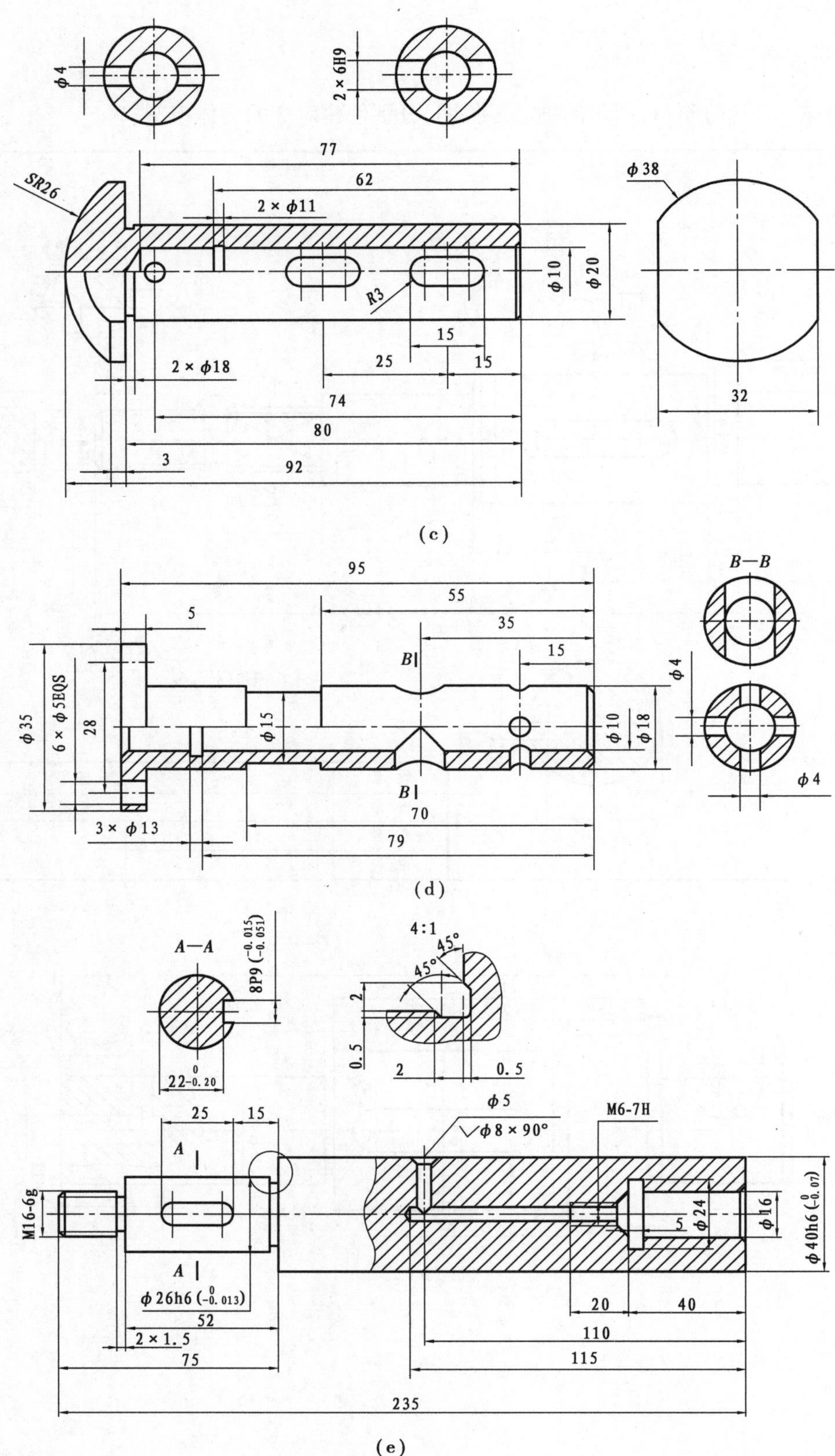

φ4
2×6H9
77
62
SR26
2×φ11
φ38
φ10
φ20
R3
15
25
15
2×φ18
74
32
80
3
92
(c)
95
55
35
15
5
B—B
B
φ4
φ35
6×φ5EQS
28
φ15
φ10
φ18
B
φ4
70
3×φ13
79
(d)
A—A
8P9
4:1
45°
45°
2
0.5
2
0.5
22-0.20
φ5
φ8×90°
M6-7H
25
15
A
M16-6g
φ24
φ16
φ40h6
5
A
φ26h6
20
40
52
110
2×1.5
75
115
235
(e)

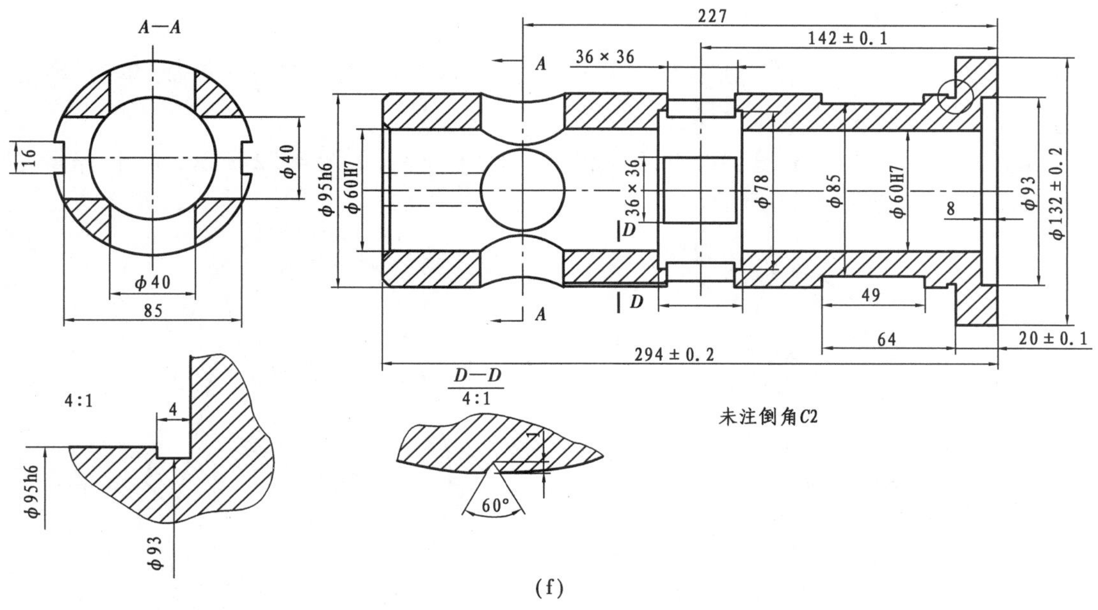

(f)

图 4.20　轴类零件综合练习

4.3　盘类零件建模实例

盘类零件是指各种轮(齿轮、带轮等)、端盖、法兰盘等。这类零件的主要结构为多个同轴回转体或其他平板形结构,轴向尺寸小,径向尺寸大。对于这类零件,可以采用多次拉伸或者拉伸切除的方法,也可以采用先旋转出主体形状,然后切除的方法,最后得到对应的实体模型。

4.3.1　盘类零件建模实例

看懂如图 4.21 所示的盘类零件图,创建对应的实体模型。

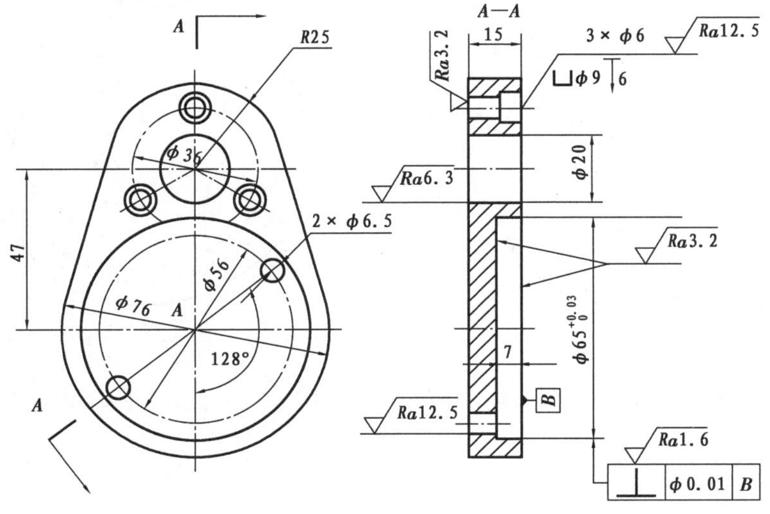

图 4.21　盘类零件实例

步骤 1　新建零件

单击“新建”命令，在“新建 SolidWorks 文件”对话框中选择“零件”模板，单击“确定”按钮。

步骤 2　单击“拉伸”命令，在“前视基准面”上绘制草图，如图 4.22 所示，将“拉伸高度”设置为“15”，结果如图 4.23 所示。

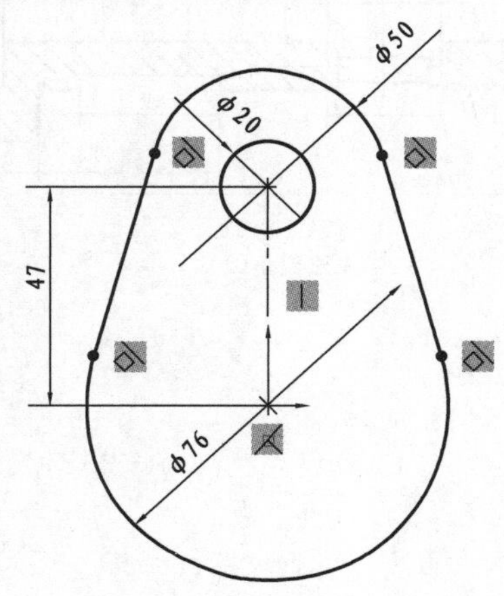

图 4.22　拉伸的草图

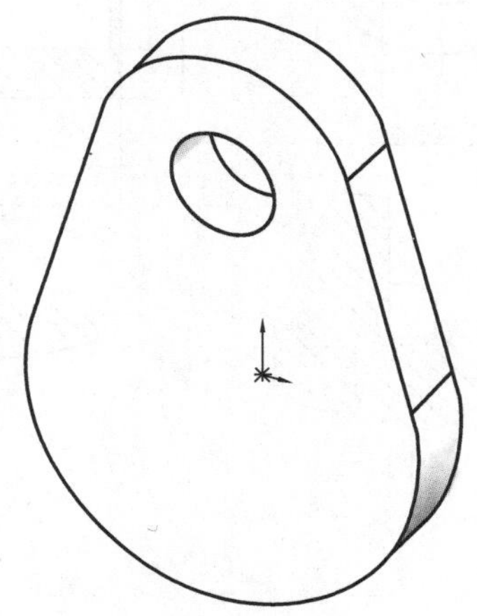

图 4.23　拉伸结果

步骤 3　单击“异形孔向导”命令，采用“柱头沉头孔”的方式，注意采用自定义尺寸，修改“通孔直径”为“6”，将“柱头沉头孔直径”设置为“9”，将“柱头沉头孔深度”设置为“6”。结果如图 4.24 所示。

步骤 4　单击“拉伸切除”命令，切除前面 ϕ65、深度为 7 的孔，结果如图 4.25 所示。

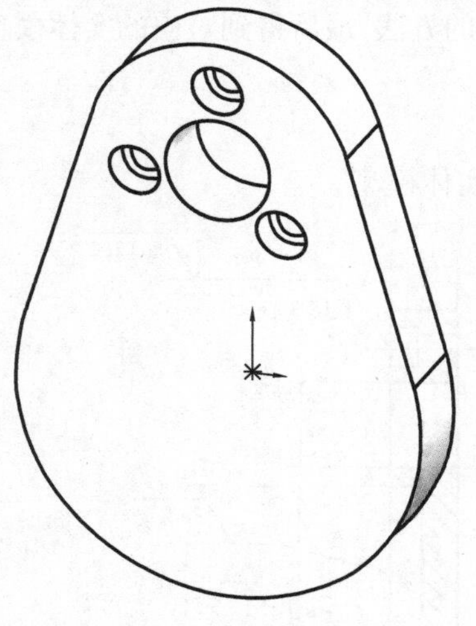

图 4.24　生成异形孔

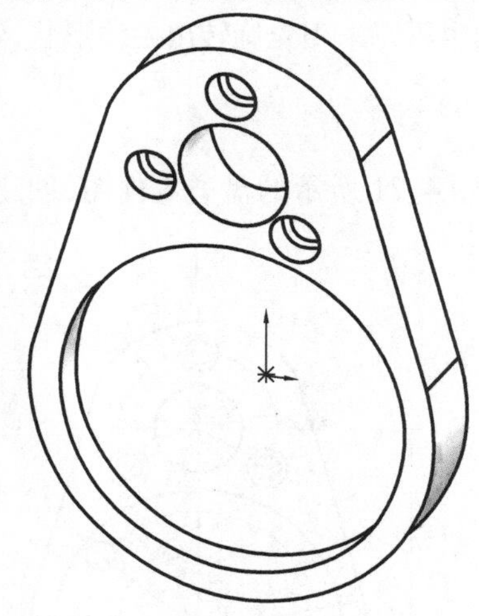

图 4.25　拉伸切除 ϕ65、深度为 7 的孔

步骤 5　单击“拉伸切除”命令，切除前面两个 ϕ6.5 的通孔，结果如图 4.26 所示。

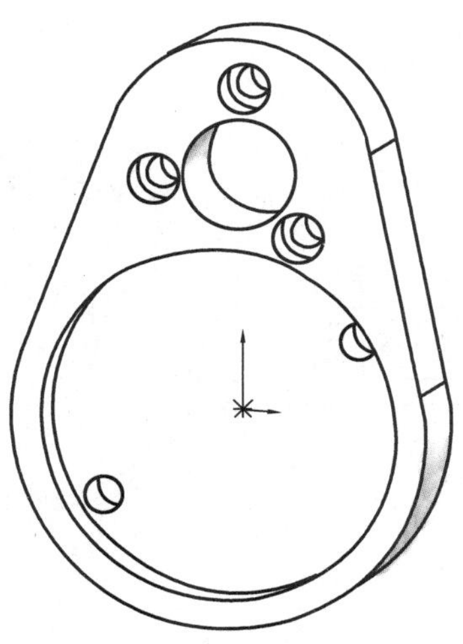

图 4.26　切除两个 $\phi6.5$ 的通孔，得到最终结果

4.3.2　盘类零件建模练习

看懂图 4.27(a)至(e)所示盘类零件图，分别创建对应的实体模型。

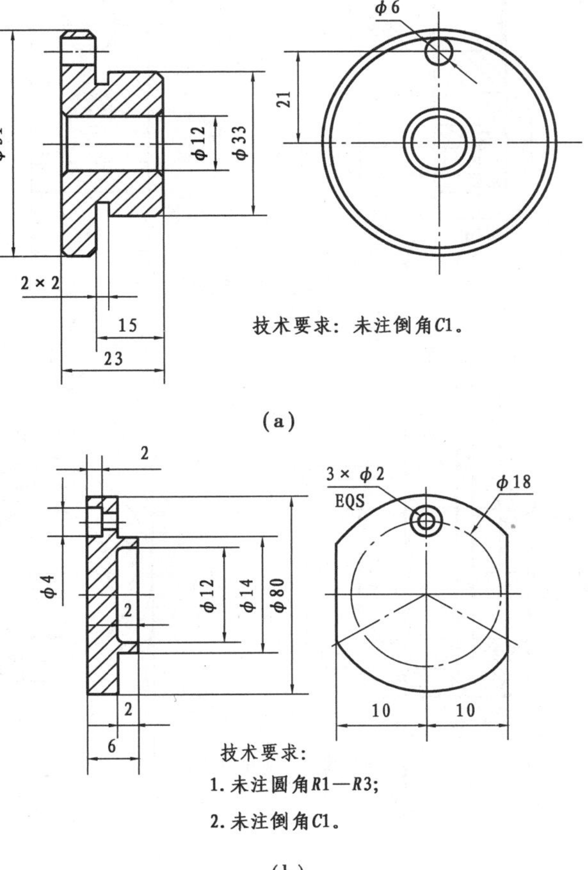

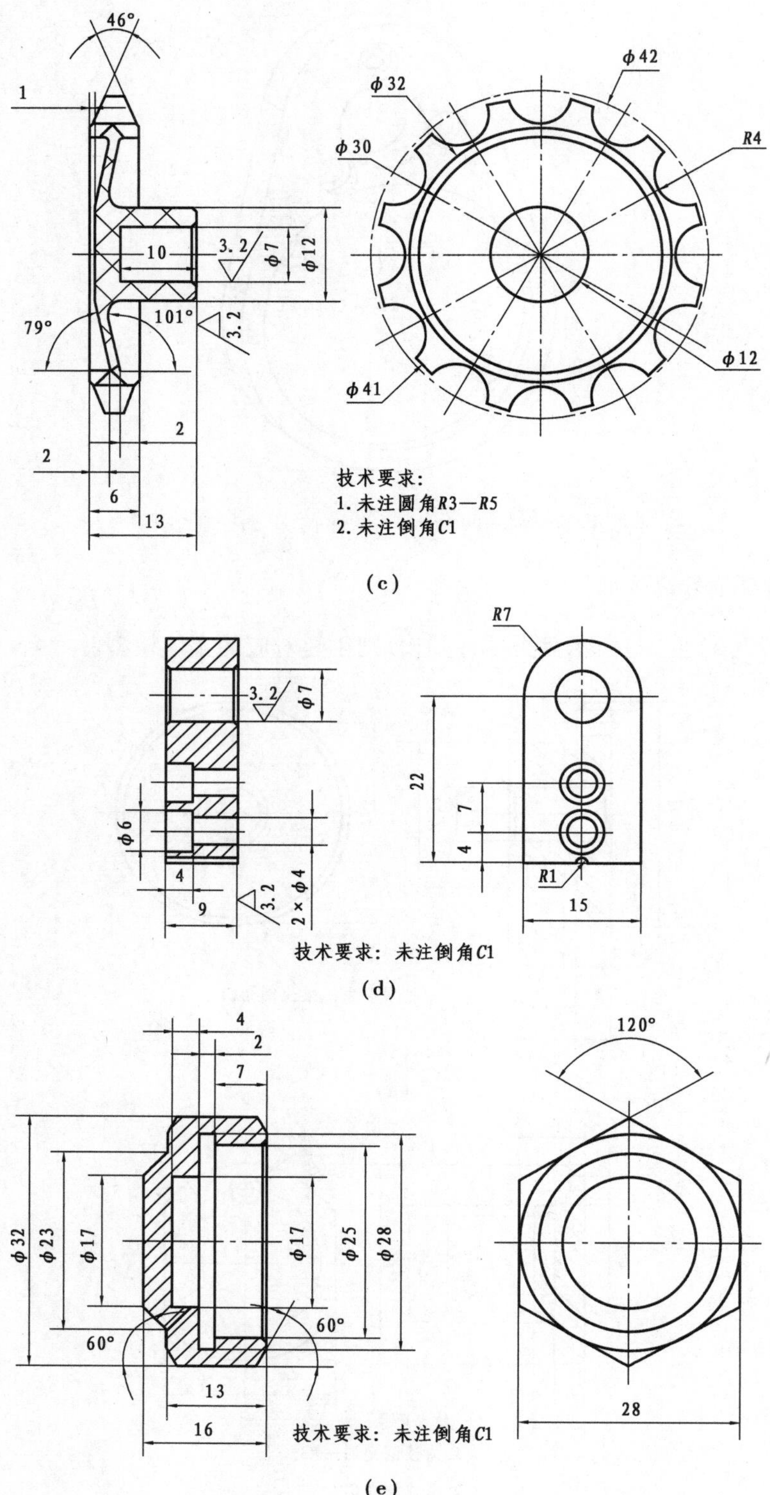

图 4.27　盘类零件综合练习

4.4　叉架类零件建模实例

叉架类零件包括连杆、支座等。这类零件的结构形状不规则且外形比较复杂，通常由工作部分、支架部分、连接部分组成。因此，建构这类形体时，一般会对各个部分逐一建构，最终得到整体结构。

4.4.1　叉架类零件建模实例

看懂如图 4.28 所示的叉架零件视图，创建对应的实体模型。

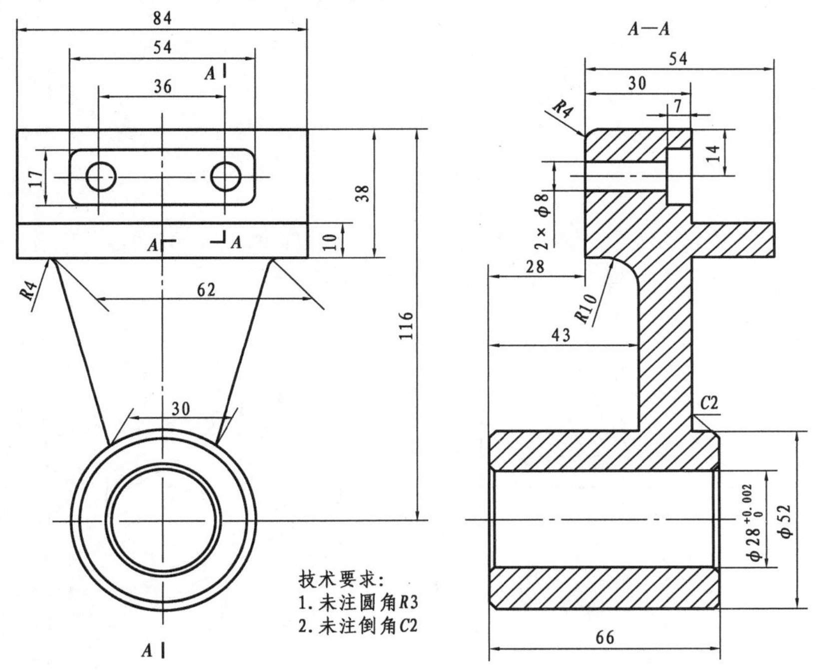

图 4.28　叉架类零件实例

步骤 1　新建零件

单击“新建” 命令，在“新建 SolidWorks 文件”对话框中选择“零件”模板，单击“确定”按钮。

步骤 2　单击“拉伸”命令，在“前视基准面”上绘制 $\phi52$ 和 $\phi28$ 的同心圆，“拉伸高度”设置为“66”，结果如图 4.29 所示。

步骤 3　单击“拉伸”命令，在“右视基准面”上绘制如图 4.30 所示草图，“对称拉伸”设置为“84”，结果如图 4.31 所示。

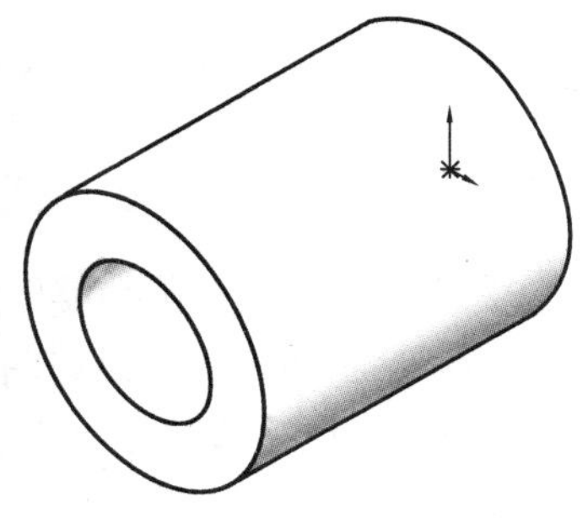

图 4.29　拉伸得到空心圆柱

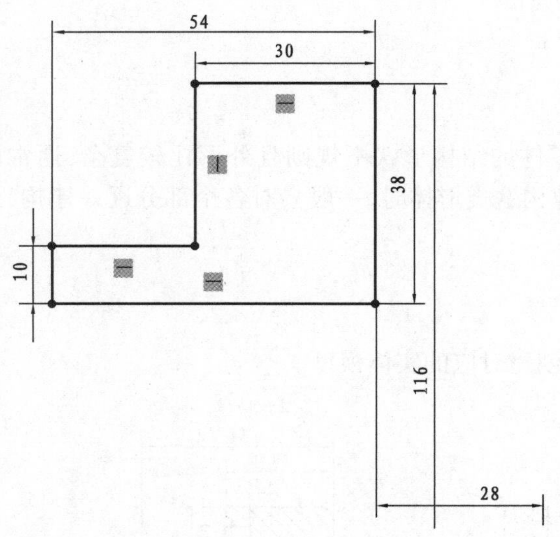

图 4.30　步骤 3 的拉伸草图

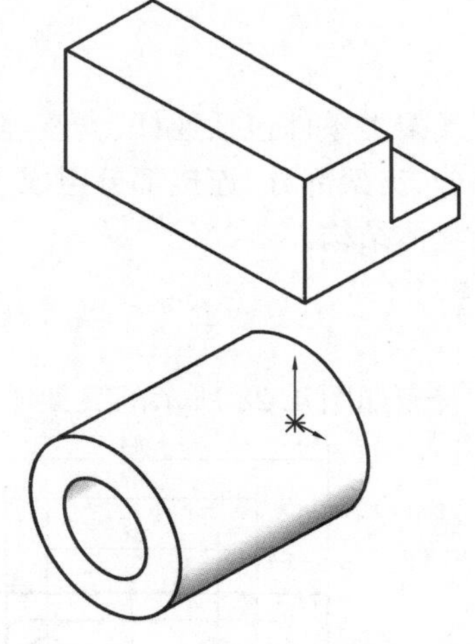

图 4.31　步骤 3 的拉伸结果

步骤 4　单击“拉伸”命令，在空心圆柱体前面上绘制如图 4.32 所示草图，采用“等距拉伸”，“等距距离”为“8”，“拉伸”为“15”，结果如图 4.33 所示。

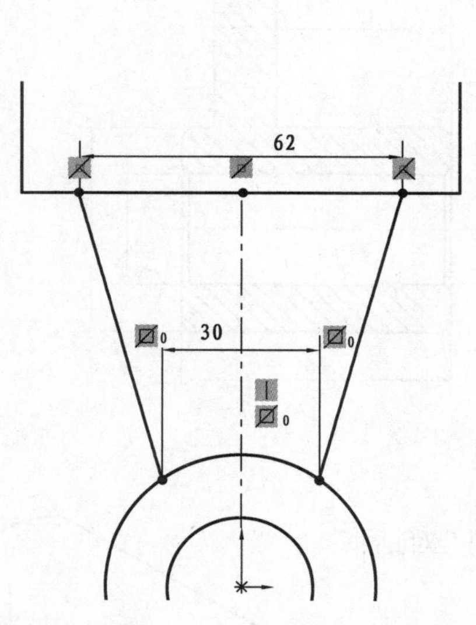

图 4.32　步骤 4 的拉伸草图

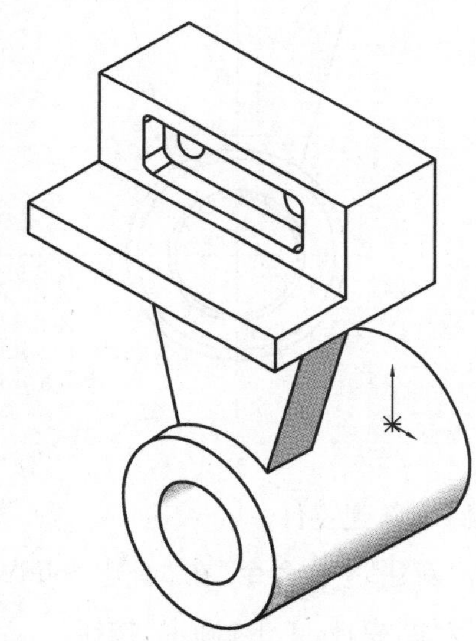

图 4.33　步骤 4 的拉伸结果

步骤 5　单击“拉伸切除”命令，切除上部 54×17 的长方体，再次单击“拉伸切除”命令，切除上部两个 ϕ8 的孔，结果如图 4.34 所示。

步骤 6　在需要的地方倒直角 *C*2，在需要的地方倒圆角 *R*3 和 *R*4，在后部倒圆角 *R*10，结果如图 4.35 所示。

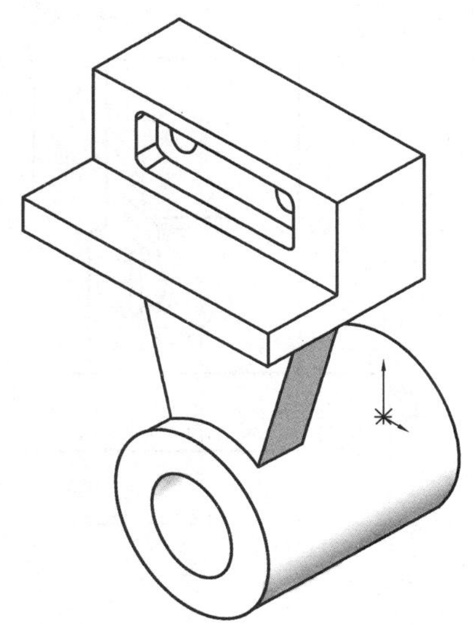

图4.34 切除得到上部结构

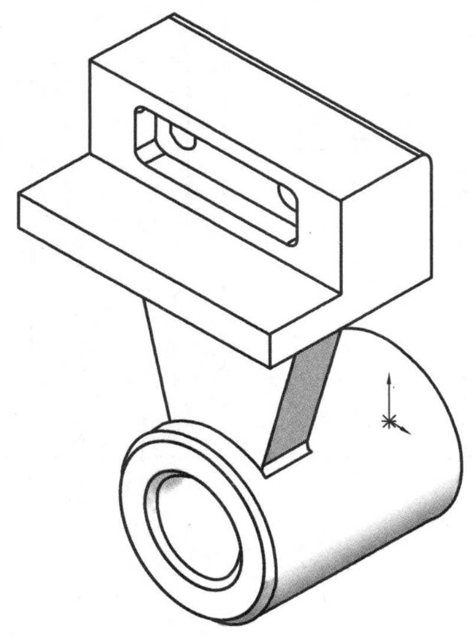

图4.35 倒角后得到最终结果

4.4.2 叉架类零件建模练习

看懂图4.36(a)至(d)所示的叉架类零件图，分别创建对应的实体模型。

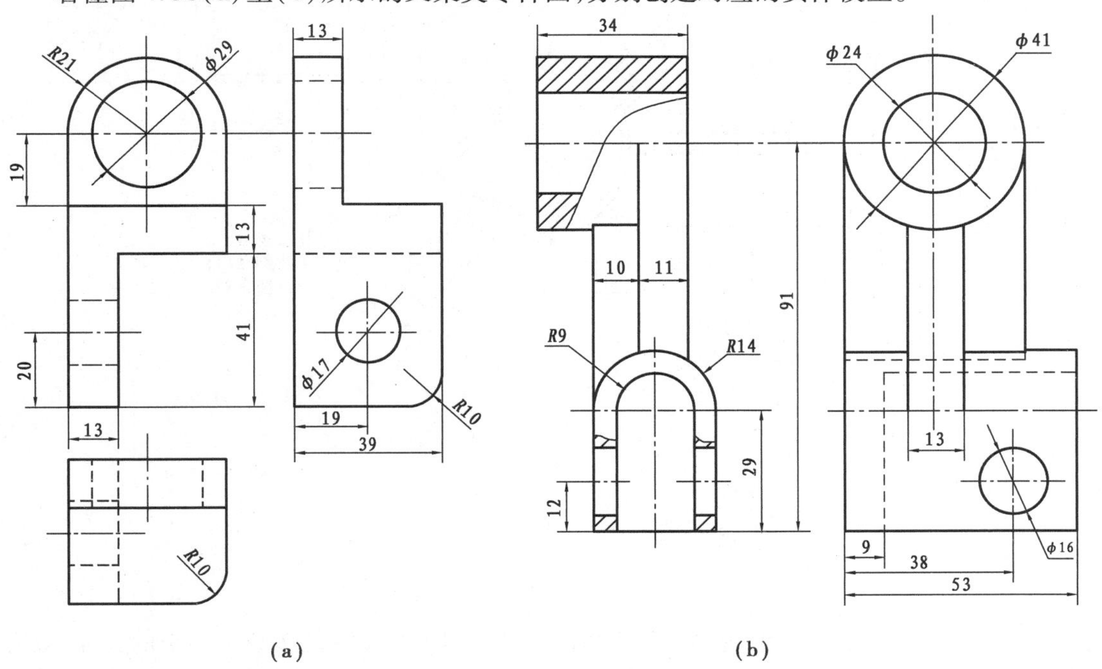

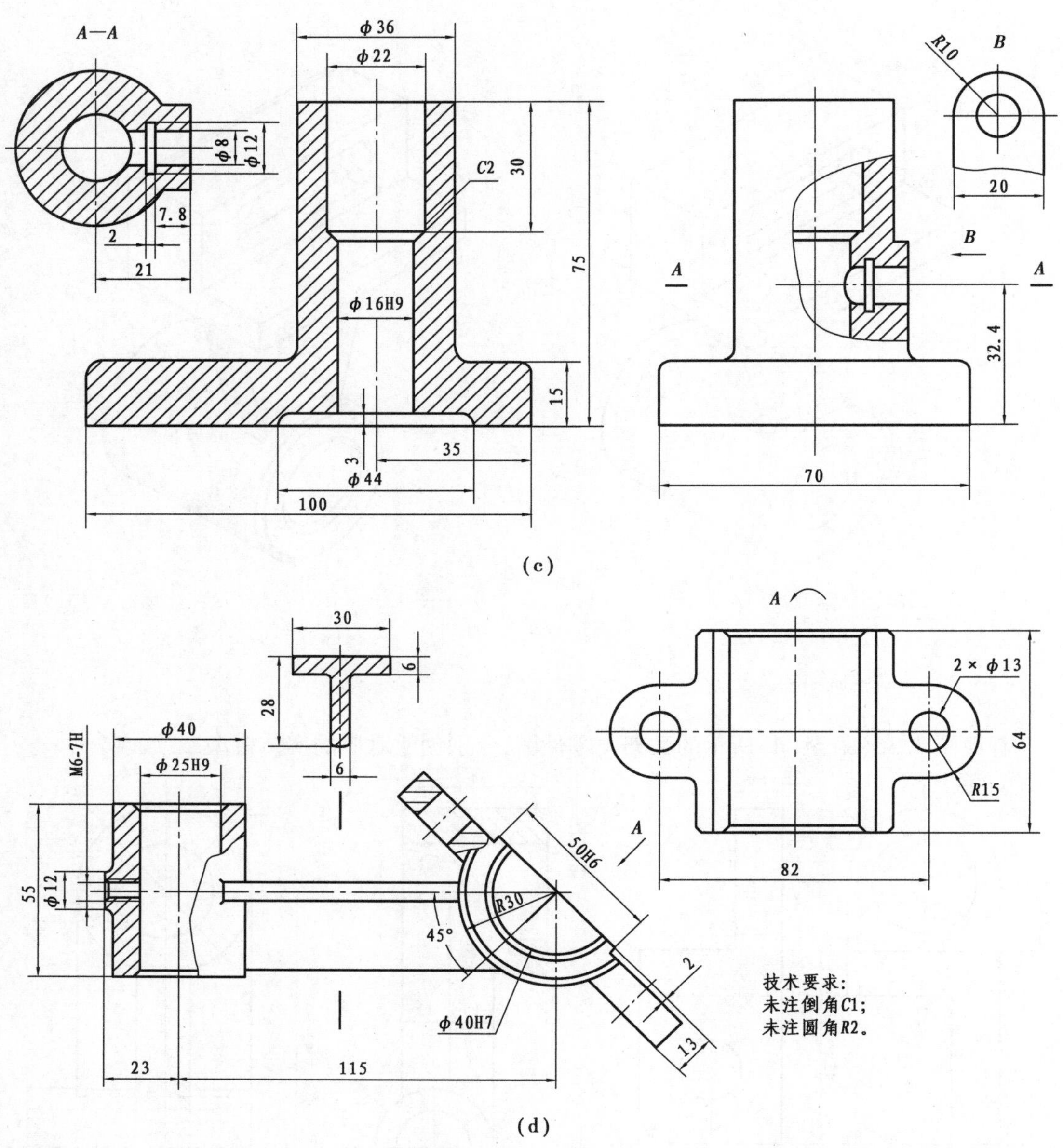

图 4.36　叉架类零件综合练习

4.5　箱体类零件建模实例

箱体类零件一般起着支承、容纳、定位和密封等作用。这类零件多数是中空的壳体,具有内腔和壁;此外还常具有轴孔、轴承孔、凸台和肋板等结构。为方便其他零件的安装或箱体自身再安装到机器上,常设计有安装底板、法兰、安装孔和螺孔等结构。为了防止尘埃、污物进入箱体,通常要使箱体密封。因此,箱体上常有用于安装密封毡圈、密封垫片的结构。多数箱体内安装有运动零件,为了便于润滑,箱体内常盛有润滑油,因此,箱壁部分常有供安装箱盖、轴承盖、油标、油塞等零件的凸缘、凸台、凹坑、螺孔等结构。箱体类零件的建模方法一般比较复杂,需要综合利用各种特征建模方式。

4.5.1　箱体类零件建模实例

看懂如图 4.37 所示的箱体类零件图,创建对应的实体模型。

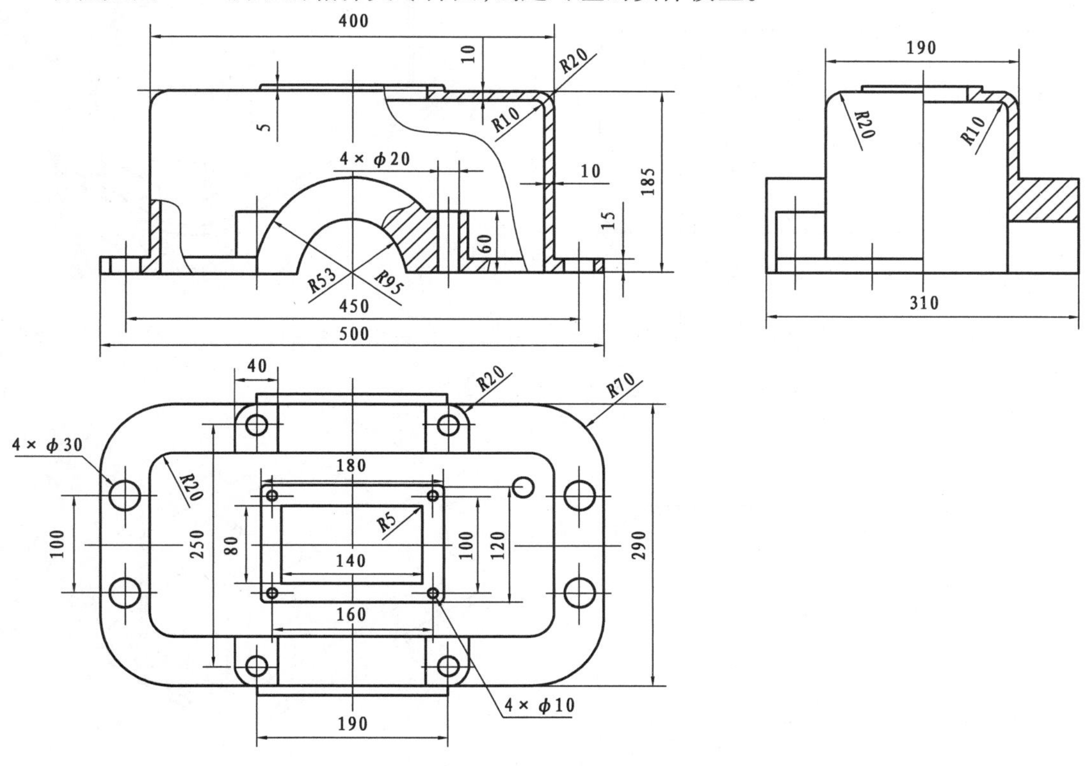

图 4.37　箱体类零件实例

步骤 1　新建零件

单击“新建” 命令,在“新建 SolidWorks 文件”对话框中选择“零件”模板,单击“确定”按钮。

步骤 2　单击“拉伸”命令,在“上视基准面”上绘制如图 4.38 所示的草图,“拉伸高度”设置为“15”,结果如图 4.39 所示。

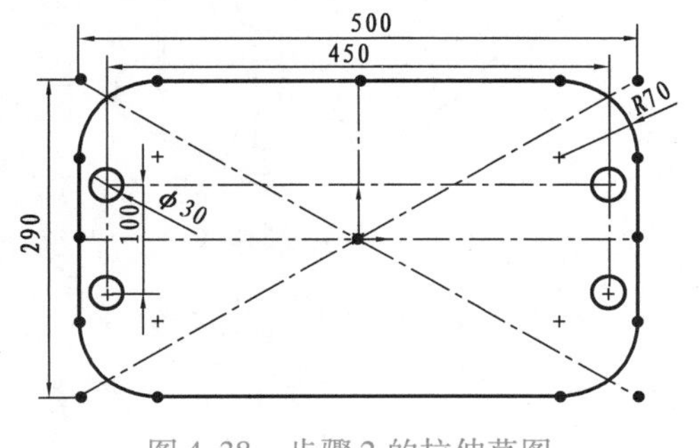

图 4.38　步骤 2 的拉伸草图

图 4.39　步骤 2 中拉伸得到的实体

步骤 3　单击“拉伸”命令，在刚刚得到的实体（图 4.39）上表面绘制草图，如图 4.40 所示，“拉伸高度”设置为“170”，结果如图 4.41 所示。

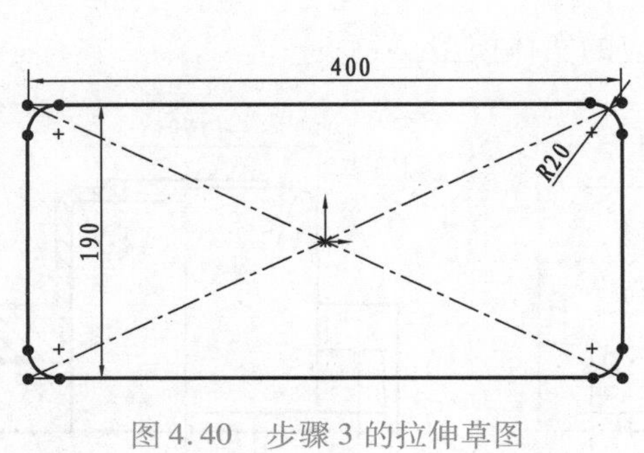

图 4.40　步骤 3 的拉伸草图

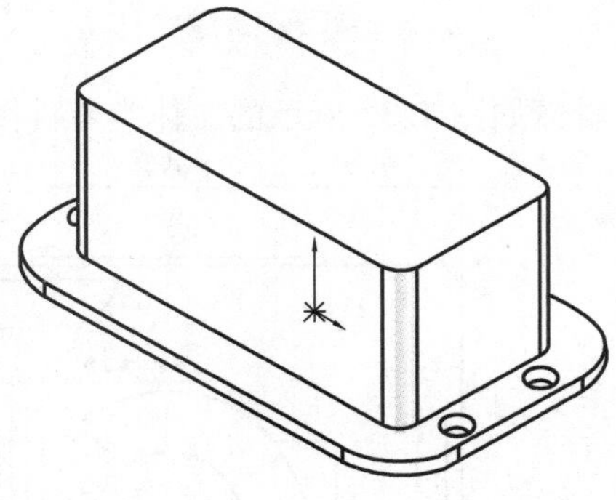

图 4.41　步骤 3 中拉伸得到的实体

步骤 4　单击“拉伸”命令，在步骤 3 得到的实体上表面绘制草图，如图 4.42 所示，“拉伸高度”设置为“5”，结果如图 4.43 所示。

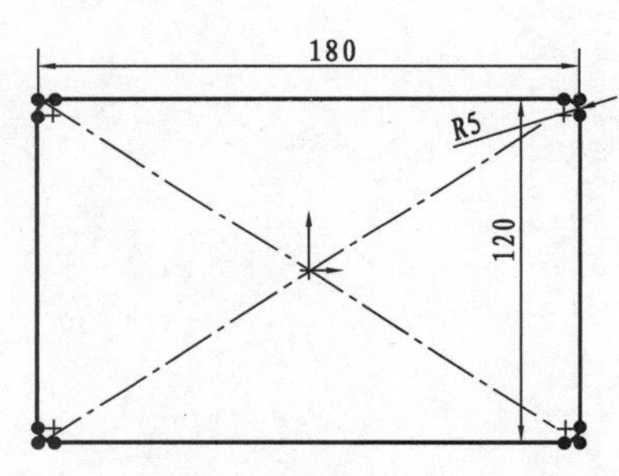

图 4.42　步骤 4 的拉伸草图

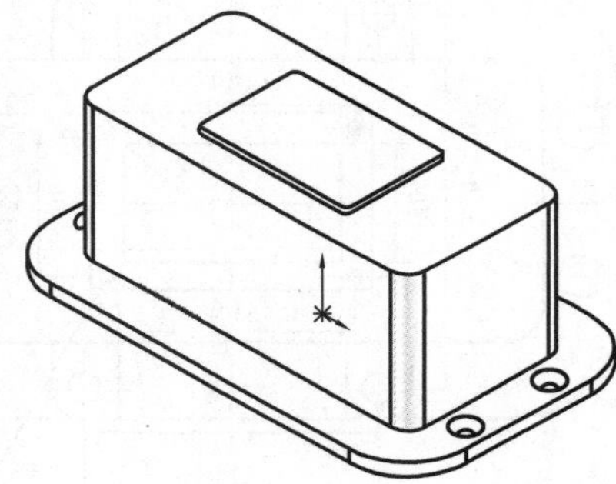

图 4.43　步骤 4 中拉伸得到的实体

步骤 5　单击“拉伸”命令，选取“前视基准面”，在上面绘制草图，如图 4.44 所示，采用“两侧对称拉伸 310”，结果如图 4.45 所示。

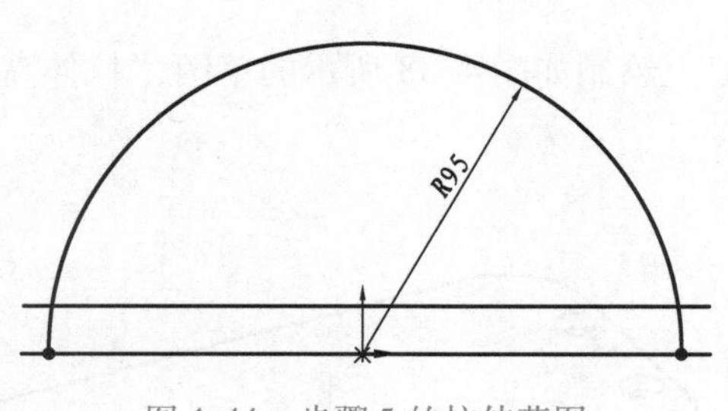

图 4.44　步骤 5 的拉伸草图

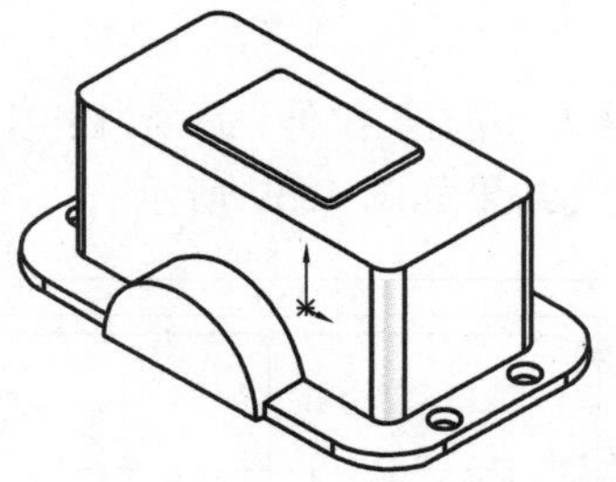

图 4.45　步骤 5 中拉伸得到的实体

步骤 6　单击“拉伸”命令，选取“形体最下表面”，在上面绘制草图，如图 4.46 所示，“拉伸高度”设置为“60”，结果如图 4.47 所示。

步骤 7　单击"拉伸切除"命令，选取"形体最下表面"，在上面绘制草图，如图 4.48 所示，"拉伸切除高度"为"175"，结果如图 4.49 所示。

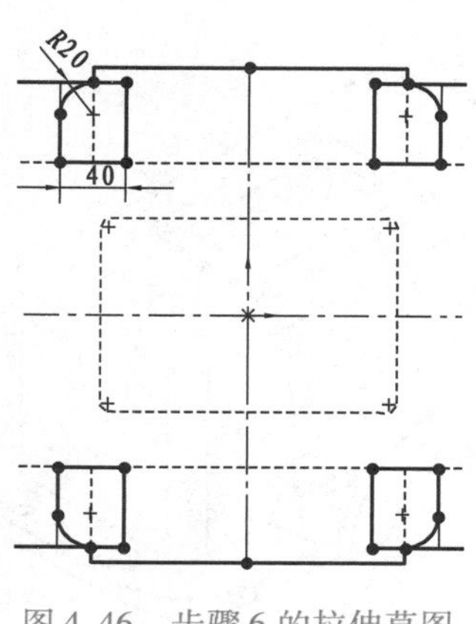

图 4.46　步骤 6 的拉伸草图

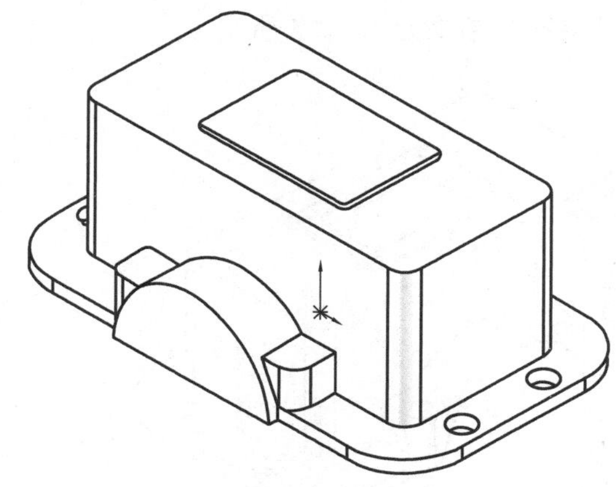

图 4.47　步骤 6 中拉伸得到的实体

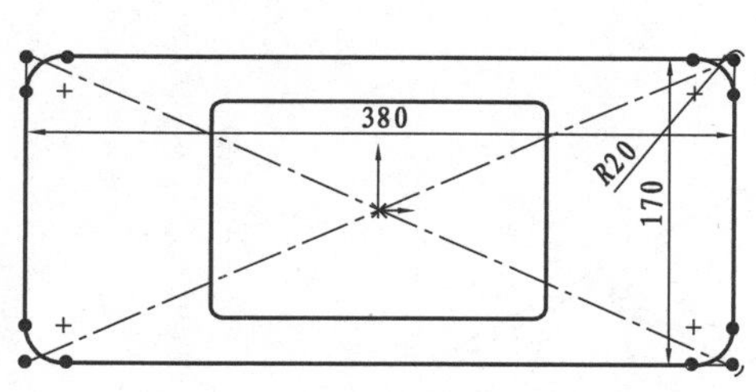

图 4.48　步骤 7 的拉伸切除草图

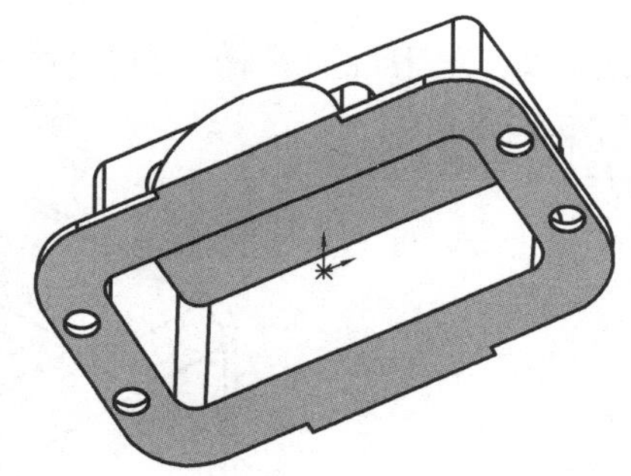

图 4.49　步骤 7 中拉伸切除得到的实体

步骤 8　单击"拉伸切除"命令，选取"形体最上表面"，在上面绘制草图，如图 4.50 所示，"拉伸切除方式"为"全部贯穿"，结果如图 4.51 所示。

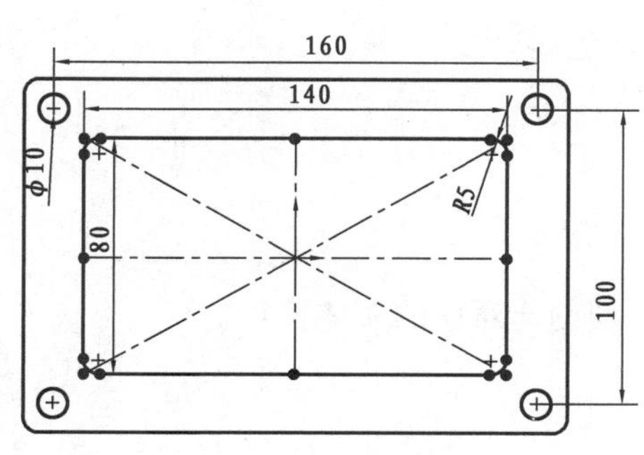

图 4.50　步骤 8 的拉伸切除草图

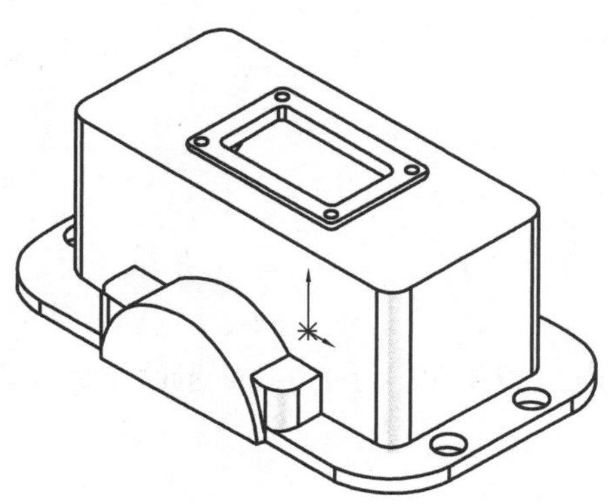

图 4.51　步骤 8 中拉伸切除得到的实体

步骤 9　单击“拉伸切除”命令，选取“四个小台上表面”，在上面绘制 $\phi 20$ 的圆，“拉伸切除方式”为“全部贯穿”，结果如图 4.52 所示。

步骤 10　单击“拉伸切除”命令，在箱体前表面的上绘制 $R53$ 的半圆形，“拉伸切除方式”为“全部贯穿”，结果如图 4.53 所示。

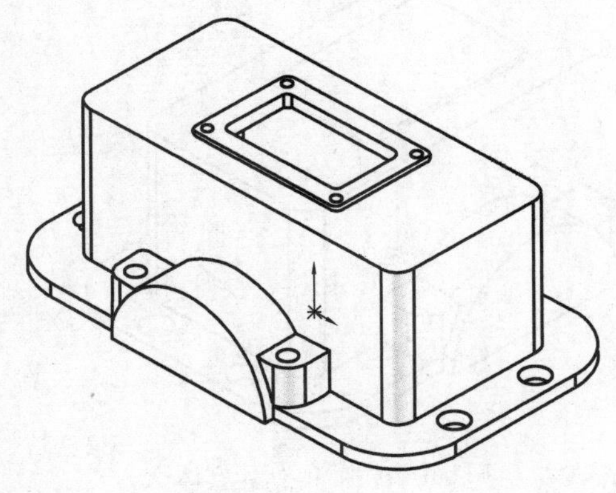

图 4.52　拉伸切除 $\phi 20$

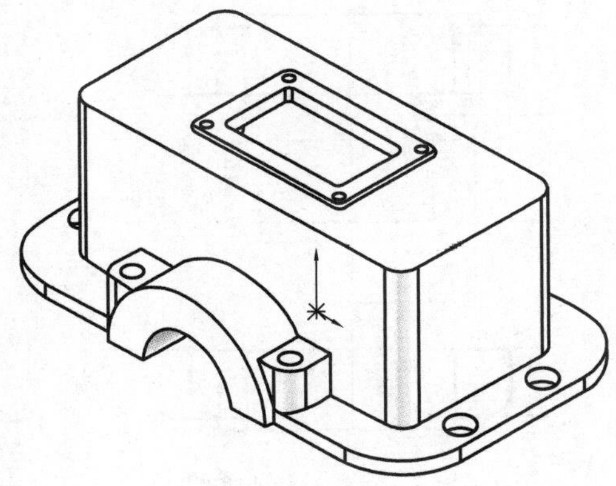

图 4.53　拉伸切除 $R53$

步骤 11　单击“圆角”命令，在箱体内表面倒圆角 $R10$，在箱体外表面的上部倒圆角 $R20$，结果如图 4.54 所示。

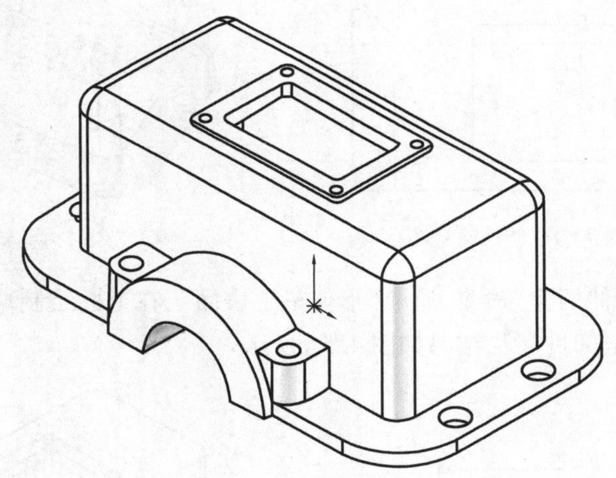

图 4.54　倒圆角得到最后结果

4.5.2　箱体类零件建模练习

看懂图 4.55(a)至(e)所示的箱体类零件图，分别创建对应的实体模型。

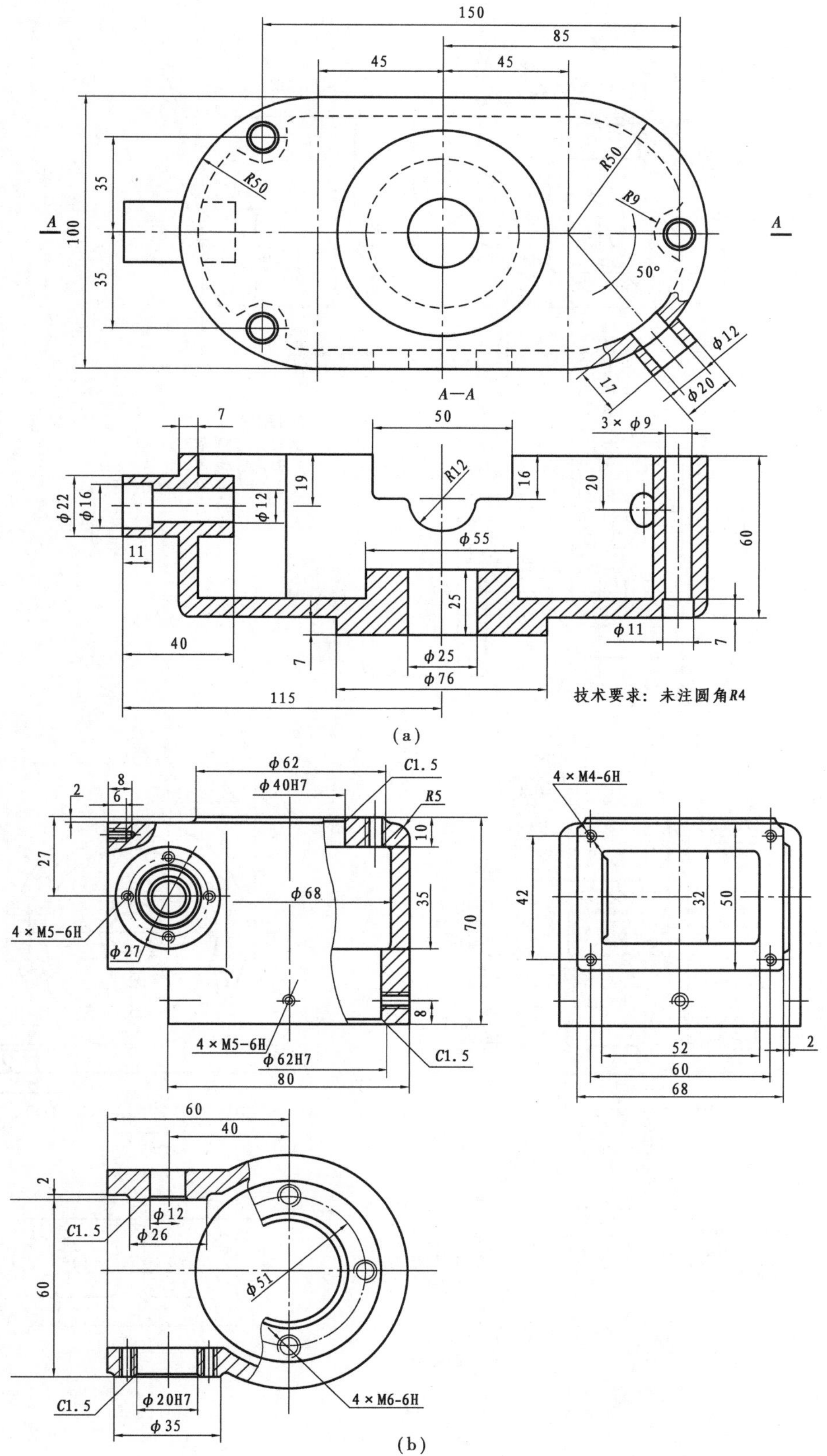
150
85
45
45
100
35
35
A
A
R50
R50
R9
50°
φ12
φ20
17
A—A
7
50
3×φ9
φ22
φ16
φ12
19
R12
16
20
60
11
φ55
25
40
φ11
7
7
φ25
φ76
115
技术要求：未注圆角R4
φ62
C1.5
φ40H7
R5
2
8
6
27
10
4×M5-6H
φ68
35
70
φ27
8
4×M5-6H
φ62H7
C1.5
80
4×M4-6H
42
32
50
52
2
60
68
60
40
2
φ12
C1.5
φ26
60
φ51
C1.5
φ20H7
4×M6-6H
φ35
(a)

(b)

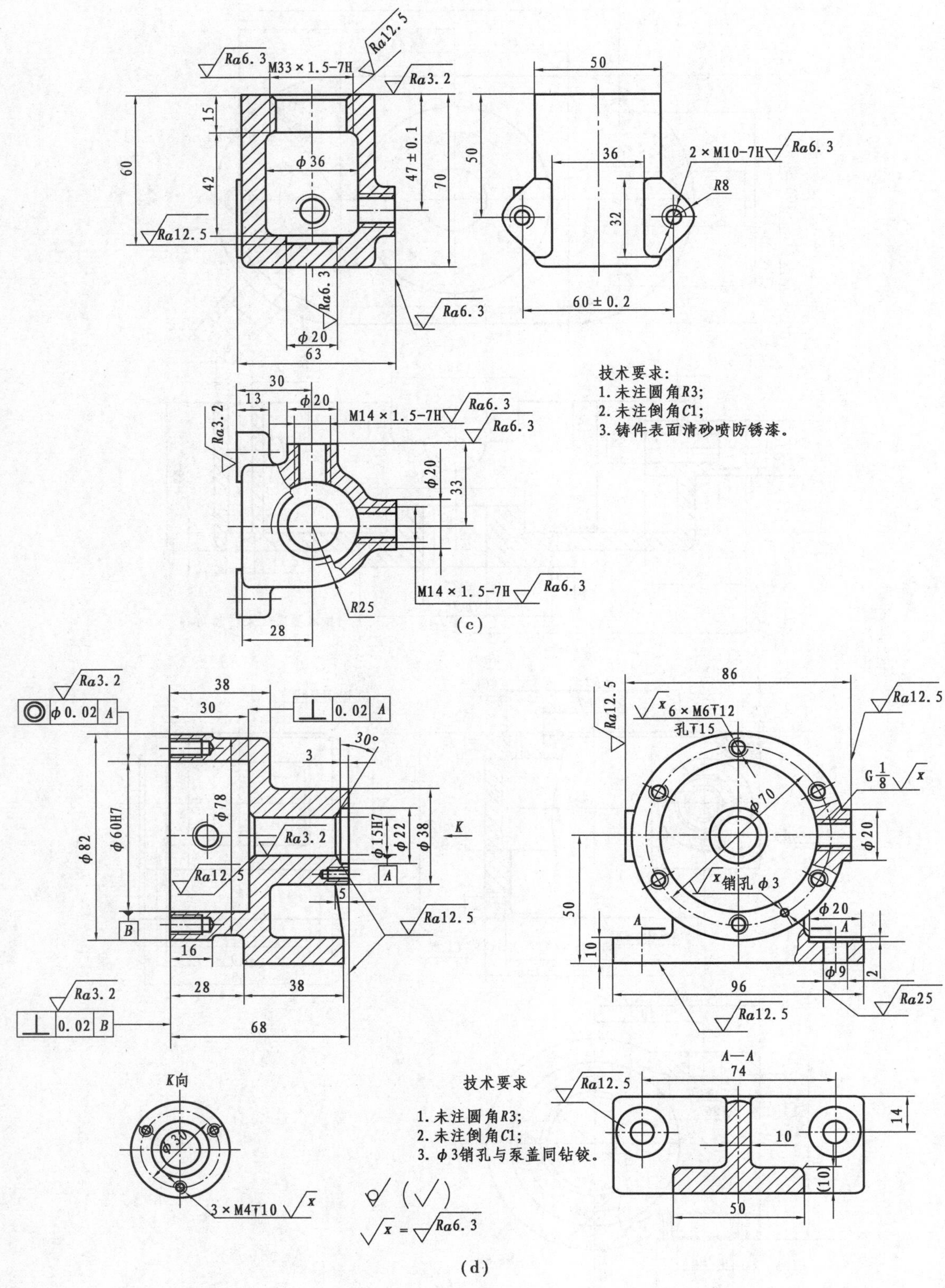

Ra6.3
M33×1.5-7H
Ra12.5
Ra3.2
15
60
42
φ36
47±0.1
70
Ra12.5
Ra6.3
Ra6.3
φ20
63
50
50
36
2×M10-7H
Ra6.3
R8
32
60±0.2
技术要求:
1.未注圆角R3;
2.未注倒角C1;
3.铸件表面清砂喷防锈漆。
30
13
φ20
M14×1.5-7H
Ra6.3
Ra6.3
Ra3.2
φ20
33
M14×1.5-7H
Ra6.3
R25
28
(c)
Ra3.2
φ0.02 A
38
30
⊥ 0.02 A
30°
3
φ82
φ60H7
φ78
Ra3.2
φ15H7
φ22
φ38
K
Ra12.5
A
5
Ra12.5
B
16
28
38
Ra3.2
⊥ 0.02 B
68
86
Ra12.5
6×M6↧12
孔↧15
Ra12.5
G 1/8
φ70
φ20
销孔 φ3
50
φ20
A
A
10
φ9
2
96
Ra25
Ra12.5
K向
φ30
3×M4↧10
技术要求
1.未注圆角R3;
2.未注倒角C1;
3.φ3销孔与泵盖同钻铰。
A—A
74
Ra12.5
14
10
(10)
50
x = Ra6.3
(d)

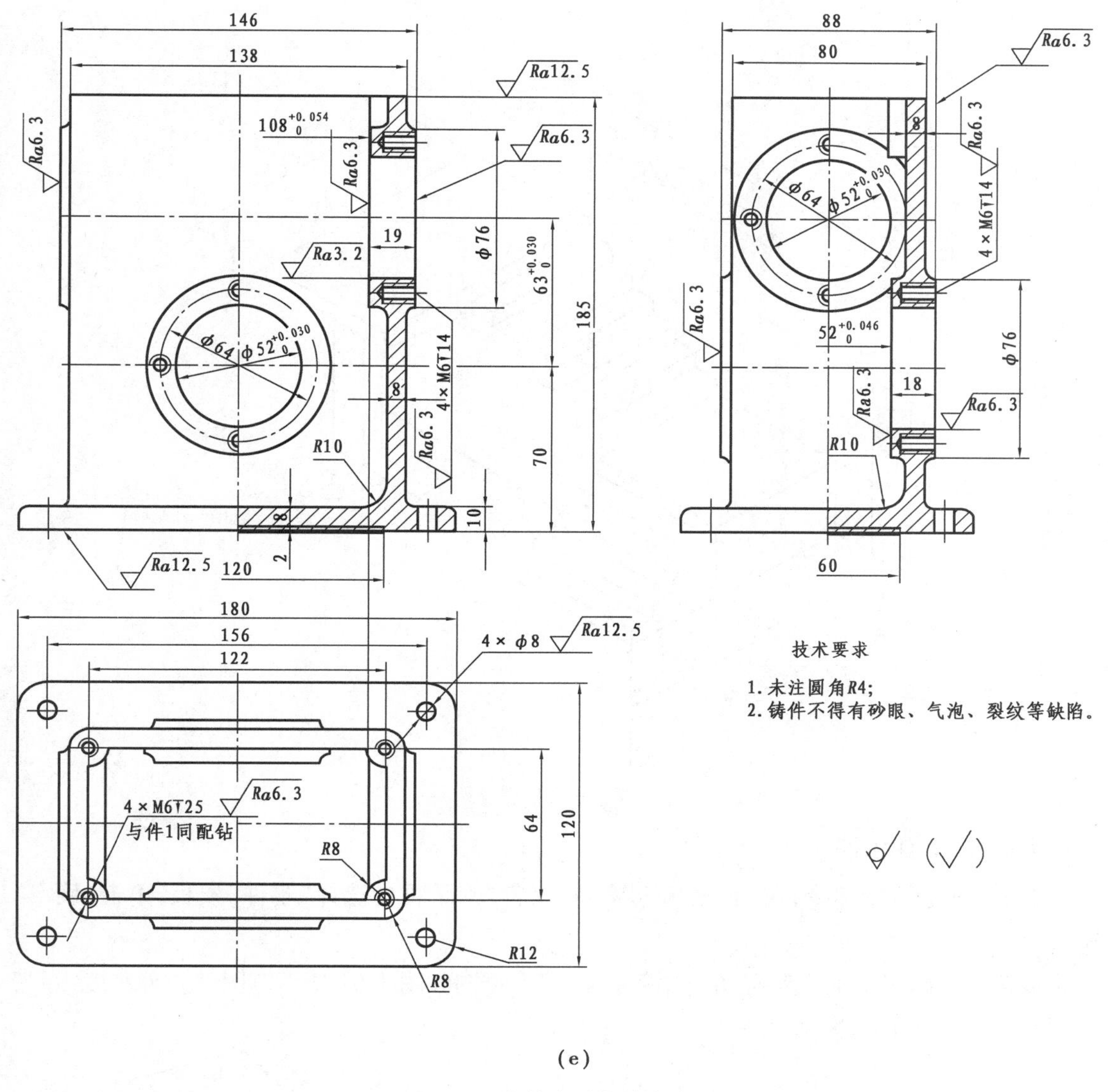

(e)

图 4.55　箱体类零件综合练习

4.6　建筑形体建模实例

SolidWorks 不仅可以用于建立机械零件实体，也适用于其他类型的设计场合，比如可以利用 CircuitWorks 插件将机械设计与电子设计完美结合。SolidWorks 还适用于建筑形体建模。

4.6.1　建筑形体建模实例

看懂如图 4.56 所示建筑形体的视图，创建对应的建筑实体模型。

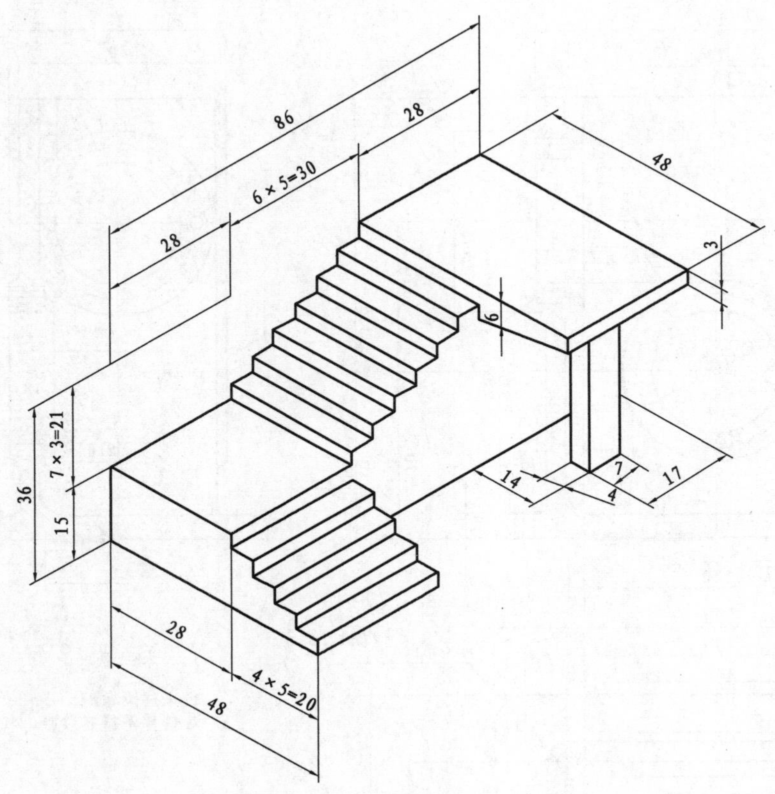

图 4.56　建筑形体实例

步骤 1　新建零件

单击“新建” 命令，在“新建 SolidWorks 文件”对话框中选择“零件”模板，单击“确定”按钮。

步骤 2　单击“拉伸”命令，在“右视基准面”上绘制如图 4.57 所示草图，“拉伸高度”设置为“28”，结果如图 4.58 所示。

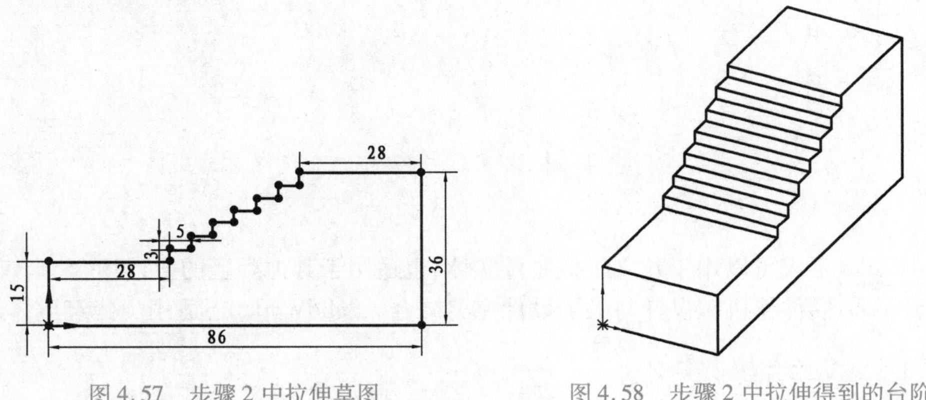

图 4.57　步骤 2 中拉伸草图　　　　图 4.58　步骤 2 中拉伸得到的台阶

步骤 3　单击“拉伸”命令，选中“台阶的最左面”，在该面上绘制如图 4.59 所示草图，“拉伸高度”设置为“28”，结果如图 4.60 所示。

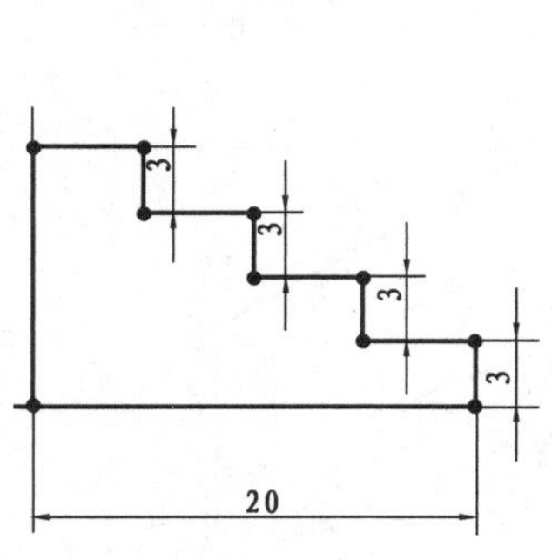

图 4.59　步骤 3 中拉伸草图

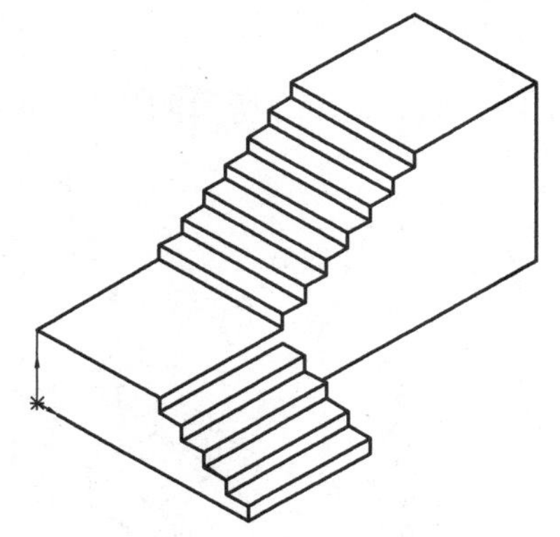

图 4.60　步骤 3 中拉伸得到的台阶转角

步骤 4　单击"拉伸"命令,选中"台阶的最下面",在该面上绘制如图 4.61 所示草图,修改"拉伸方向",并修改"拉伸高度"为"36",结果如图 4.62 所示。

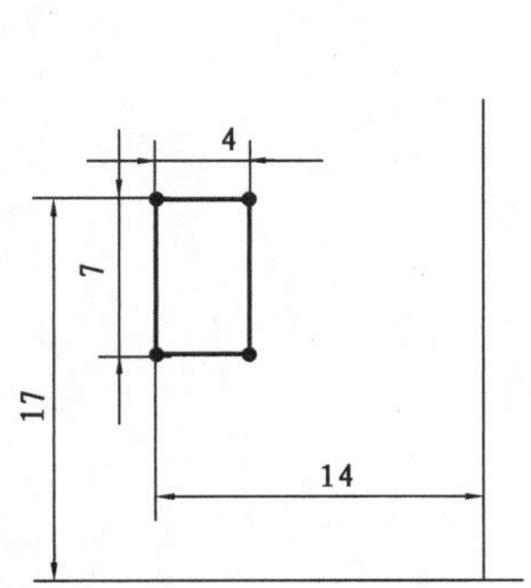

图 4.61　步骤 4 中拉伸草图

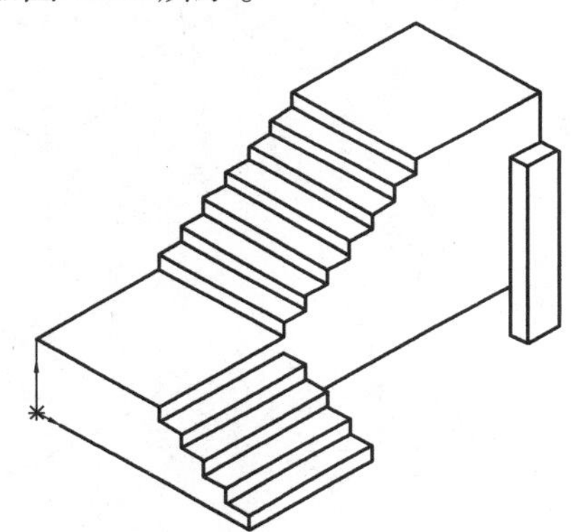

图 4.62　步骤 4 中拉伸得到的立柱

步骤 5　单击"拉伸"命令,选中"台阶的最右面",在该面上绘制如图 4.63 所示草图,修改"拉伸方向",并修改"拉伸高度"为"28",结果如图 4.64 所示。

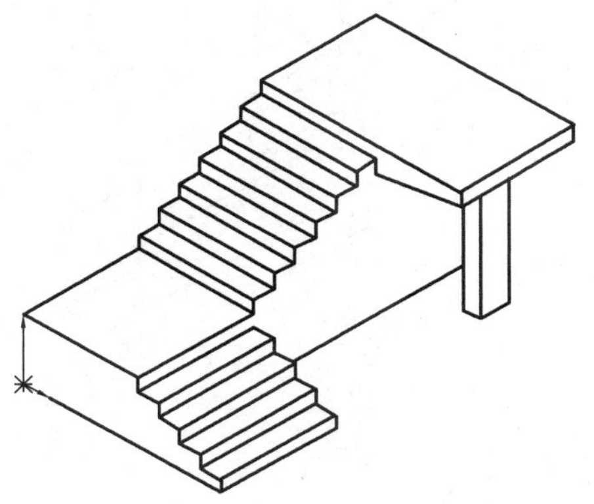

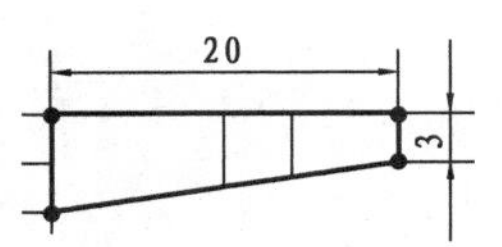

图 4.63　步骤 5 中拉伸草图

图 4.64　步骤 5 中拉伸得到最后结果

4.6.2　建筑形体建模练习

看懂图 4.65(a)至(g)所示的建筑形体图,分别创建对应的建筑实体模型。

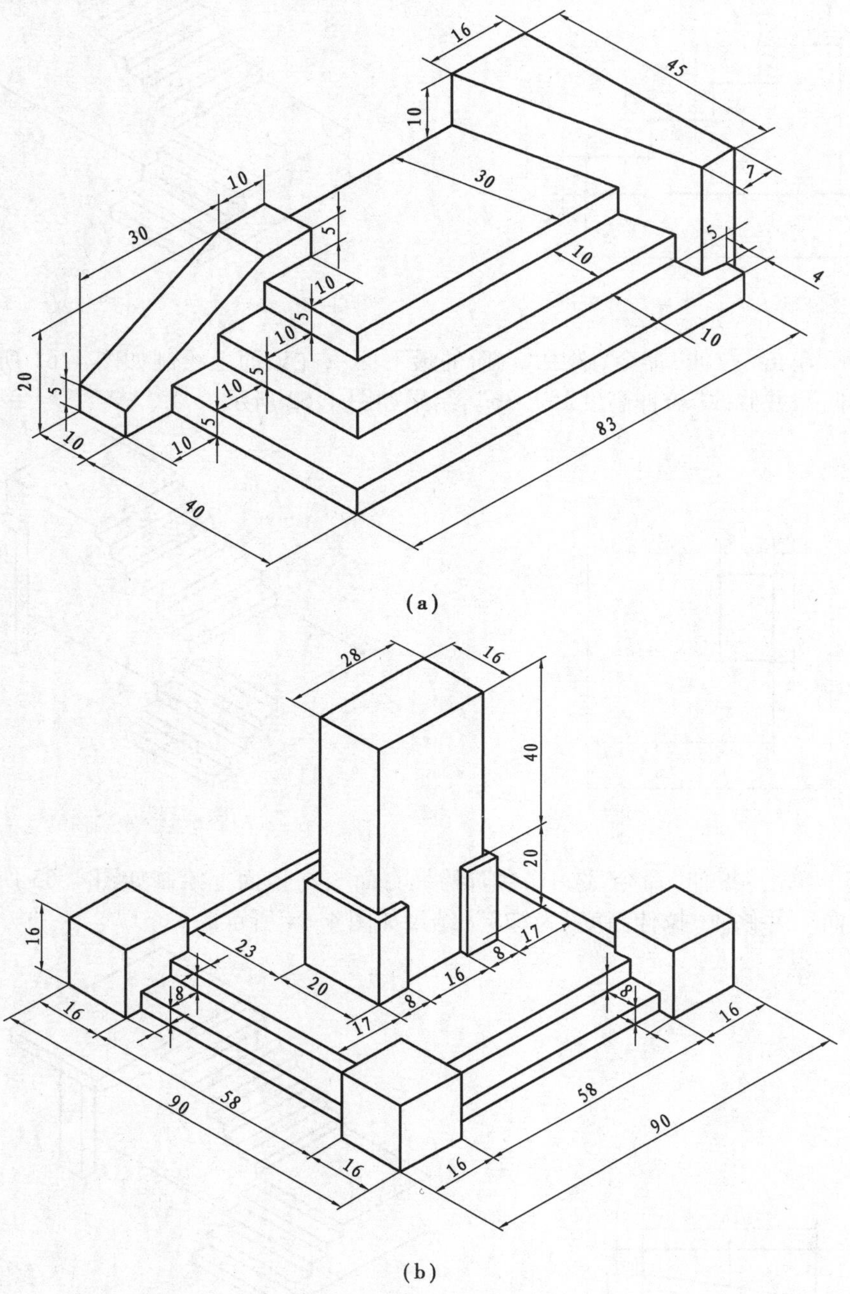

(a)

(b)

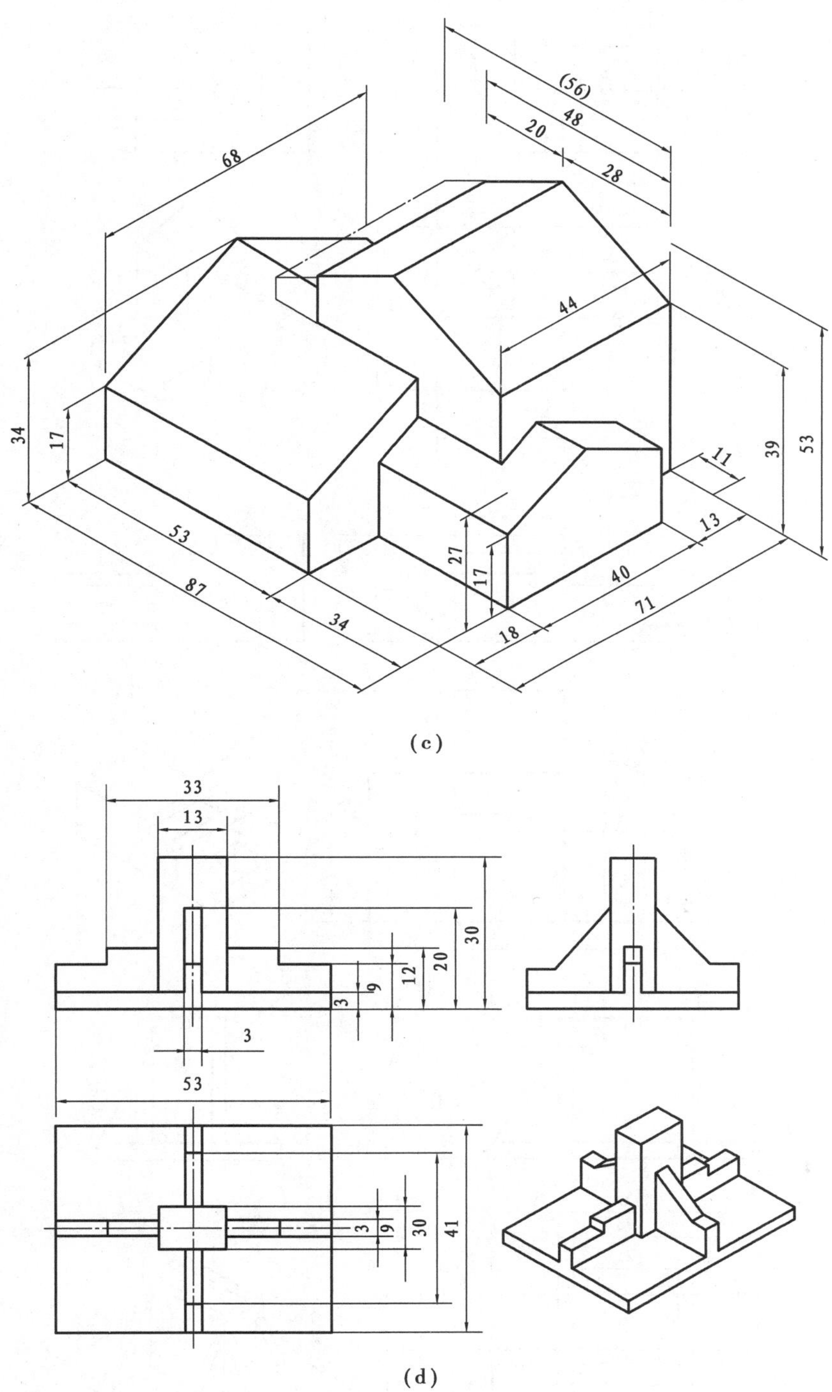
(56)
48
20
28
68
44
34
17
53
87
34
27
17
18
40
71
13
11
39
53
33
13
30
20
12
9
3
3
53
3
9
30
41

(c)

(d)

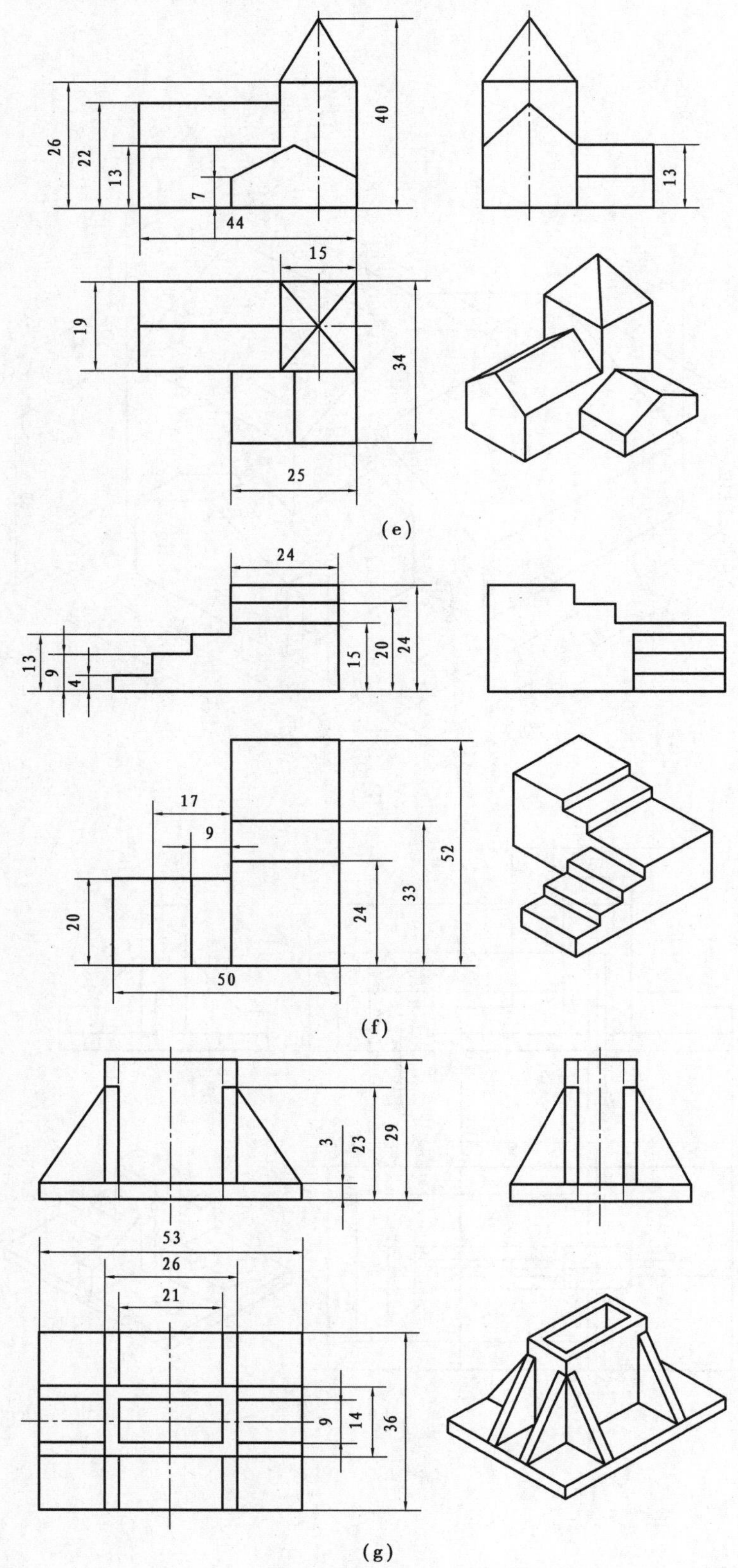

图 4.65　建筑形体建模综合练习

4.7　渲染和有限元分析

零件实体建模完成后，用户可以根据不同的要求对零件模型进行相应的处理。例如需要输出美观的零件效果图，可以对零件进行渲染。又比如用户关注零件的力学性能，还可以使用 SolidWorks 的有限元分析工具对零件进行静力学、动力学或者频率甚至热力学分析。

4.7.1　零件实体的渲染

要对零件实体进行渲染，可以采用 SolidWorks 的 PhotoView 360 插件工具。要使用该插件工具，可以单击"SOLIDWORKS 插件"命令管理器，如图 4.66 所示。单击"PhotoView 360"命令按钮，并激活，在菜单栏中会新增"PhotoView 360"菜单，如图 4.67 所示。如果使用了该菜单的某个命令，就会在"PhotoView 360"命令管理器中生成"渲染工具"命令管理器，如图 4.48 所示。

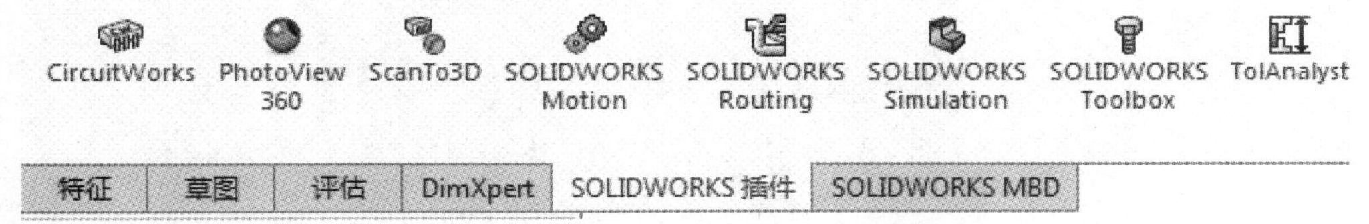

图 4.66　"SOLIDWORKS 插件"命令管理器

图 4.67　新增"PhotoView 360"菜单

图 4.68 “渲染工具”命令管理器

花瓶渲染

4.7.2 零件实体的渲染实例

用抽壳产生的空心花瓶渲染效果图，如图 4.69 所示。要求用“金”外观将其放入合适的背景环境中，并在花瓶外表面贴图，如图 4.70 所示。

图 4.69 花瓶渲染实例（渲染前）

图 4.70 花瓶渲染实例（渲染后）

步骤 1 激活插件

单击“SOLIDWORKS 插件”命令管理器，找到“PhotoView 360”命令按钮并单击激活它。

步骤 2 编辑外观

单击“PhotoView 360”菜单下的“编辑外观”命令，窗口左边会弹出如图 4.71 所示“颜色”对话框，可以为模型设置“颜色”。窗口右边弹出如图 4.72 所示“外观、布景和贴图”任务窗口，即可为模型设置“外观”“布景”和“贴图”。

在“外观、布景和贴图”任务窗口中单击“外观（color）”节点，依次点单击“金属”→“金”，双击选择预览区域的“抛光金”，在“颜色”对话框中单击✔按钮，将外观颜色“抛光金”添加到模型中。

单击“预览窗口”或者“最终渲染”命令，可以渲染得到如图 4.73 所示的金色花瓶。

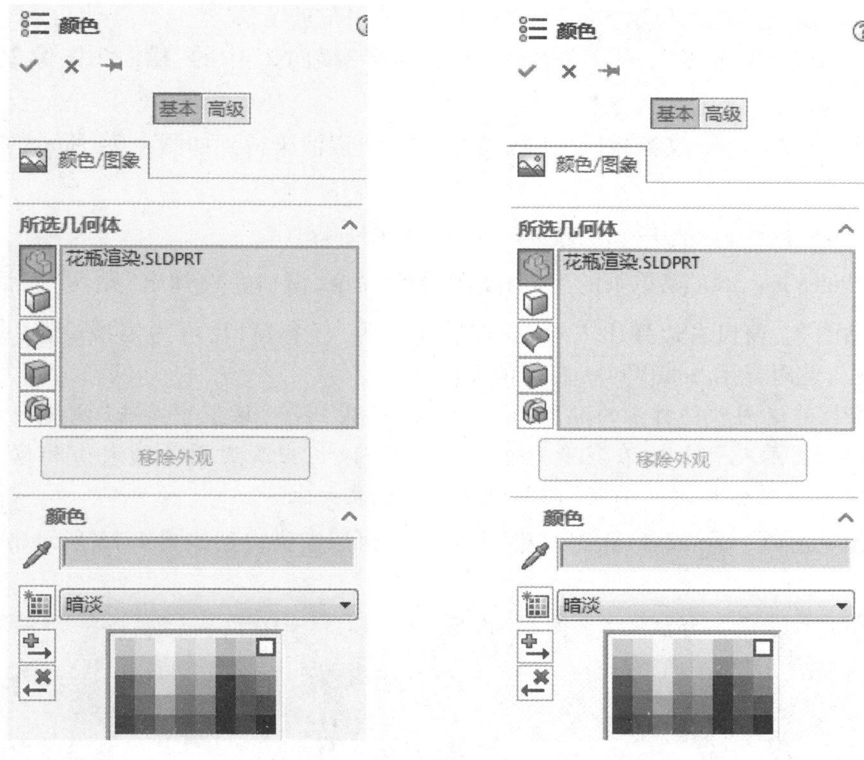

图 4.71　"颜色"对话框　　　图 4.72　"外观、布景和贴图"任务窗口

图 4.73　金色花瓶

图 4.74　带有布景的金色花瓶

步骤 3　编辑布景—选用"横向 2 图像 2"作为布景

单击"PhotoView 360"菜单下的"编辑布景"命令，窗口左边弹出"编辑布景"对话框，可以为模型设置"布景"。窗口右边弹出"外观、布景和贴图"任务窗口，可为模型设置"外

观”“布景”和“贴图”，此时显示 SolidWorks 自带的常用布景场景。

选中窗口右边的“布景”，从下方的预览窗口选择“横向 2”中的“横向 2 图像 2”，双击该图片作为布景。

单击“预览窗口”或者“最终渲染”命令，可以渲染得到如图 4.74 所示的带布景的金色花瓶。

步骤 4　编辑贴图—采用操作系统中的“菊花”图片贴图

单击“PhotoView 360”菜单下的“编辑贴图”命令，窗口左边弹出“贴图”对话框，可为模型设置“贴图”。窗口右边弹出 “外观、布景和贴图”任务窗口，可为模型设置“外观”“布景”和“贴图”，此时显示 SolidWorks 自带的贴图图片。

注：本次操作选用软件自带的贴图图片，在左边“贴图”对话框中单击“浏览…”按钮，从操作系统中找到“菊花”图片，在花瓶瓶身上单击鼠标，适当改变图片的大小和位置，在“贴图”对话框中单击✔按钮，将“菊花”图片贴图在花瓶表面上。

单击“预览窗口”或者“最终渲染”命令，可以渲染得到如图 4.75 所示带贴图的金色花瓶。

图 4.75　有贴图有背景的金色花瓶

4.7.3　零件实体的有限元分析

要对零件实体进行有限元分析，可以采用 SolidWorks 的 SOLIDWORKS Simulation 插件工具。要使用该插件工具，可以单击“SOLIDWORKS 插件”命令管理器，如图 4.76 所示。单击“SOLIDWORKS Simulation”命令按钮并激活，这时在菜单栏中会新增“Simulation”菜单，同时在命令管理器处生成“Simulation”命令管理器，如图 4.77 所示。

图4.76　“SOLIDWORKS 插件”命令管理器

图4.77　“Simulation”命令管理器

4.7.4　零件实体有限元分析实例

用图4.78所示的托架零件进行静力学有限元分析。按照工作要求，将托架的下表面固定在工作台上，ϕ18的孔的上表面有1 000 N的力垂直向下压。

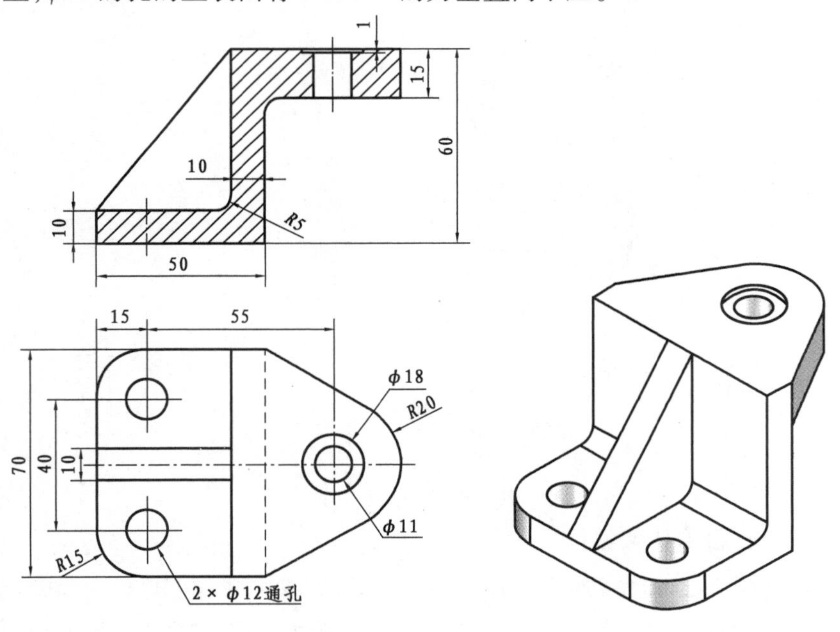

图4.78　零件实体有限元分析实例

步骤1　创建托架实体模型

创建托架实体模型，具体步骤此处省略。

步骤2　激活插件

单击“SOLIDWORKS 插件”命令管理器，找到“SOLIDWORKS Simulation”命令按钮并单击激活。

步骤3　新建静应力分析

单击“算例顾问”命令下的“新算例”命令，窗口左边弹出“算例”属性管理器，选中

"静应力分析",单击"算例"上的✔,新建"静应力分析 1",如图 4.79 所示。

图 4.79　新建"静应力分析 1"

步骤 4　赋予材料给托架零件

单击"应用材料"命令,弹出"材料"属性管理器,如图 4.80 所示。选中"合金钢",单击"应用"按钮,把"合金钢"材料赋予托架零件。然后单击"关闭"按钮,关闭该对话框。

步骤 5　新建夹具—固定下表面

单击"夹具顾问"命令下的"固定几何体"命令,弹出"夹具"属性管理器,选中"托架零件的下表面"作为固定的面,系统在该表面用绿色的箭头表示夹具,如图 4.81 所示。

步骤 6　新建载荷-力

单击"外部载荷顾问"命令下的"力"命令,弹出"力/力矩"属性管理器,选中托架零件右上方 $\phi 18$ 的孔的上表面,设置力的大小为"1 000 N",注意力的方向向下,系统在该表面用红色的箭头表示力及其方向,如图 4.82 所示。设置完成后,结果如图 4.83 所示。

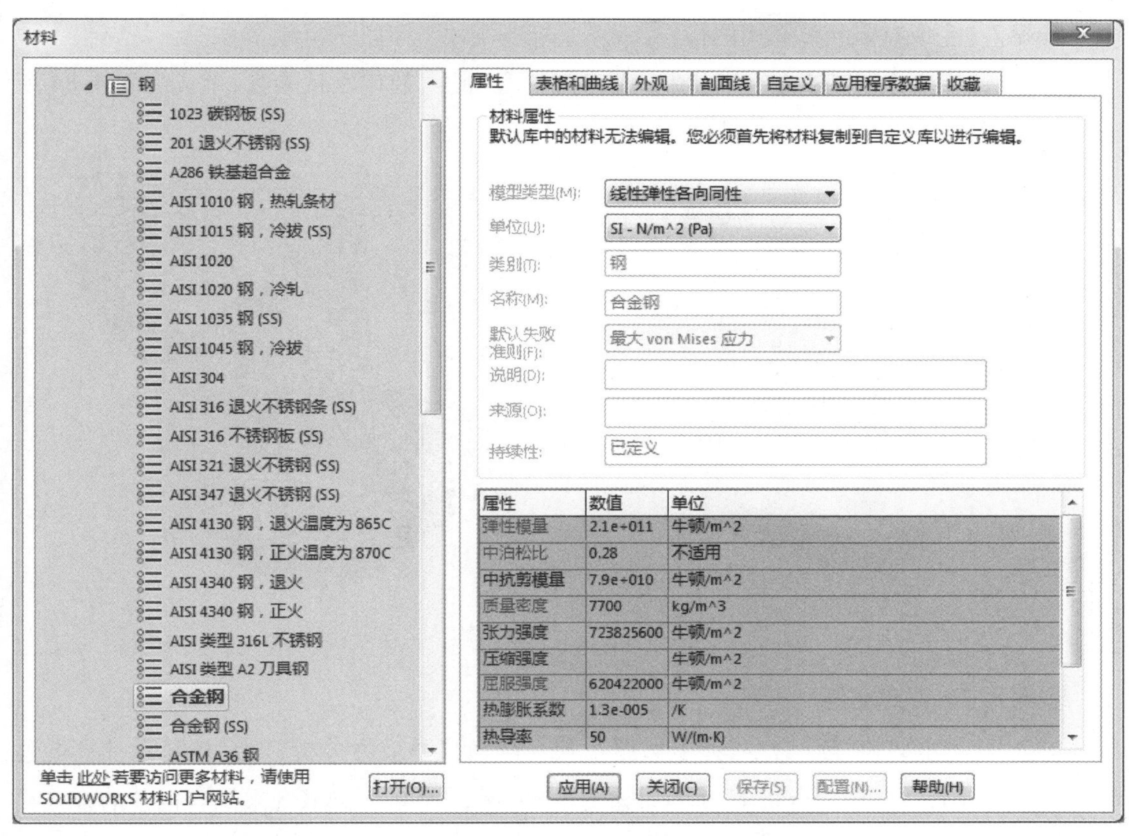

图 4.80　“材料”对话框

图 4.81　新建“夹具”

图 4.82　新建“载荷-力”

步骤 7　生成有限元计算用网格

单击“运算此算例”命令下的“生成网格”命令，使用默认参数，生成如图 4.84 所示网格。

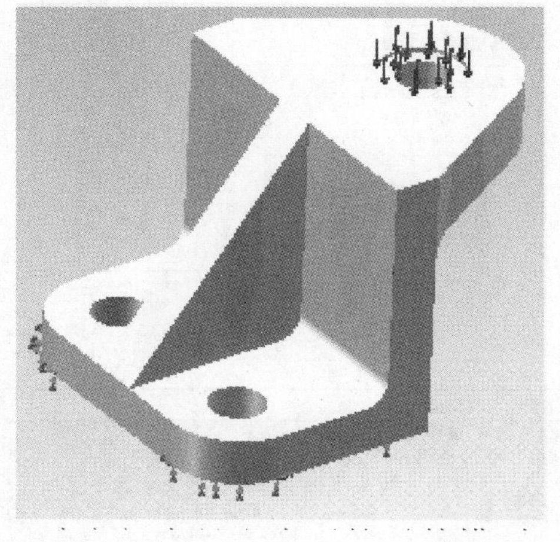

图 4.83　建立“夹具”和“载荷-力”后的零件模型

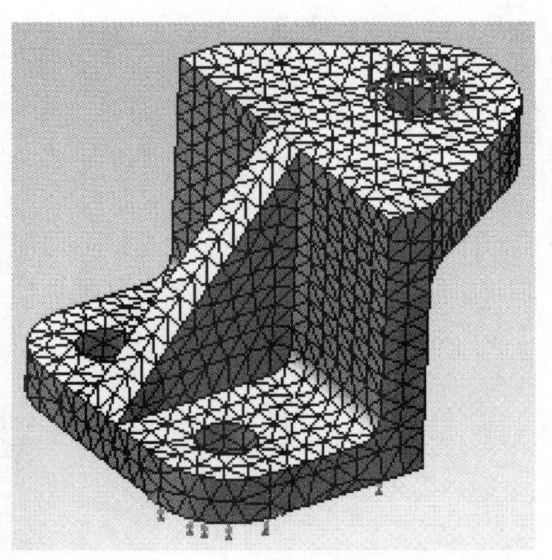

图 4.84　生成有限元计算用网格

步骤 8　运算此算例

单击“运算此算例”命令，弹出如图 4.85 所示的“静应力分析”对话框显示计算的过程。计算完成后，“静应力分析 1”属性树如图 4.86 所示，可以看到系统采用彩色条的方式显示结果。双击其中某个结果，在屏幕中即可显示。图 4.87 为“应力 1(vonMises)”的应力分析图，图 4.88 为“位移 1(合位移)”的显示图。

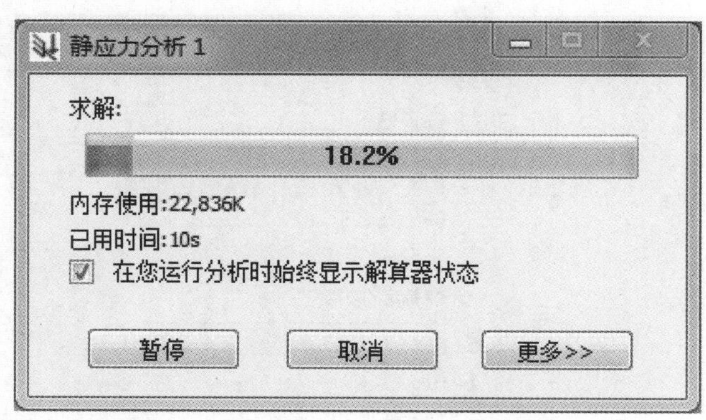

图 4.85　“静应力分析”计算过程

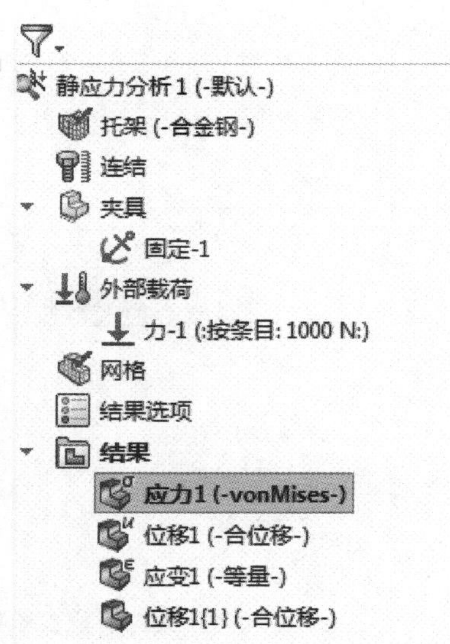

图 4.86　“静应力分析 1”属性树

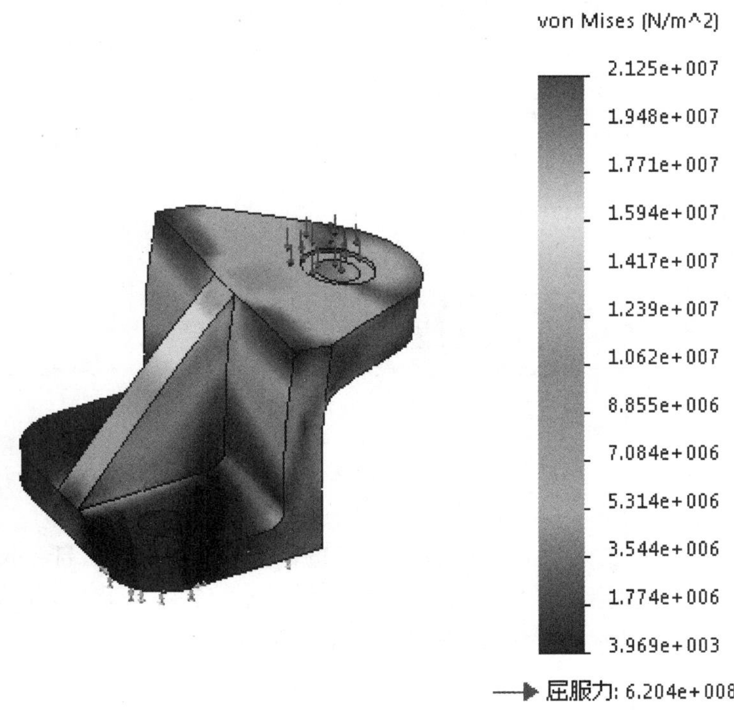

图4.87 "应力1(von Mises)"的应力分析图

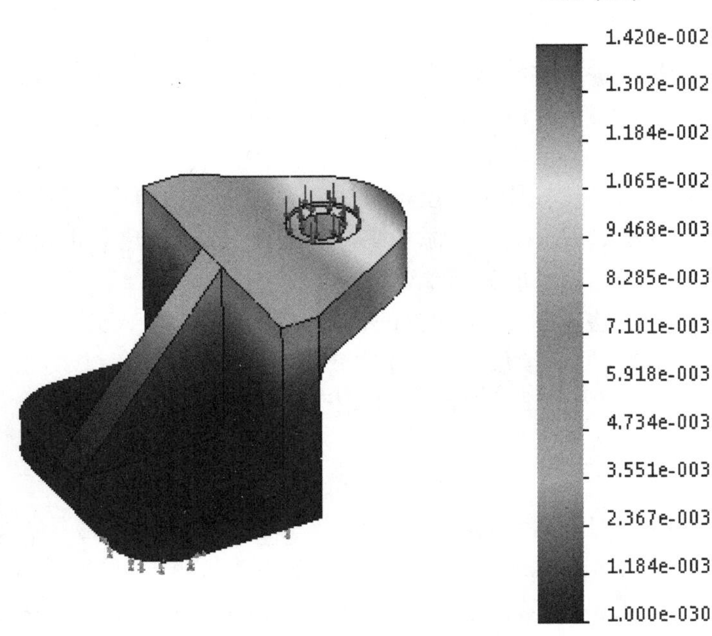

图4.88 "位移1(合位移)"分析显示图

第 5 章 装配建模及实例

装配是 SolidWorks 的三大基本功能之一，其目的是把多个零件或者部件按照一定的配合进行定位，从而构建较为复杂的零件组合。因此，装配时一定要了解装配体的工作原理、零件间的连接关系及零件间的运动关系，这样才能在装配时合理地添加配合，以保证装配的正确性。

5.1 装配简介

装配体界面介绍

利用 SolidWorks 软件进行装配体建模一般有两种方法：一种是从零件到整体的建模思路，即自下而上的设计方法；另一种是从整体到局部的思路，即自上而下的设计方法。

自下而上的设计方法是比较传统的设计方法。一般先建立单个零件，然后进入装配环境，把零件插入装配体，最后添加零件间的配合，从而建立正确的装配体。该方法在零件数目不多的时候简单可行。

与自下而上的设计方法不同，自上而下的设计方法是先建立装配布局，然后在装配层次上建立和编辑组件或者零件，从顶层开始自上而下地建立零件模型。该方法有利于保证装配关系，在整体上不会出现太大的设计错误，一般用于复杂的机械产品设计。

5.1.1 建立装配体的一般步骤

进入 SolidWorks2023 后，单击菜单栏上的“文件”→“新建”命令，弹出“新建 SOLIDWORKS 文件”对话框，如图 5.1 所示。选中“装配体”，单击“确定”生成装配体文件，开始组建装配体。进入组建装配体界面时，需要从左边的“开始装配体”属性管理器中选取组建装配体的方式，如图 5.2 所示。“开始装配体”属性管理器上面有“生成布局”按钮，单击该按钮就可以生成布局，即开始选用自上而下的设计方法建立装配体；单击“浏览…”按钮，就可以选择插入的零件或者简单装配体，用自下而上的设计方法建立装配体。

由于自上而下的设计方法需要更多的知识和设计经验，该方法更适合具有工作经验丰富的用户，而自下而上的设计方法适合初学者。本章讲解都是采用自下而上的设计方法，即单击“浏览...”按钮，开始插入零部件进行装配。

图 5.1　“新建装配体”对话框图

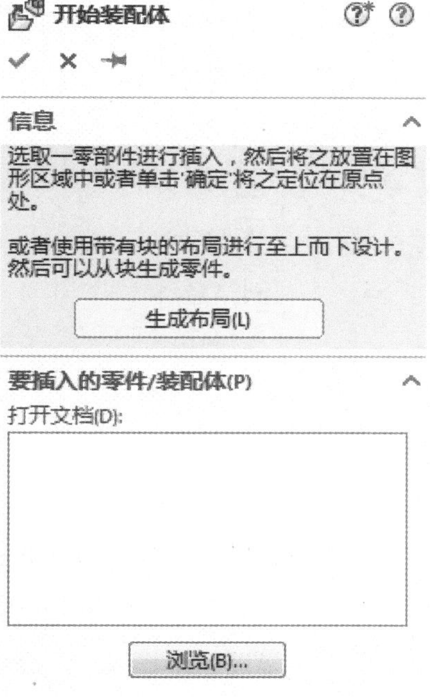

图 5.2　“开始装配体”属性管理器

单击“浏览...”按钮后，可以选择一个需要装配的零部件，进入 SolidWorks 2023 软件装配界面。图 5.3 显示的是装配时常用的“装配体”命令管理器。如有需要，可以打开“装配体”工具条，如图 5.4 所示。

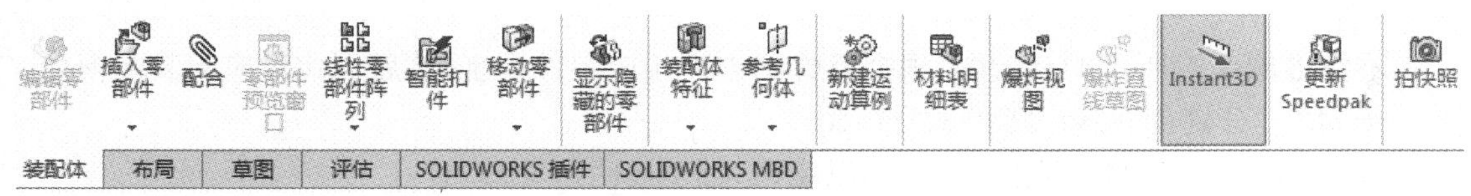

图 5.3　“装配体”命令管理器

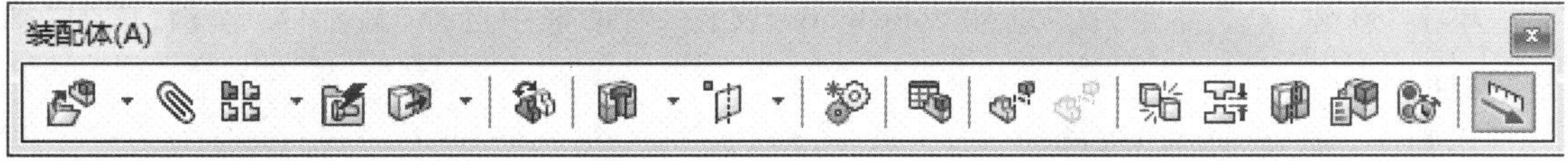

图 5.4　“装配体”工具条

5.1.2　装配体中的配合

当 SolidWorks 装配体中插入有两个或者两个以上零部件时，就可以采用配合约束零部件的自由度，使零部件处于一定的配合状态中。零部件可能的配合状态有“未完全定义”“过定义”“完全定义”或“没有解”。在任何情况下，零部件都不能是“过定义”。

SolidWorks 中的配合有“标准配合”“高级配合”和“机械配合”3 种方式，如图 5.5 所示，可以根据需要选用对应的配合。

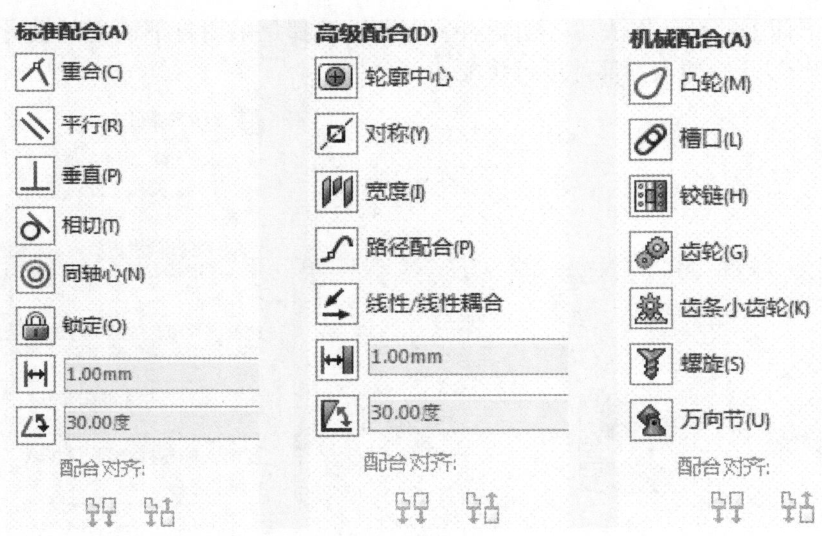

图 5.5　各种配合类型

建立零部件间配合的方法是:单击"配合"命令,选中两个零部件中的某两个要素,再单击可能的配合类型,输入必要的参数就可以建立零部件间的配合,从而约束它们之间的运动方式。

5.2　装配实例

滑轮座装配

5.2.1　装配实例 1

看懂如图 5.6 所示的装配图,根据零件图创建相应零件模型,然后创建对应的装配模型。

步骤 1　分别创建各个零件的立体图

分别建立各个零件的立体图,分别以座体、轴、卡环、滑轮命名。

步骤 2　新建装配体

单击"新建"命令,在"新建 SolidWorks 文件"对话框中选择"装配体"模板,单击"确定"按钮。

步骤 3　插入"座体"零件

单击"浏览…"按钮,找到"座体"零件立体,在建模区单击鼠标左键,把座体插入到该处。

注意:此时的装配体特征树如图 5.11 所示,其中座体前显示为(固定),表示该装配体中它是固定不动的,以方便后续的运动分析等操作;后面显示<1>表示该装配体中该零件的个数。

若需要修改零件在装配体中的"固定"属性,可以用鼠标右键单击图 5.11 处,从弹出的快捷菜单中选择"浮动",让该零件不固定。

注意:要根据实际情况,一个装配体中一般要有一个固定的零件。对于非固定零件,前面会有(-)或者(+),(-)表示该零件非全约束,(+)表示该零件全约束,全约束即不能动了。

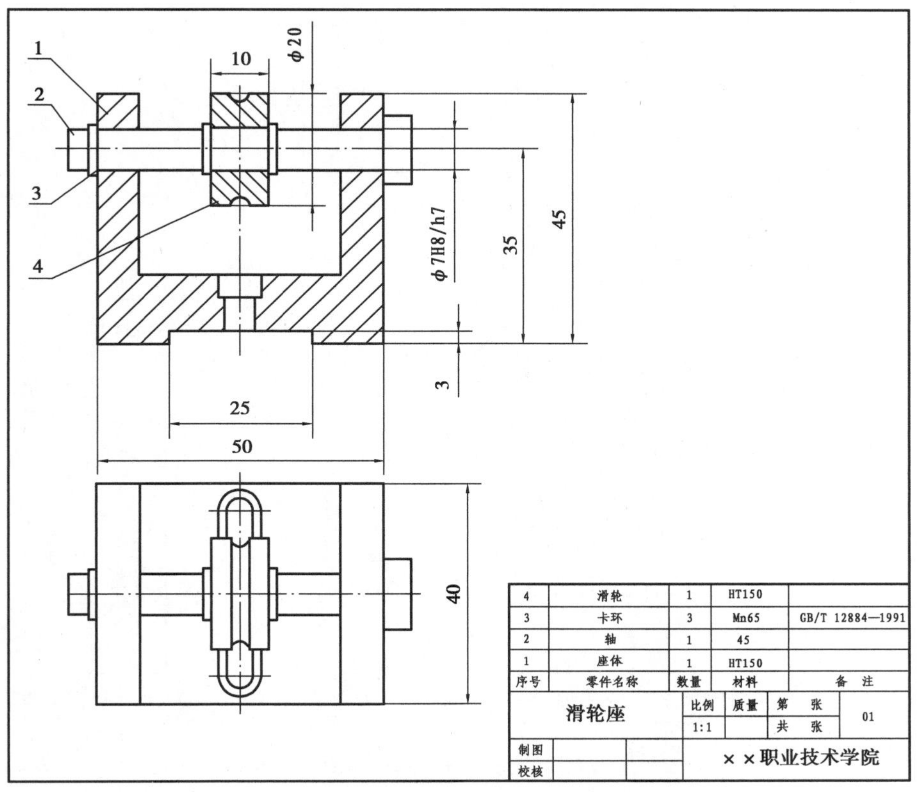

4	滑轮	1	HT150	
3	卡环	3	Mn65	GB/T 12884—1991
2	轴	1	45	
1	座体	1	HT150	
序号	零件名称	数量	材料	备　注

滑轮座	比例	质量	第　张	01
	1:1		共　张	
制图			××职业技术学院	
校核				

图 5.6　装配体实例

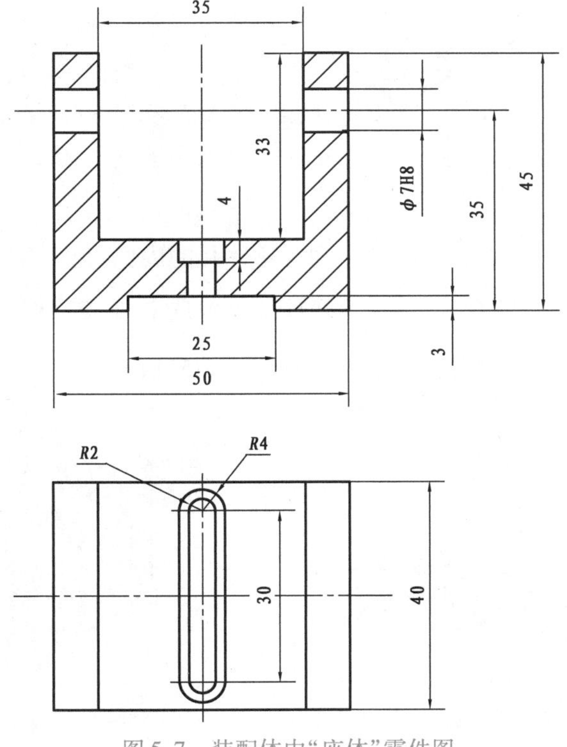

图 5.7　装配体中“座体”零件图

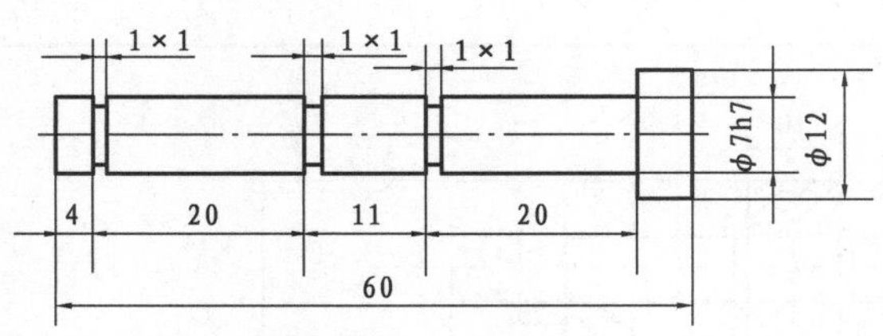

图 5.8　装配体中“轴”零件图

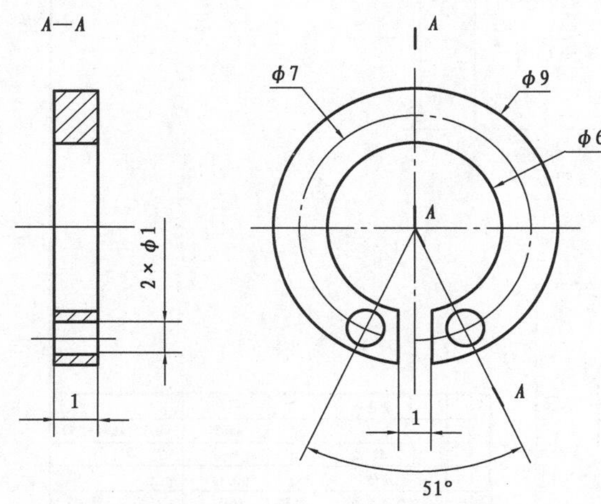

图 5.9　装配体中“卡环”零件图

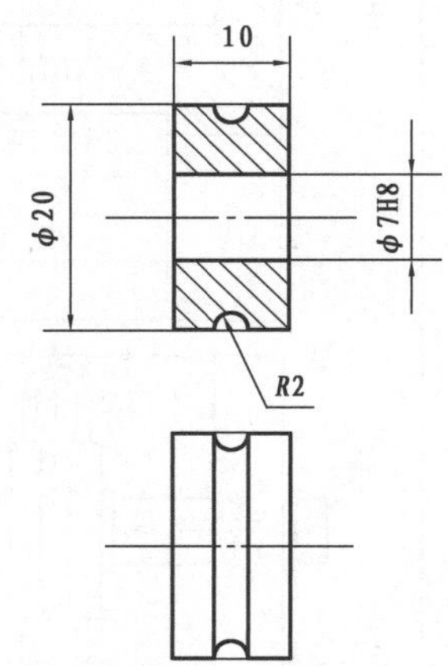

图 5.10　装配体中“滑轮”零件图

(固定) 座体<1> (默认<<默认>_外观

图 5.11　装配体特征树

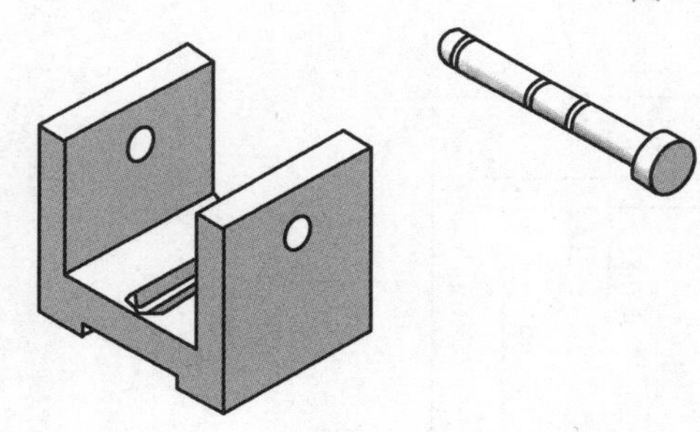

图 5.12　插入“轴”零件

步骤 4　插入“轴”零件，并添加“配合”

单击“插入部件” 按钮，再单击“浏览…”按钮，找到“轴”零件立体，在建模区单击鼠标左键，把座体插入到该处。如图 5.12 所示。

单击“配合” 按钮，分别选中轴的外圆柱面和座体孔的内圆柱面，从弹出的如图 5.13 所示快捷菜单中选中“同轴” 配合（系统已经默认选中该配合），单击最后面的 ，完成该配合。结果如图 5.14 所示。

图 5.13　步骤 4 中选择“同轴”配合的快捷菜单

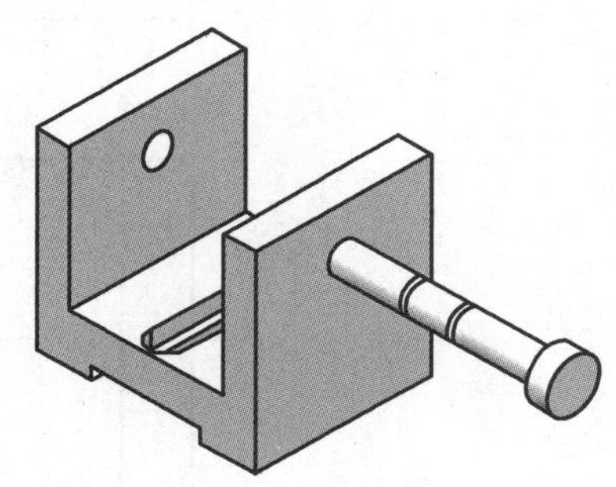

图 5.14　步骤 4 中“同轴”配合后的结果

再次分别选中轴的右大直径端左端面和座体孔的右端面，从弹出的快捷菜单中选择“重合”配合（系统已经默认选中该配合），单击最后面的，完成该配合。结果如图5.15所示。单击“配合属性管理器”前面的，完成“轴”零件的配合设置。

步骤5　插入“滑轮”零件，并添加配合

再次单击“插入部件”按钮，单击“浏览…”按钮，找到“滑轮”零件立体，在建模区单击鼠标左键，把座体插入到该处。如图5.16所示。

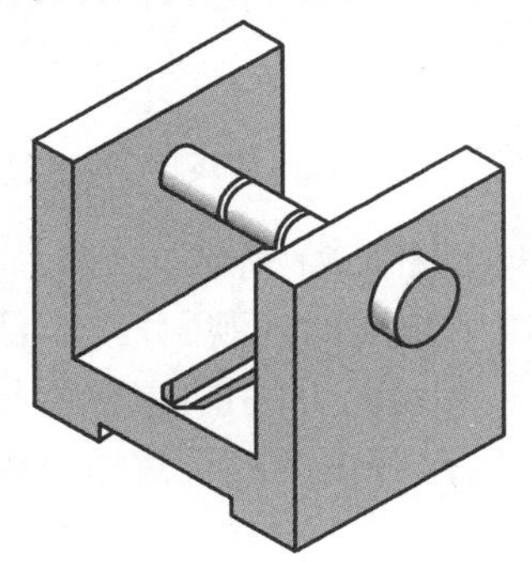

图5.15　步骤4中“重合”配合后的结果

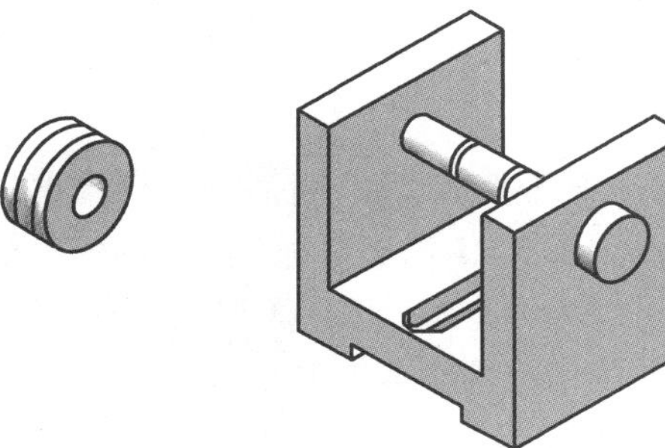

图5.16　插入“滑轮”零件

单击“配合”按钮，分别选中轴的外圆柱面和滑轮孔的内圆柱面，从弹出的快捷菜单中选中“同轴”配合（系统已经默认选中该配合），单击最后面的，完成该配合。结果如图5.17所示。

再次分别选中轴的中部右边槽的左端面和滑轮的右端面，从弹出的快捷菜单中选中“重合”配合（系统已经默认选中该配合），单击最后面的，完成该配合，结果如图5.18所示。单击“配合属性管理器”前面的，完成“滑轮”零件的配合设置。

图5.17　步骤5中“同轴”配合后的结果

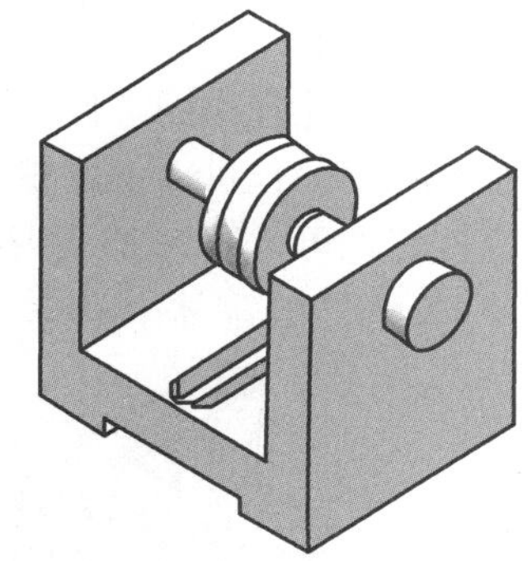

图5.18　步骤5中“重合”配合后的结果

步骤6　插入“卡环”零件，另外复制两个卡环，并分别添加“配合”

再次单击“插入部件”按钮，单击“浏览…”按钮，找到“卡环”零件立体，在建模区单击鼠标左键，把座体插入到该处，如图5.19所示。

按住“Ctrl”键，鼠标左键单击卡环面不放，拉动卡环零件到设定的地方放开鼠标，生成第2个卡环。同样方法，生成第3个卡环。如图5.20所示。

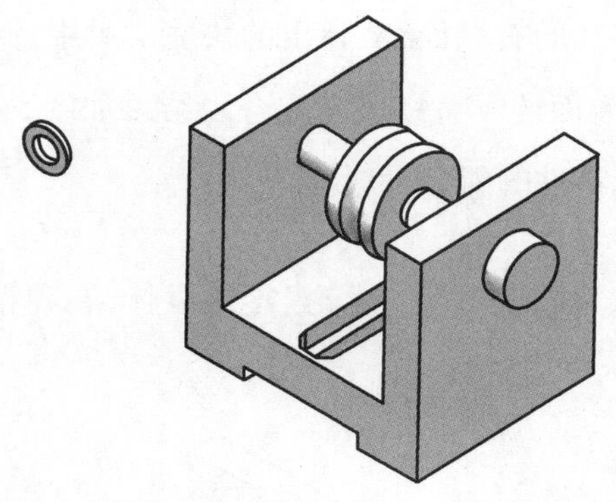

图 5.19　插入“卡环”零件

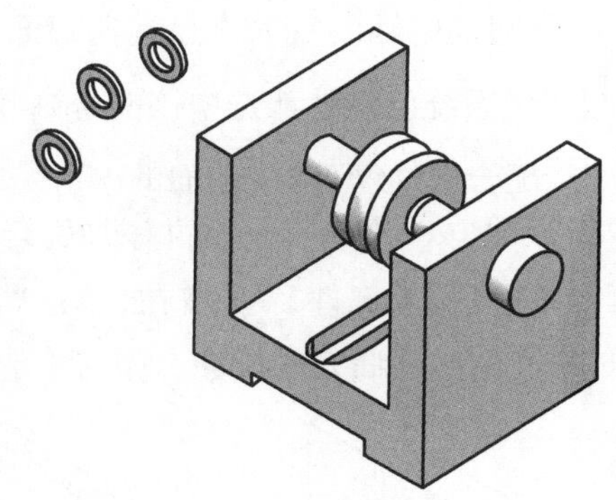

图 5.20　复制另外两个卡环

对每个卡环适当增加“同轴”配合和“重合”配合，结果如图 5.21 所示。

讨论：①图 5.21 已经装配好，但是由于每个零件采用了相同的外观，分辨不清各个零件的位置，可以为每个零件赋予不同的外观，便于观察。赋予外观的方法是：鼠标右键单击选中该零件，从弹出的快捷菜单中选中“外观”下的“编辑颜色”，从弹出的颜色编辑器中选择恰当的颜色，如图 5.22 所示。

图 5.21　配合 3 个卡环后的结果

图 5.22　编辑颜色及其效果

②在装配体积比较小的零件时，添加了 1 个配合后，零件可能进入体积比较大的零件内部，不方便观察。此时，可以把体积大的零件“显示”改为“透明”，甚至“隐藏”。单击图 5.22 左图上对应按钮即可。图 5.23 是图 5.22 右边装配体中把“座体”更改为“透明”的效果，图 5.24 是图 5.22 右边装配体中隐藏了“座体”后的效果。

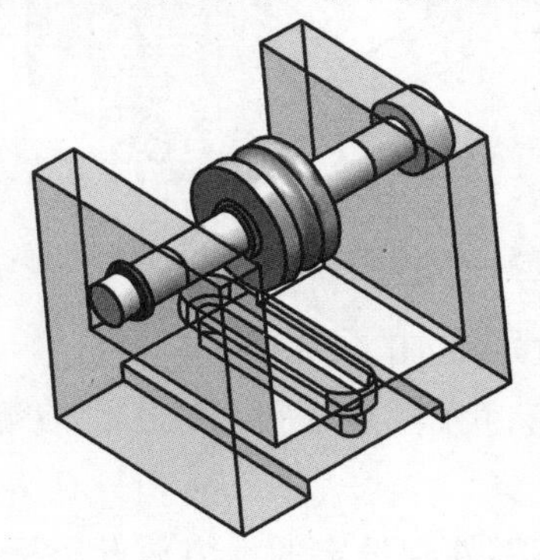

图 5.23　“座体”改为透明后的效果

图 5.24　“座体”隐藏后的效果

5.2.2　装配实例 2

轴承装配

先用图 5.25 至图 5.27 给定的对应零件图创建相应零件，然后再创建如图 5.28 所示的滚动轴承示意装配模型。

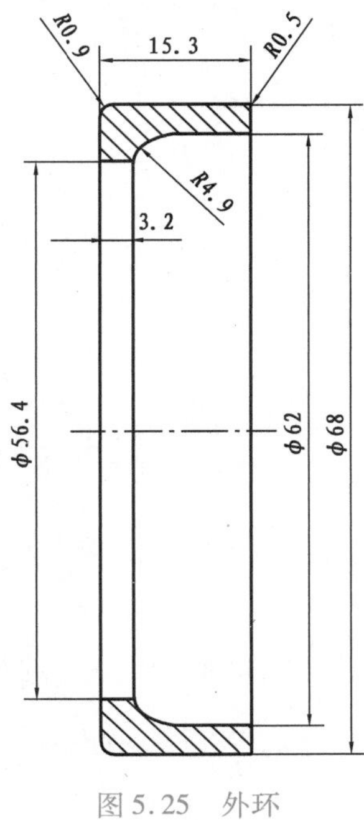

图 5.25　外环

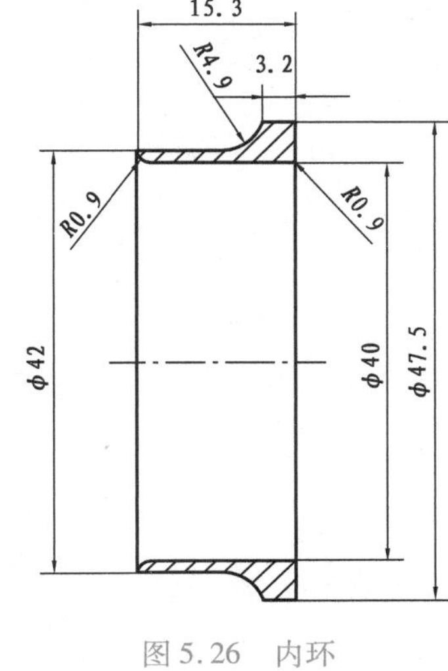

图 5.26　内环

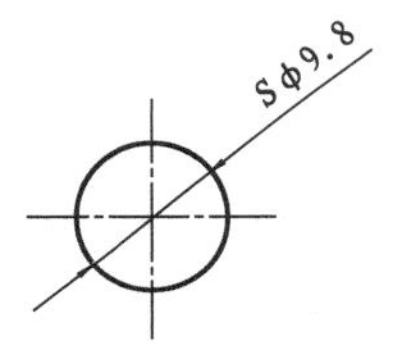

图 5.27　滚珠

步骤 1　分别创建各个零件的三维模型图

创建各个零件的三维模型图，并分别以“外环”“内环”“滚珠”命名。

步骤 2　新建装配体

单击“新建” 命令，在“新建 SolidWorks 文件”对话框中选择“装配体”模板，单击“确定”按钮。

步骤 3　插入“内环”零件

单击“浏览…”按钮，找到“内环”零件立体，在建模区单击鼠标左键，把“内环”插入到该处。

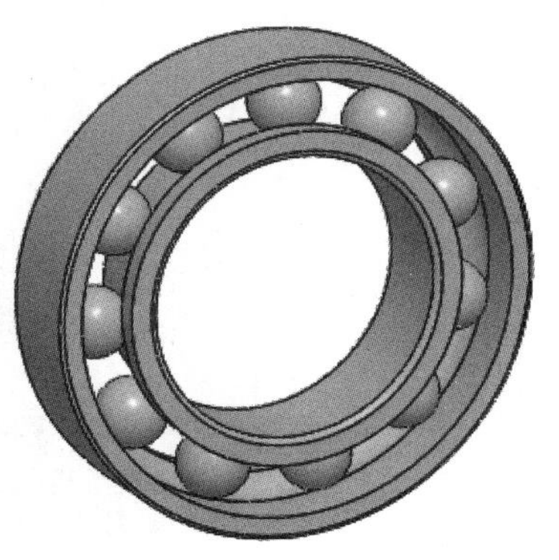
图 5.28　滚动轴承示意装配体

步骤 4　插入“外环”零件，并添加“配合”

单击“浏览…”按钮，找到“外环”零件立体，在建模区单击鼠标左键，把“内环”插入到该处。

单击“配合” 按钮，分别选中内环的外环面和外环的内环面，从弹出的快捷菜单中选中“同轴” 配合（系统已经默认选中该配合），单击最后面的 ，完成该配合。再分别选中内环的端面和外环的端面，从弹出的快捷菜单中选中“重合” 配合（系统已经默认选中该配合)，单击最后面的 ✓，完成该配合。结果如图 5.29 所示。

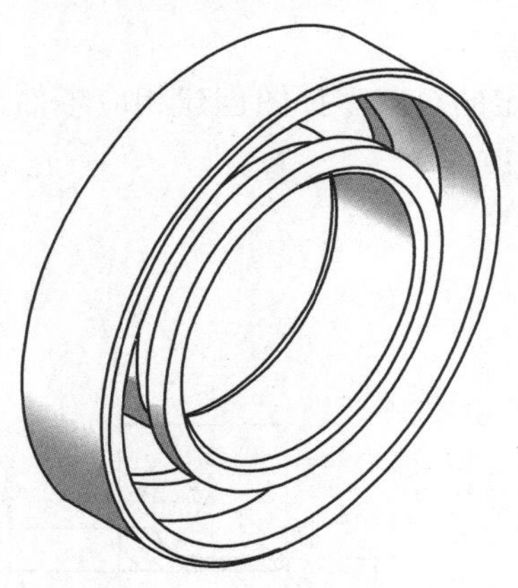

图 5.29　内外环装配

步骤 5　插入“滚珠”零件，并添加“配合”

单击“浏览…”按钮，找到“滚珠”零件立体，在建模区单击鼠标左键，把“滚珠”插入到该处。

单击“配合”按钮，分别选中内环的 R4.9 的圆弧面和滚珠的球面，从弹出的如图 5.30 所示快捷菜单中选中“相切”配合(系统已经默认选中该配合)，单击最后面的 ✓，完成该配合。结果如图 5.31 所示。

图 5.30　快捷菜单

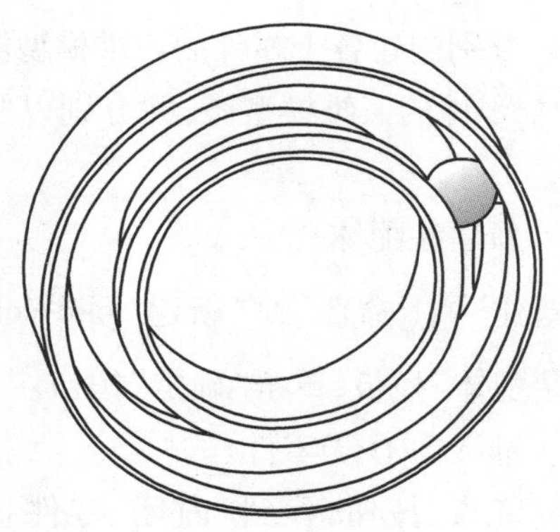

图 5.31　装配滚珠

步骤 6　圆周阵列“滚珠”零件，完成装配

单击“线形阵列”命令下的“圆周阵列”按钮，打开显示“临时轴”，以“临时轴”为阵列轴，参数分别设为“360°”等间距“阵列 11”，如图 5.32 所示，把“滚珠”阵列设为“11”，完成装配。结果如图 5.33 所示。

图 5.32　“圆周阵列”参数设置

图 5.33　装配后的结果

5.2.3　装配实例 3

合页装配

先用如图 5.34 至图 5.37 所示的零件图创建相应零件，然后再创建如图 5.38 所示装配体模型。

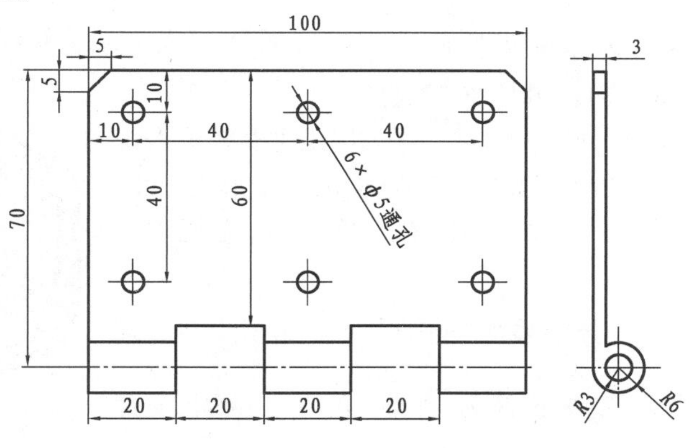

图 5.34　左合页零件图

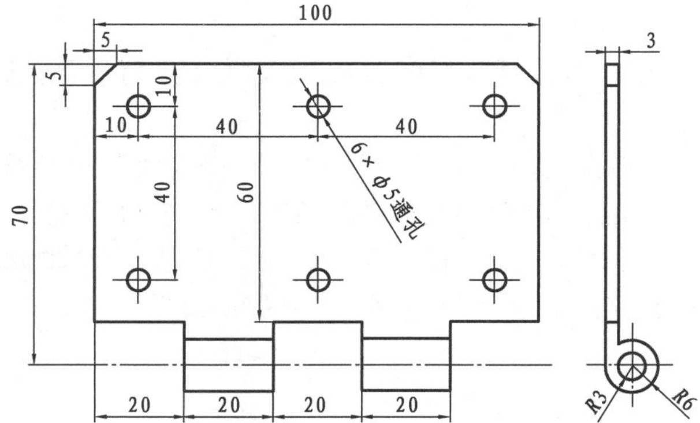

图 5.35　右合页零件图

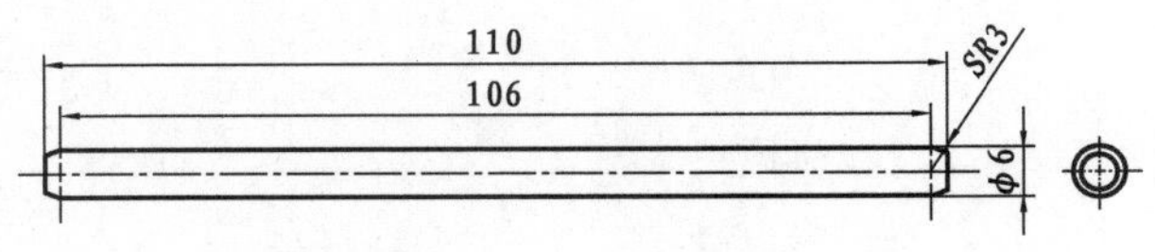

图 5.36　小轴零件图

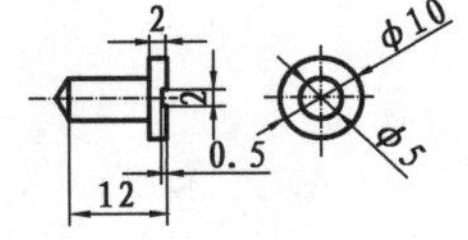

图 5.37　简易螺钉

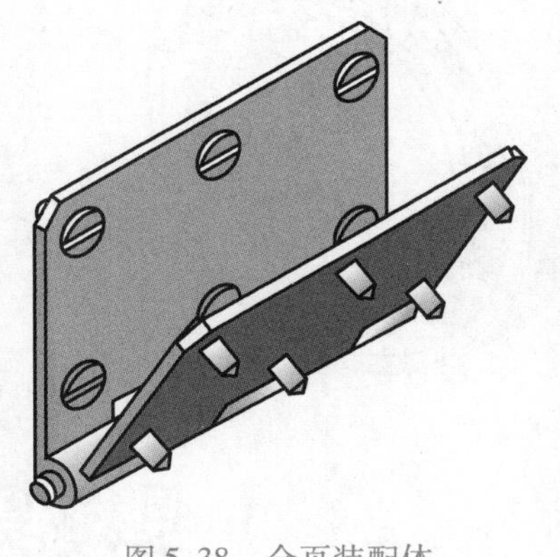

图 5.38　合页装配体

步骤 1　分别建立各个零件的立体图

建立各个零件的立体图，分别以“左合页”“右合页”“小轴”命名。

步骤 2　新建装配体

单击“新建” 命令，在“新建 SolidWorks 文件”对话框中选择“装配体”模板，单击“确定”按钮。

步骤 3　插入“左合页”零件

单击“浏览…”按钮，找到“左合页”零件立体，在建模区单击鼠标左键，把“内环”插入到该处。

步骤 4　插入“右合页”零件，并添加“配合”

单击“浏览…”按钮，找到“右合页”零件立体，在建模区单击鼠标左键，把“内环”插入该处。

单击“配合” 按钮，分别添加“同轴”和“重合”配合，完成左、右合页配合，如图 5.39 所示。

步骤 5　插入“小轴”零件，并添加“配合”

单击“浏览…”按钮，找到“小轴”零件立体，在建模区单击鼠标左键，把“内环”插入到该处。观察到“小轴”的长度和“合页”的长度是不一样的，为保证“小轴”的左右长度一致，需要添加“宽度”配合。

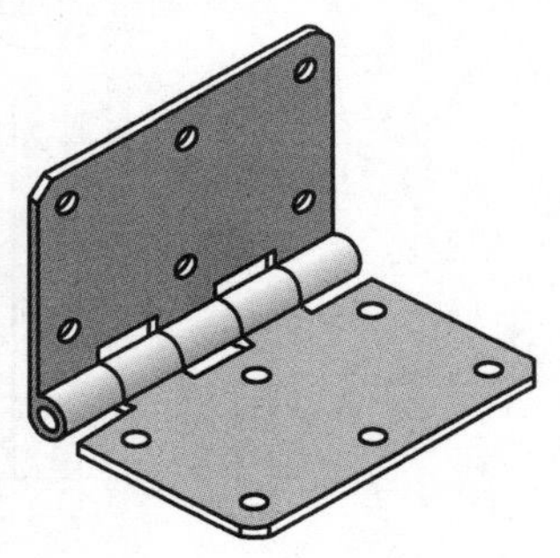

图 5.39　左右合页配合

单击“配合” 按钮，分别添加“同轴”配合；单击“高级配合”中的“宽度” 配合，宽度选择为“小轴”的左右端面，薄片选择为“左合页”的左右端面，如图 5.40 所示。结果如图 5.41 所示。

步骤 6　为“左合页”和“右合页”添加“高级配合”中的“角度”配合，以保证合页的运动正确性。

旋转“右合页”，发现它可以穿过“左合页”立体，不符合实际运动规律。因此，需为其添加“高级配合”中的“角度”配合，以限制其运动的角度。单击“高级配合”中的“角度”配合，选中“左合页”的右面和“右合页”的左面，设置参数如图 5.42 所示，结果如图 5.43 所示。此时，再去转动“右合页”，就会发现“右合页”只能在 0°～90°间旋转。

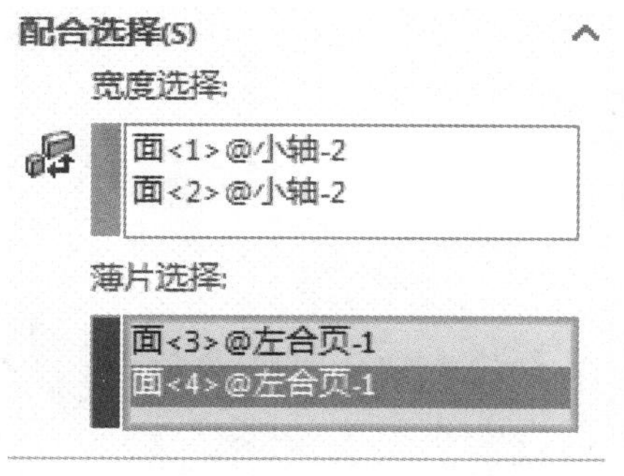

图 5.40　宽度配合参数设置

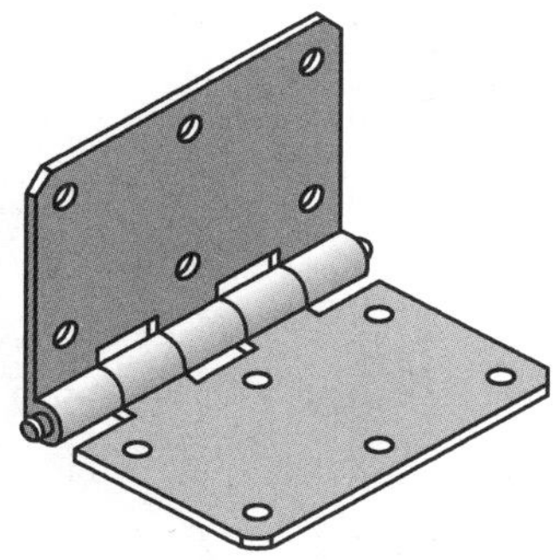

图 5.41　添加“宽度”配合

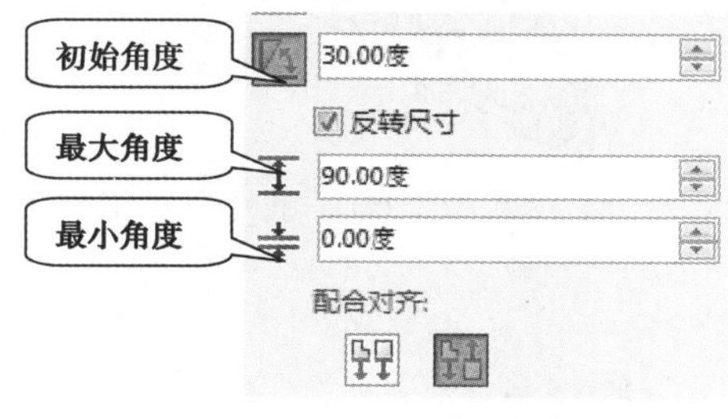

图 5.42　角度配合参数设置

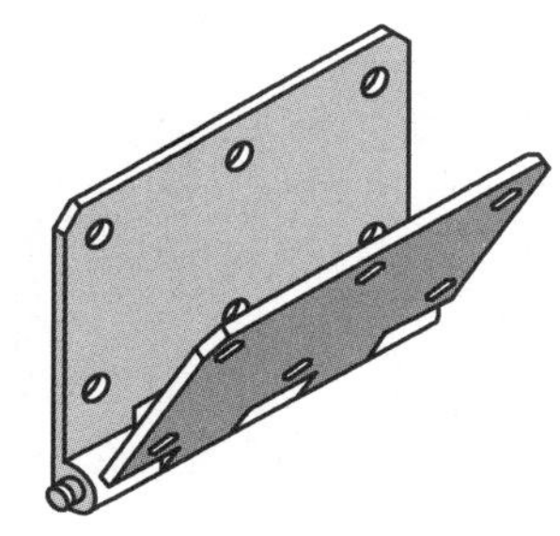

图 5.43　添加“角度”配合

步骤 7　插入“螺钉”零件,添加适当“配合”,并“线性阵列”

插入“螺钉”零件,添加“同轴”和“重合”配合,如图 5.44 所示。单击“线性阵列”命令,选择“左合页”长度方向边线为“方向 1”,间隔为“40”,数目为“3”;选择宽度方向边线为“方向 2”,间隔为“40”,数目为“2”,如图 4.45 所示,结果如图 4.46 所示。

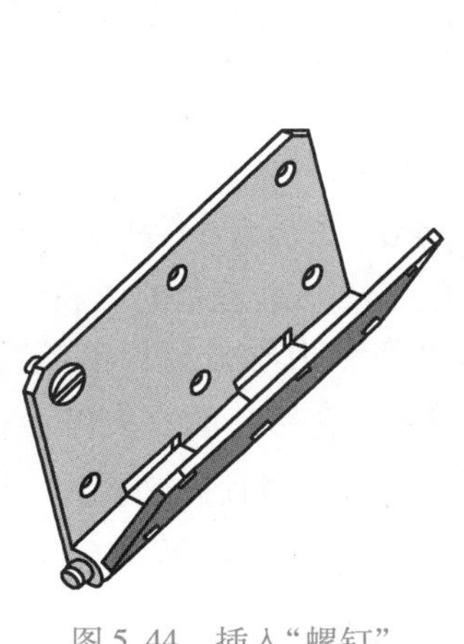

图 5.44　插入“螺钉”

线性阵列
方向 1(1)
边线<1>@左合页-1
40.00mm
3
方向 2(2)
边线<2>@左合页-1
40.00mm
2
只阵列源(P)
要阵列的零部件(C)
螺钉<1>

图 5.45　“线性阵列”参数设置

步骤 8　用同样的方法在“右合页”孔中插入“螺钉”零件，添加适当配合，并“线性阵列”，结果如图 5.47 所示。

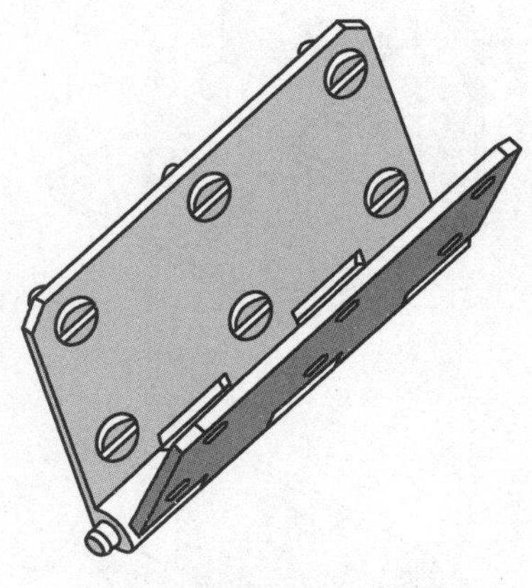

图 5.46　“线性阵列”“螺钉”

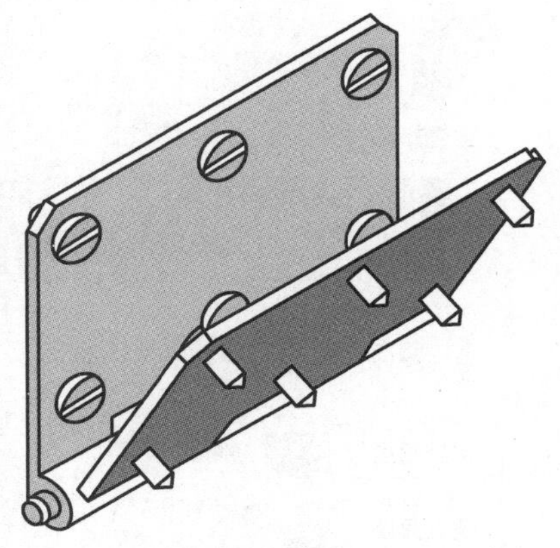

图 5.47　再次“线性阵列”的结果

5.3　使用装配体

装配体建立后，可以使用该装配体进行必要的分析和研究。常用的有分析装配体、装配体爆炸图和装配体运动分析。

5.3.1　分析装配体

装配体评估和配置

装配体建立后，可以对该装配体进行必要的分析，检查该装配是否符合设计需求。其中最常用的分析是干涉检查和质量特性。

干涉检查是检查零部件之间是否存在边界冲突、干涉发生在何处的一种直观检查。单击“评估”命令管理器，如图 5.48 所示。

图 5.48　“评估”命令管理器

单击“干涉检查”命令，选中装配体，单击“计算”按钮，在结果中会显示干涉处及其干涉体积，如图 5.49 所示。如果有干涉，用户需要查明原因，检查该装配体是否符合设计要求。

质量特性是装配体质量属性的统计，可以用于质量计算和力学分析。单击“质量属性”按钮，便可统计出该装配体的质量数据，如图 5.50 所示。在统计前一般需要对每个零件设置材料属性，如果某个零件没有设置，SolidWorks 会采用默认的材料属性（密度 1 000 kg/m^3）进行计算。

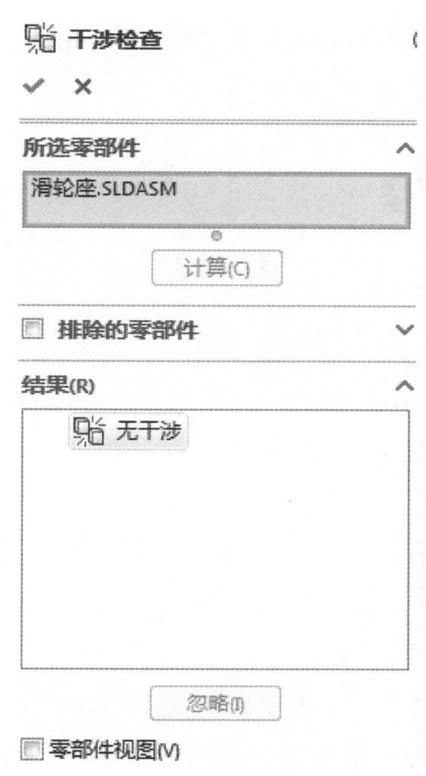

图 5.49　“干涉检查”及其结果

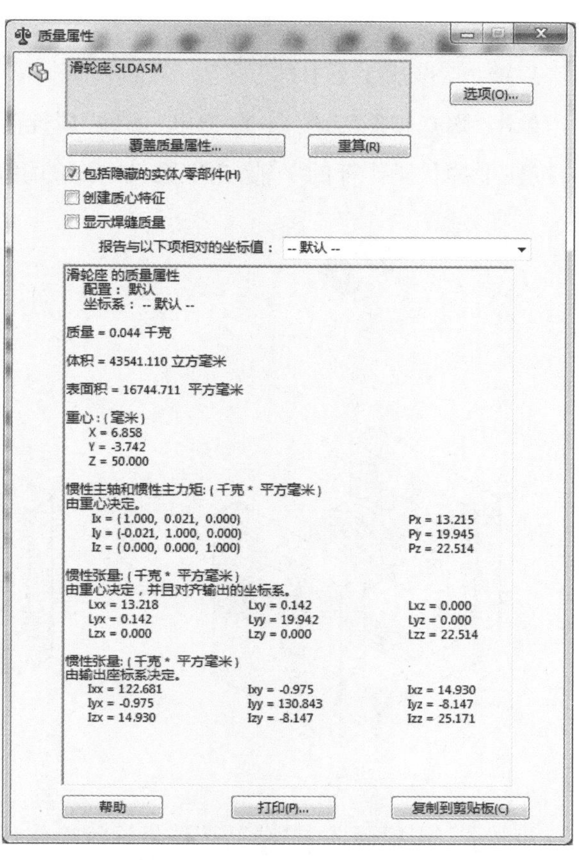

图 5.50　“质量特征”统计结果

5.3.2　装配体爆炸图

爆炸图是一种既能直观生动地反映零件之间关系又能把各个立体零件分离开的立体效果图。一个爆炸图可以包含一个或者多个爆炸步骤，每个爆炸图都可保存在所生成的装配体的配置中，每个配置可以有一个爆炸图。

生成爆炸图的方法和步骤如下：

①单击“爆炸视图”命令，弹出“爆炸”属性管理器。

②选中要爆炸的零件，该零件上会显示坐标系统状的操作杆，如图 5.51 所示。选中操作杆的某根轴，拉动鼠标以拉动零件位置，在设定的地方松开鼠标，便可以生成爆炸视图。

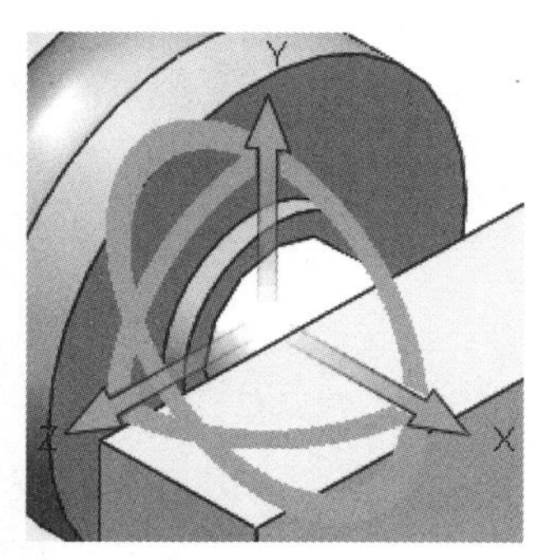

图 5.51　坐标状操作杆

③多次重复步骤②，可生成多个零件的多个爆炸步骤。

④单击“完成”按钮，再单击爆炸属性管理器下方的✔，生成零件爆炸图。

5.3.3　装配体爆炸图实例

生成 5.2.1 中建立的滑轮座装配体的爆炸视图。

步骤 1　打开“滑轮座. SLDASM”。

步骤 2　爆炸 3 个卡环。

单击“爆炸视图” 命令，弹出“爆炸”属性管理器；按住“Ctrl”键，同时选中 3 个卡环零件，按住坐标状操作杆的 Y 轴，向上拉动一定的距离，生成“爆炸步骤 1”，如图 5.52 所示。

图 5.52　爆炸 3 个卡环

图 5.53　爆炸轴

步骤 3　用鼠标选中“轴”，按住坐标状操作杆的 X 轴，向右拉动一定的距离，生成“爆炸步骤 2”。如图 5.53 所示。

步骤 4　用鼠标选中“滑轮”，按住坐标状操作杆的 Y 轴，向上拉动一定的距离，生成“爆炸步骤 3”。单击爆炸属性管理器下方的 ，生成爆炸视图，结果如图 5.54 所示。

图 5.54　爆炸滑轮

爆炸视图完成后,鼠标右键单击该装配体,选中"解除爆炸",就可让爆炸视图恢复到爆炸视图生成前的装配效果。也可选中"动画解除爆炸",从如图5.55所示弹出的动画控制器中控制解除爆炸的动画效果,保存该动画效果。单击"动画控制器"上的"保存动画"按钮,弹出"保存动画到文件"对话框,保存该动画,如图5.56所示。注意:如果已经解除了爆炸的装配体,就可以选择"爆炸"或者"动画爆炸"。

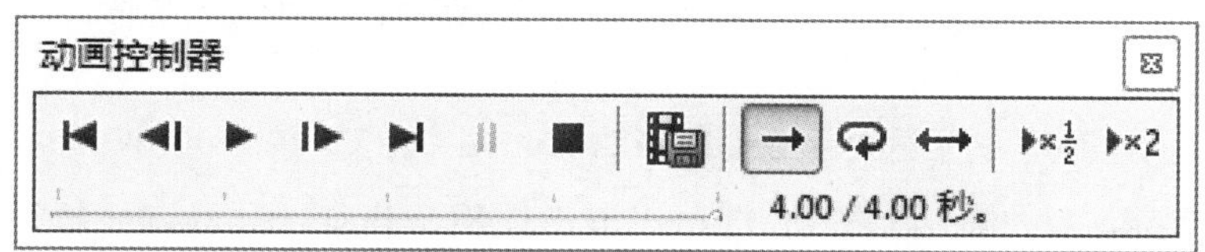

图5.55 动画控制器

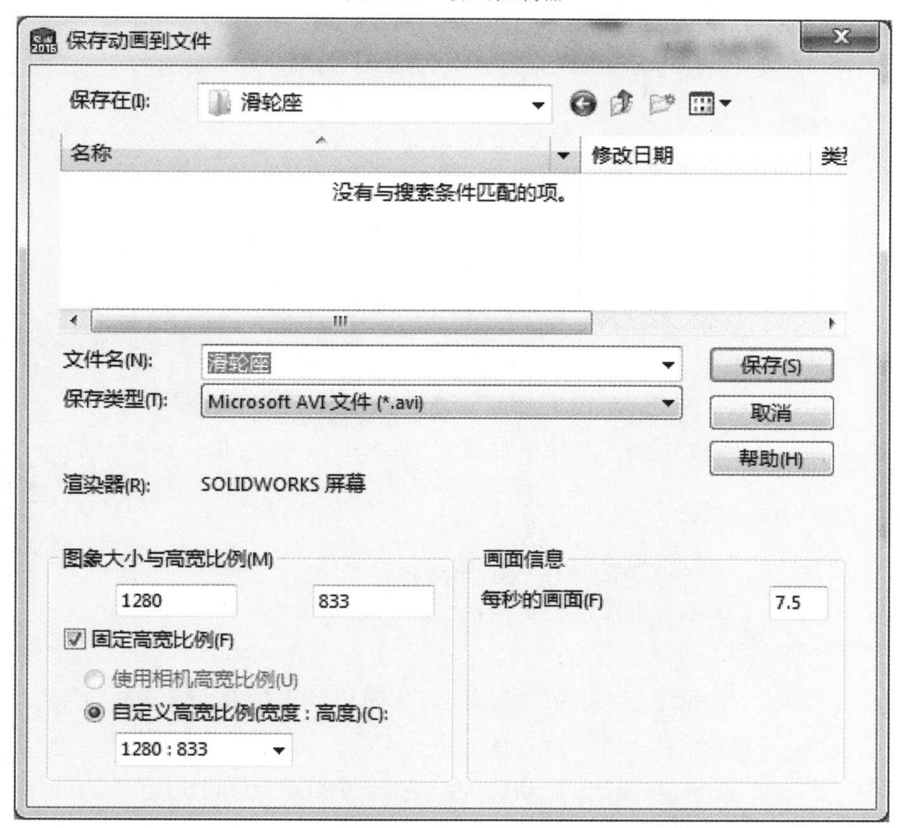

图5.56 "保存动画到文件"对话框

5.3.4 装配体动画与运动仿真

装配体运动与仿真界面介绍

装配体装配后,可以对其进行运动分析。SolidWorks2023提供了3种形式来展示装配机构的运动效果,分别是"动画""基本运动"和"Motion分析"。

"动画"在SolidWorks核心内使用。可使用"动画"来表达和显示装配体的运动:通过添加马达来驱动装配体中一个或多个零件的运动。通过设定键码点可在不同时间规定装配体零部件的位置。动画使用插值来定义键码点之间零部件的运动。

“基本运动”在 SolidWorks 核心内使用。可使用“基本运动”在装配体上模仿马达、弹簧、碰撞和引力。“基本运动”在计算运动时要考虑到质量。“基本运动”计算相当快，可将其用来生成使用基于物理模拟的演示性动画。

“Motion 分析”在 SolidWorks 的 SolidWorks Motion 插件中使用。可利用“Motion 分析”功能对装配体进行精确模拟和运动单元的分析(包括力、弹簧、阻尼和摩擦)。“Motion 分析”使用计算能力强大的动力学求解器，在计算中考虑到了材料属性和质量及惯性。还可使用“Motion 分析”来标绘模拟结果供进一步分析。

要使用“Motion 分析”，需要激活 SolidWorks Motion 插件。在“SolidWorks 插件”命令管理器中单击“SolidWorks Motion”按钮，即可以激活使用 SolidWorks Motion 插件。单击窗口下部的“运动算例 1”，进入运动算例界面。如图 5.57 所示。

图 5.57　运动算例界面

注意：在界面左上角的“动画”下拉框中还有“基本运动”和“Motion 分析”两个选项。

5.3.5　装配动画实例

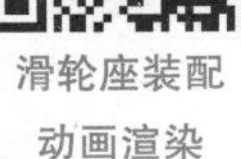

滑轮座装配
动画渲染

把 5.3.4 中建立的滑轮座装配体生成爆炸动画。

步骤 1　打开 5.3.4 小节生成爆炸视图的“滑轮座. SLDASM”。

步骤 2　生成“旋转”动画。

选择“动画”模式，单击“动画向导”命令，从弹出的“选择动画类型”中选中“旋转模型”，如图 5.58 所示；单击“下一步”按钮，从弹出的“选择一旋转轴”中选中“Y 轴”，如图 5.59 所示；再单击“下一步”按钮，从弹出的“动画控制选项”中修改“时间长度”为“5 s”，如图 5.60 所示；单击“完成”按钮，完成第一部分 5 s 动画设置。

步骤 3　用同样的方法生成“爆炸”动画。

选择“动画”模式，再次单击“动画向导”命令，从弹出的“选择动画类型”中选中“爆炸”，在“动画控制选项”中修改“时间长度”为“5s”，开始时间为第 5s。如图 5.61 所示。

步骤 4　用同样的方法生成“解除爆炸”动画。

选择“动画”模式，再次单击“动画向导”命令，从弹出的“选择动画类型”中选中“解除爆炸”，在“动画控制选项”中修改时间长度为“5s”，开始时间为第 10s。如图 5.62 所示。

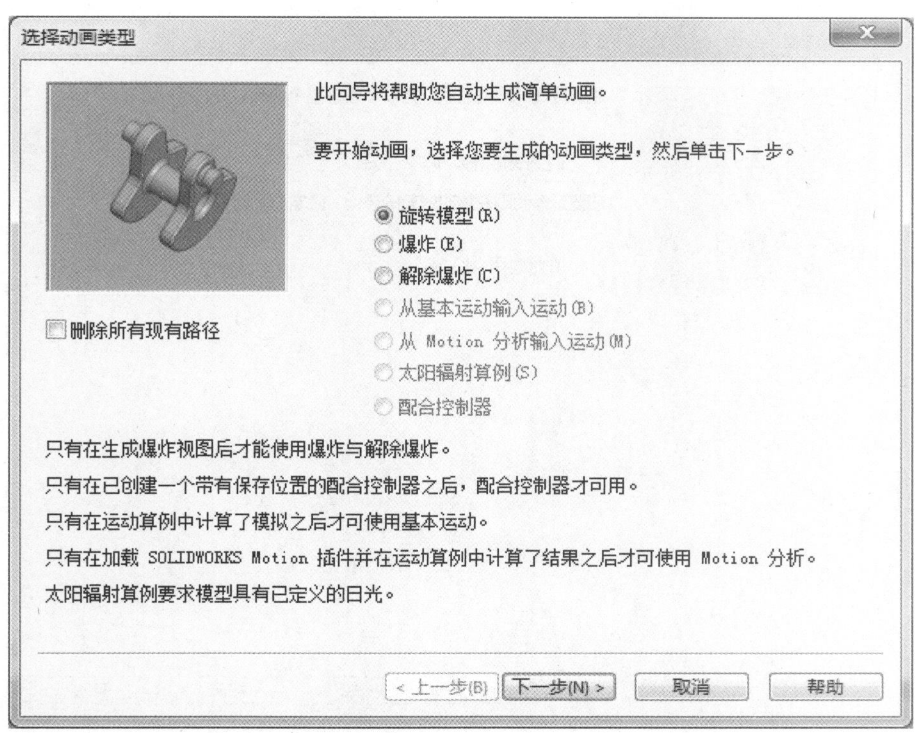

图 5.58　“选择动画类型”对话框

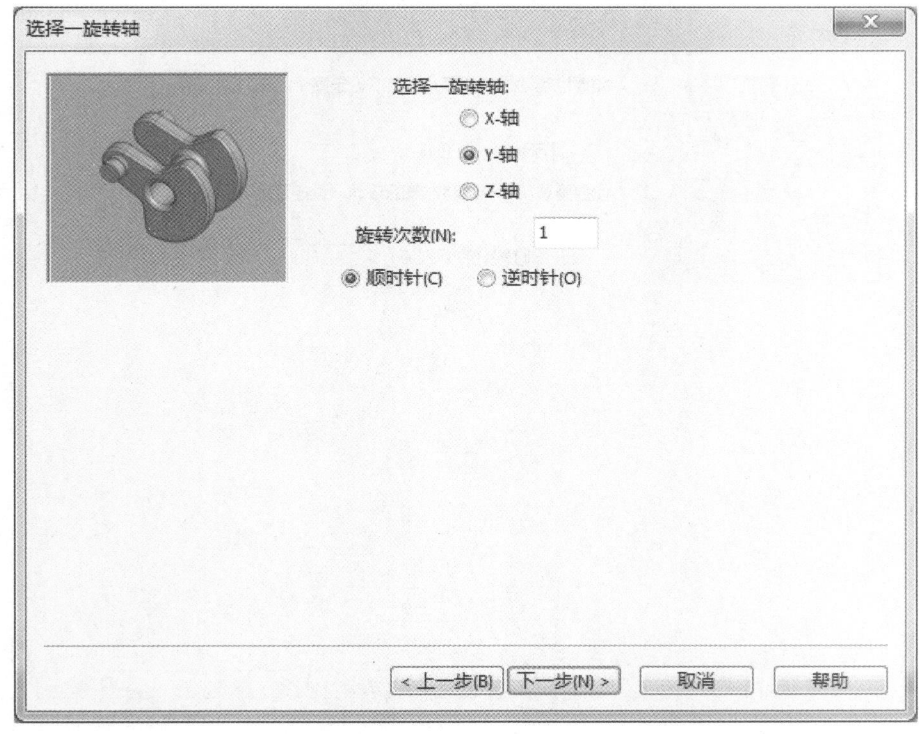

图 5.59　“选择-旋转轴”对话框

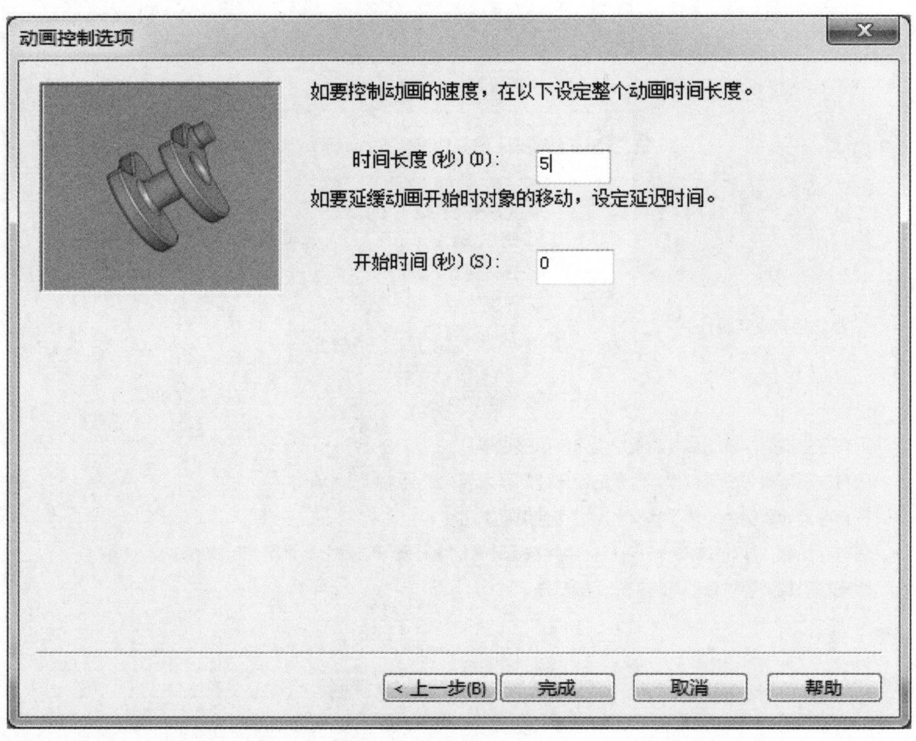

图 5.60 “动画控制选项”对话框

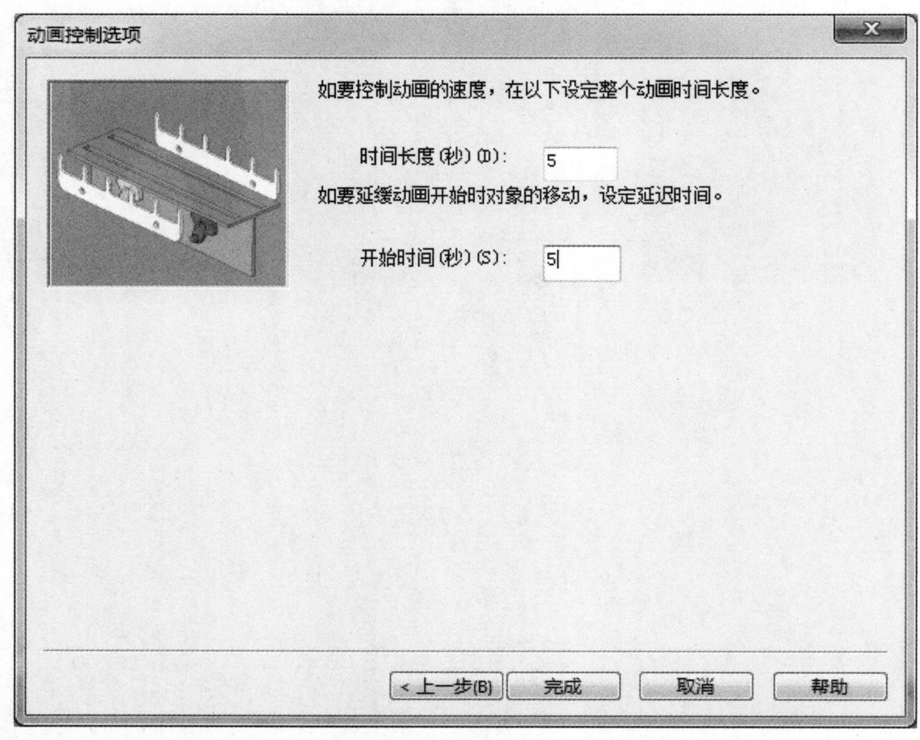

图 5.61 “动画控制选项”对话框

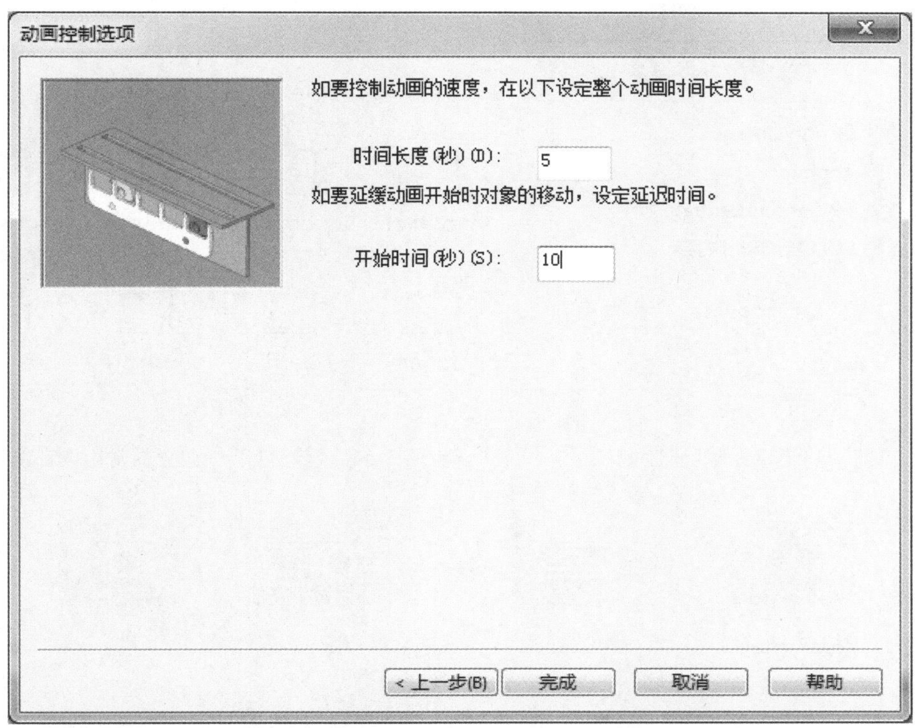

图 5.62　“动画控制选项”对话框

完成上面步骤之后，可以看到运动算例界面中的时间轴上生成了很多控制码，用于控制动画。

步骤 5　保存动画。

单击“保存动画”按钮，就会弹出“保存动画到文件”对话框，简单设置必要的动画生成参数，就可保存动画。

如果需要更精确、更接近实际的运动效果，则需要采用“Motion 分析”功能。在“Motion 分析”功能中，可以设置“马达”“弹簧”和“阻尼”等，对装配体进行精确模拟和运动单元的分析(包括力、弹簧、阻尼和摩擦)，也可以输出直观的各种力或者加速度的图表，便于用户理解装配体中各个零件的各种性能。

5.4　Toolbox 标准件库的使用

Toolbox 是 SolidWorks 免费提供的标准零件和常用件库，它与 SolidWorks 是合为一体的。使用时，用户只需要单击界面右边的“设计库”按钮，就可以弹出“设计库”属性页，如图 5.63 所示。第 1 个“Design Library”为设计库，中间包含许多设计中常用的结构和部件，如图 5.64 所示。单击“Toolbox”按钮或者单击“SOLIDWORKS 插件”命令管理器中的“SOLIDWORKS Toolbox”命令，就可以使用 Toolbox 提供的各种标准零件和常用件，如图 5.65 所示。

图 5.63 “设计库”属性页

图 5.64 “设计库”中包含的常用设计部件

图 5.65 Toolbox 提供的各种标准零件和常用件

单击选用的设计规范的图标,如“GB”按钮,就可以展开该标准下面包含的标准件和常用件,图 5.66 为“GB”下包含的标准件和常用件。

图 5.66　“GB”下包含的标准件和常用件

依次单击需要采用的标准件和常用件图标,如单击图 5.66 中的“bolts studs”,则显示如图 5.67 所示的各种标准件;单击图 5.67 中的“六角头螺栓”,则显示如图 5.68 所示的各种六角头螺栓及其对应国家标准。

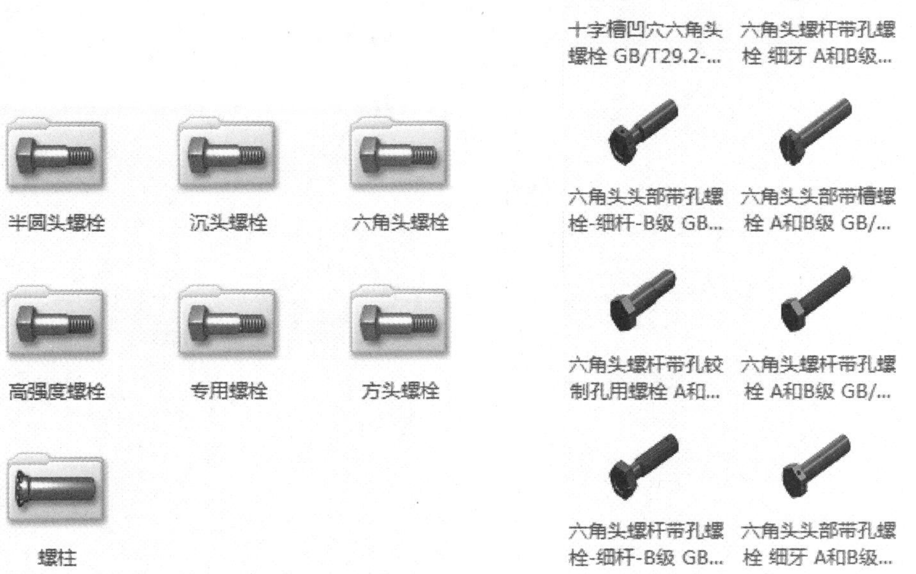

图 5.67　“bolts studs”下标准件　　图 5.68　“六角头螺栓”下标准件(部分)

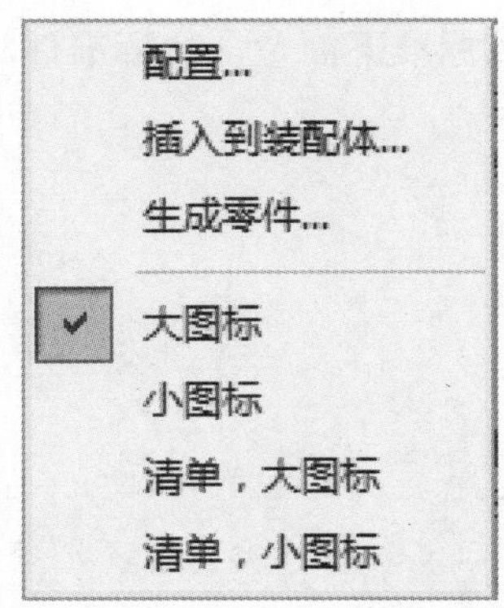

图 5.69　右键弹出的快捷菜单

鼠标右键单击需要使用的六角头螺栓，如“十字槽凹穴六角头螺栓 GB/T29.2.1988”，弹出如图 5.69 所示的快捷菜单：①从中选择“配置…”，就会弹出“Toolbox”配置页面，如图 5.70 所示，可进行“Toolbox”自定义配置。②从中选择“插入到装配体…”，就会在打开的装配体文件中生成对应标准件，并弹出“配置零部件”属性页，如图 5.71 所示；修改其属性并添加“零件号”后，单击“配置零部件”属性页上方的✔，就可以生成对应属性的标准件，如图 5.72 所示，也就可以在后面的装配或者建模中使用该标准件。③从中选择“生成零件…”，弹出如图 5.71 所示“配置零部件”属性页，修改属性并添加“零件号”后，单击“配置零部件”属性页上方的✔，就可以生成该零件。它和“插入到装配体…”选项的区别只是没有将其插入装配体中，而是单独新建并生成了一个零件，且这个零件是“只读”的。如果要在该零件的基础上进行编辑，建议把这个零件用“另存为…”的方式保存到用户个人的工作目录下，以便后面编辑。

图 5.70　“Toolbox”自定义配置界面

图 5.71　“配置零部件”属性页

图 5.72　生成的对应标准件

5.4.1　Toolbox 标准件库使用实例

ToolBox 标准件库介绍

用给定的“盒体.SLDPRT”和“盒盖.SLDPRT”，并使用 Toolbox 中“M10X35 GB/T29.1.1988 六角头螺栓”和“M10 GB/T 6170.2000 1 型六角螺母”装配成如图 5.73 所示的盒子（右）。

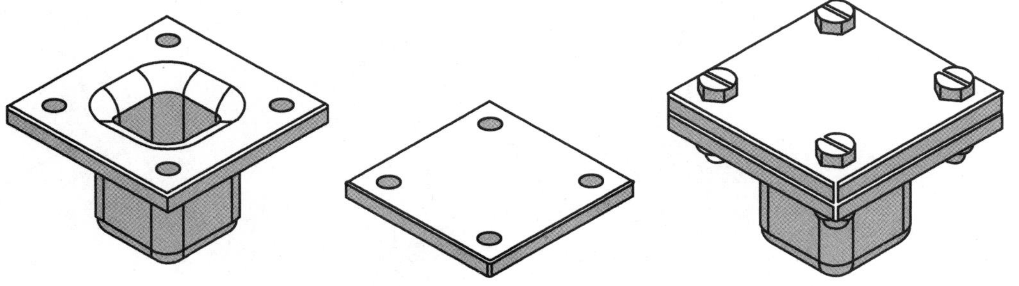

图 5.73　“盒体”零件、“盒盖”零件及最终“盒子”装配体

步骤 1　新建装配体。

单击“新建”命令，在“新建 SolidWorks 文件”对话框中选择“装配体”模板，单击“确定”按钮。

步骤 2　插入“盒体”零件。

单击“浏览...”按钮，找到“盒体”零件立体，在建模区单击鼠标左键，把座体插入到该处。

步骤 3　插入“盒盖”零件并添加“配合”。

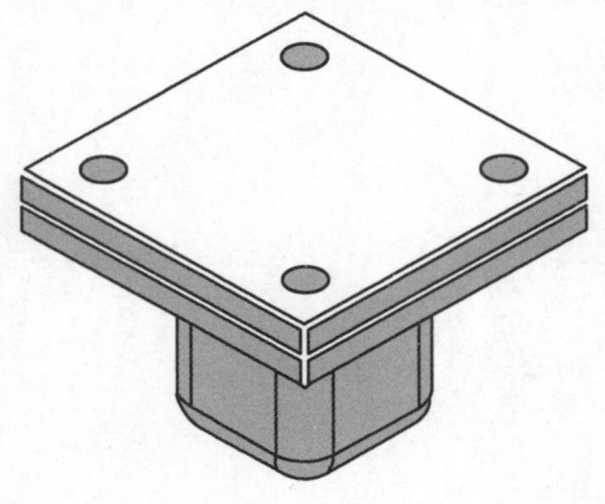

图 5.74　盒盖、盒体配合

单击“浏览...”按钮，找到“盒盖”零件立体，在建模区单击鼠标左键，把座体插入到该处。

单击“配合”按钮，分别添加孔“同轴”、上下表面“重合”和左表面“重合”的配合，完成盒盖、盒体配合。如图 5.74 所示。

步骤 4　插入标准件 M10X35 GB/T29. 1. 1988 六角头螺栓（六角头头部带槽螺栓 A 级和 B 级）。

单击“Toolbox”，从中选取“GB”，再选中“bolts studs”，再单击“六角头螺栓”，右键单击第 4 个图标“六角头头部带槽螺栓 A 级和 B 级 GB/T29. 1. 1988”，从弹出的快捷菜单中选中“插入到装配体...”，修改“配置零部件”属性页如图 5.75 所示，插入 M10X35 六角头螺栓到装配体中，如图 5.76 所示。

配置零部件

替换零部件

更改紧固件类型...

C:\SOLIDWORKS Data (2)\browser\GB\bol

零件号

GB_FASTENER_BOLT_HBSH M10X35-Sim...

添加　编辑　删除

属性

大小:

M10

公称直径: 10

长度:

35

螺纹线显示:

简化

图 5.75　修改“配置零部件”属性

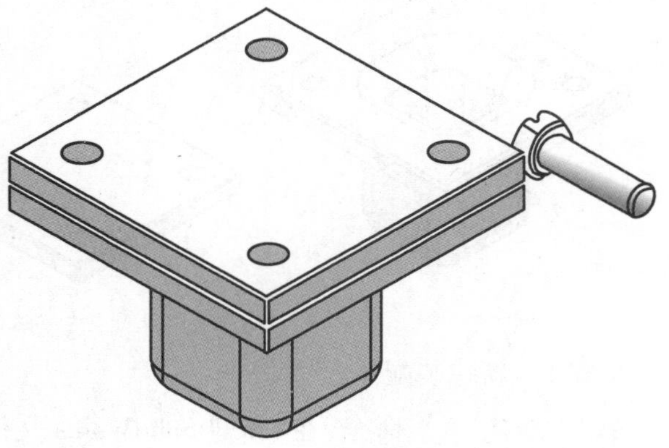

图 5.76　插入 M10X35 标准件

步骤 5　配合标准件 M10X35 GB/T29.1.1988 六角头

单击“配合” 按钮，分别添加孔“同轴”和上下表面“重合”的配合，完成六角头螺栓配合，如图 5.77 所示。

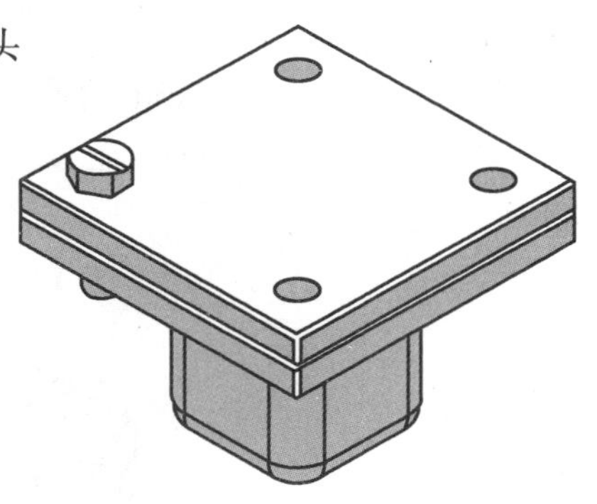

图 5.77　配合六角头螺栓

步骤 6　插入标准件 M10 GB/T 6170.2000 1 型六角螺母。

单击“Toolbox”，从中选取“GB”，再选中“螺母”，再单击“六角螺母”，右键单击第 4 个图标“1 型六角螺母 GB/T 6170.2000”，从弹出的快捷菜单中选中“插入到装配体...”，修改“配置零部件”属性页如图 5.78 所示，插入 M10 六角螺母到装配体中，如图 5.79 所示。

配置零部件

替换零部件

更改紧固件类型...

C:\SOLIDWORKS Data (2)\browser\GB\nut

零件号

GB_FASTENER_NUT_SNAB1 M10-N

添加　编辑　删除

属性

大小:

M10

名义直径:　10

厚度:　8.4

螺纹线显示:

简化

图 5.78　修改“配置零部件”属性

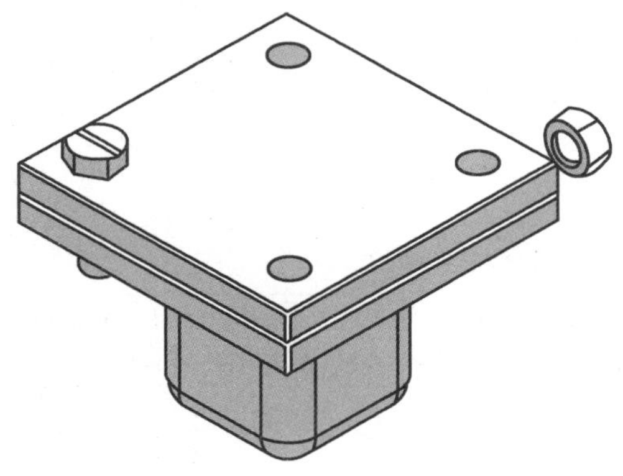

图 5.79　插入 M10 的螺帽

步骤 7　配合标准件 M10 六角螺母。

单击“配合” 按钮，分别添加孔“同轴”和上下表面“重合”的配合，完成六角螺母配合，如图 5.80 所示。

步骤 8　矩形阵列“六角头螺栓”和“六角螺母”。

单击“线性零部件阵列”命令，修改“线性阵列”属性页如图 5.81 所示，最终结果如图 5.82 所示。

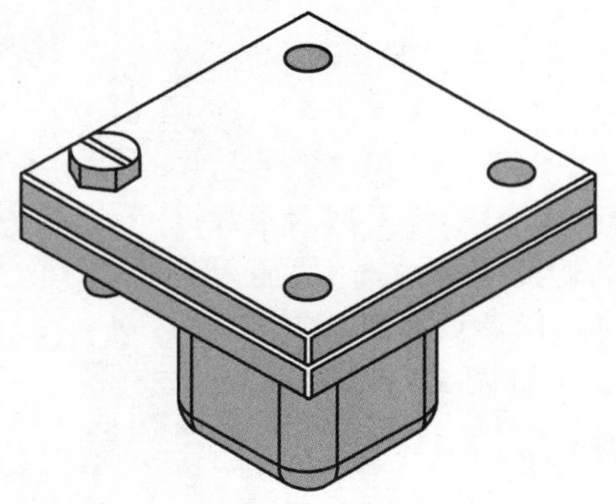

图 5.80　配合 M10 的螺帽

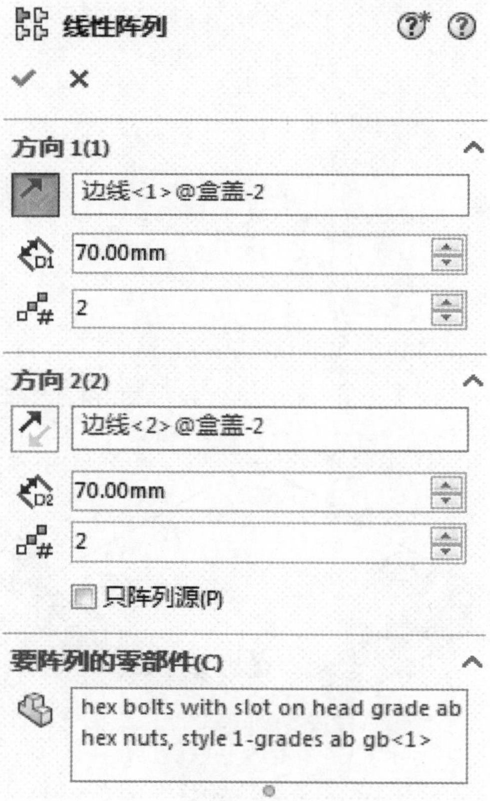

线性阵列

方向 1(1)

边线<1>@盒盖-2

70.00mm

2

方向 2(2)

边线<2>@盒盖-2

70.00mm

2

只阵列源(P)

要阵列的零部件(C)

hex bolts with slot on head grade ab
hex nuts, style 1-grades ab gb<1>

图 5.81　修改“线性阵列”属性

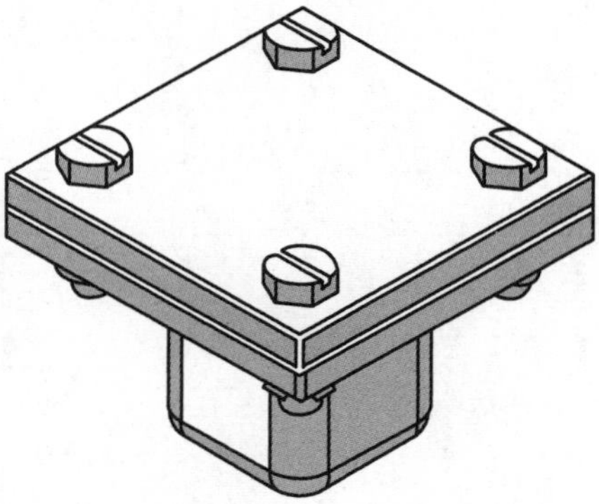

图 5.82　装配完成

5.5　装配练习题

练习 1　看懂图 5.83 至图 5.88 所示零件图和对应装配图，创建相关零件模型并组装成装配体，然后生成爆炸视图及爆炸动画。

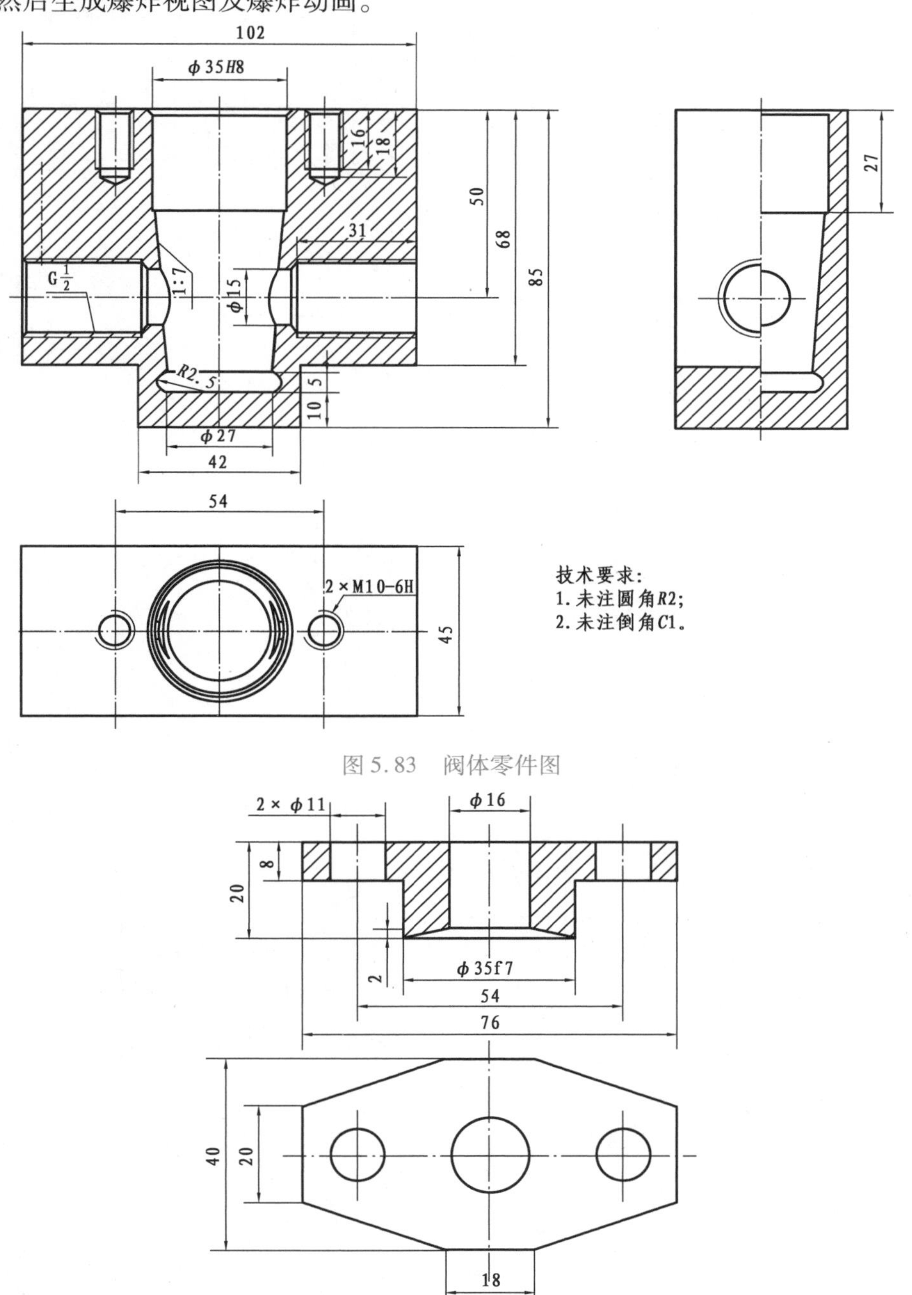

图 5.83　阀体零件图

图 5.84　阀盖零件图

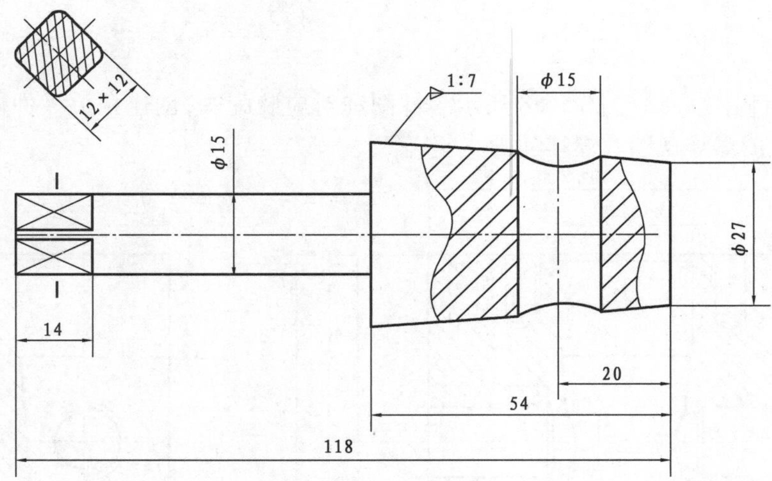

图 5.85　锥形塞零件图

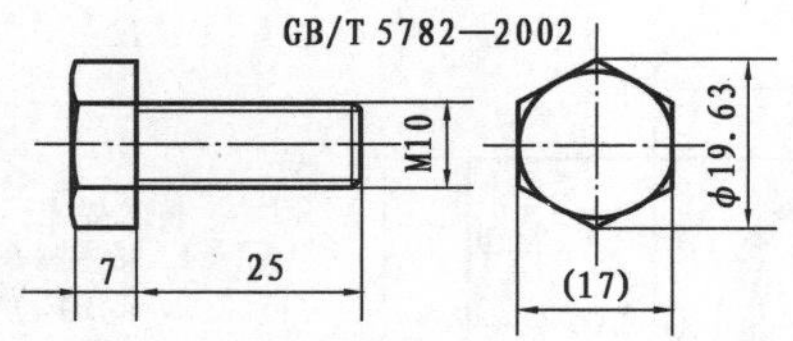

图 5.86　螺钉 M10 零件图

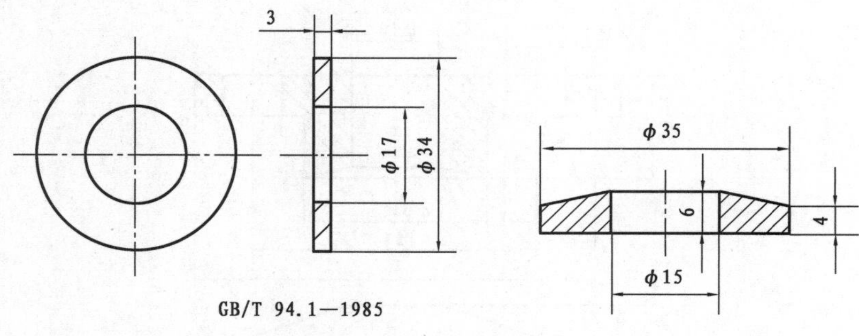

图 5.87　垫圈及填料零件图

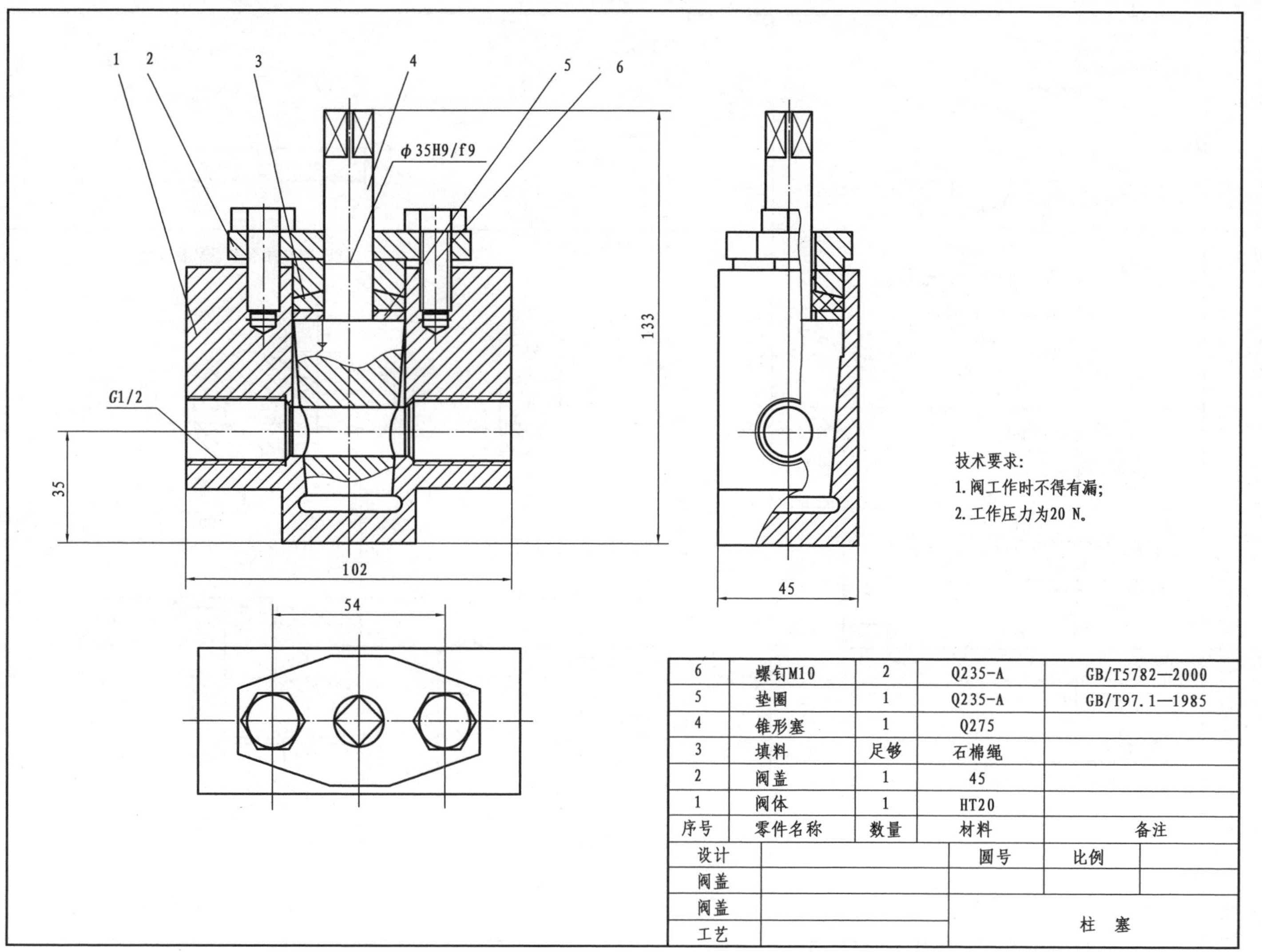
1
2
3
4
5
6
ϕ35H9/f9
G1/2
133
35
102
54
45
技术要求：
1.阀工作时不得有漏；
2.工作压力为20 N。
6 螺钉M10 2 Q235-A GB/T5782—2000
5 垫圈 1 Q235-A GB/T97.1—1985
4 锥形塞 1 Q275
3 填料 足够 石棉绳
2 阀盖 1 45
1 阀体 1 HT20
序号 零件名称 数量 材料 备注
设计
阀盖
阀盖
工艺
圆号
比例
柱　塞

图 5.88　柱塞阀装配图

练习 2　看懂图 5.89 至图 5.90 所示零件图和对应装配图，创建相关零件模型并组装成装配体，然后生成爆炸视图及爆炸动画。

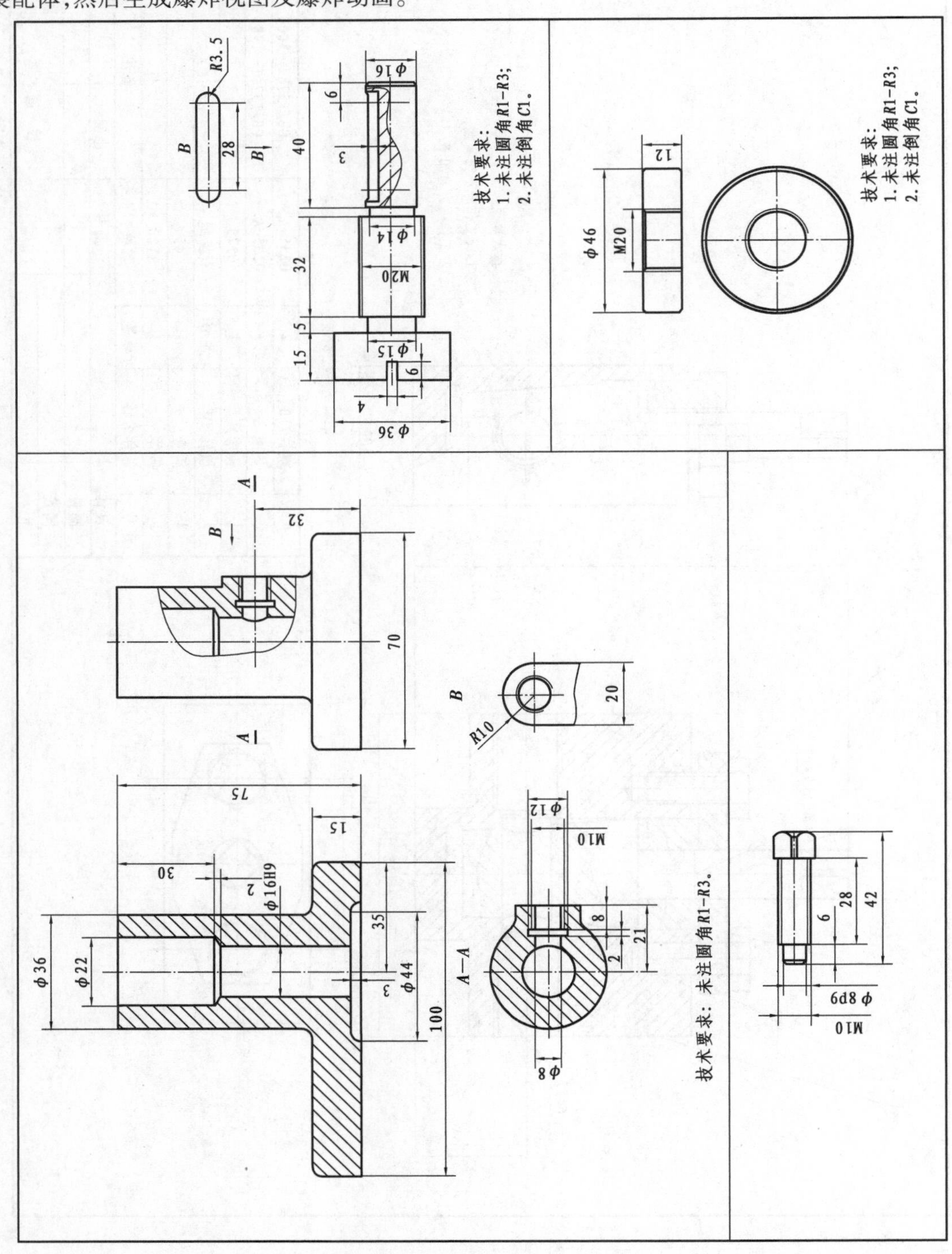

图 5.89　微型千斤顶零件图

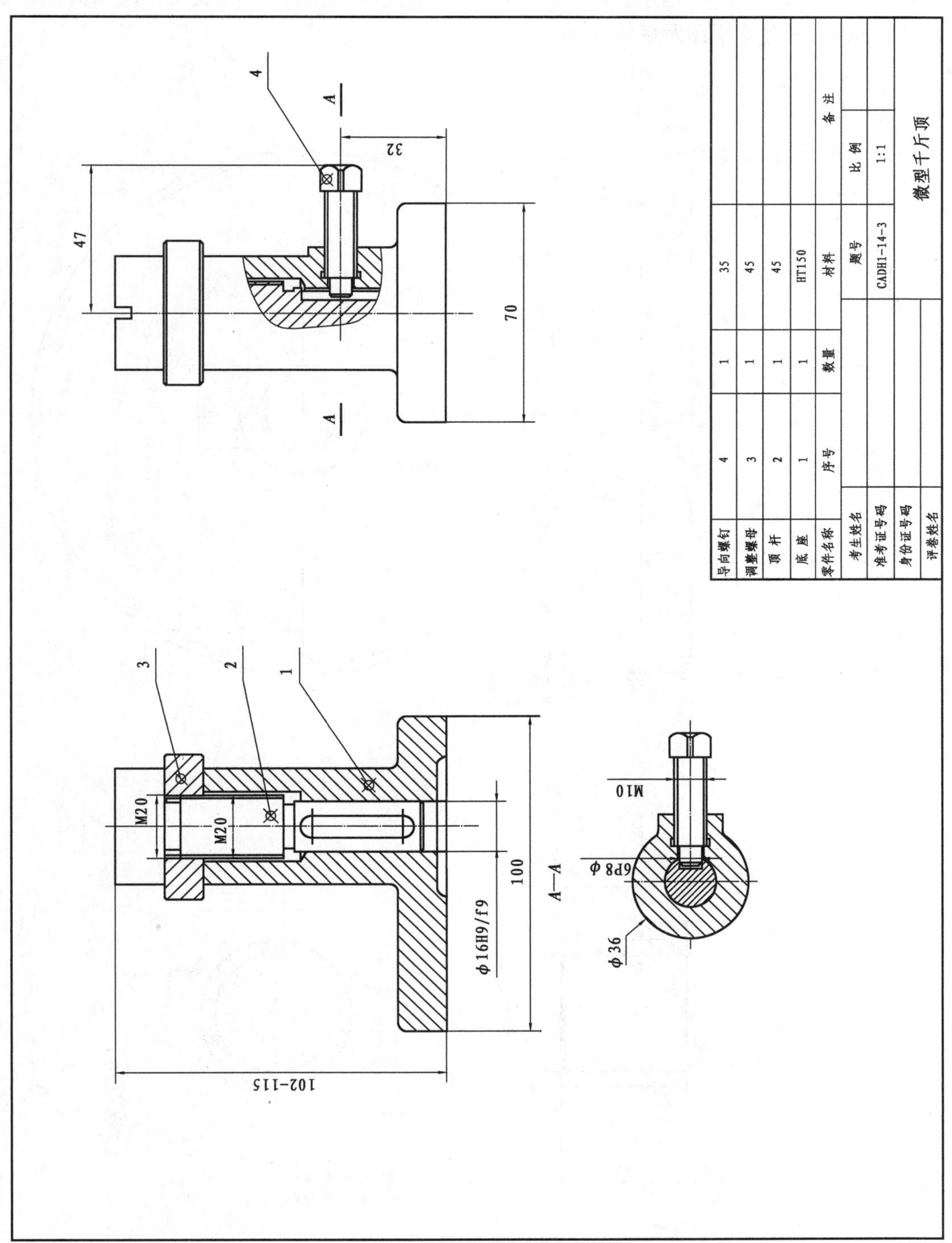

图 5.90　微型千斤顶装配图

练习 3 看懂图 5.91 至图 5.98 所示零件图和对应装配图,创建相关零件模型并组装成装配体,然后生成爆炸视图及爆炸动画。

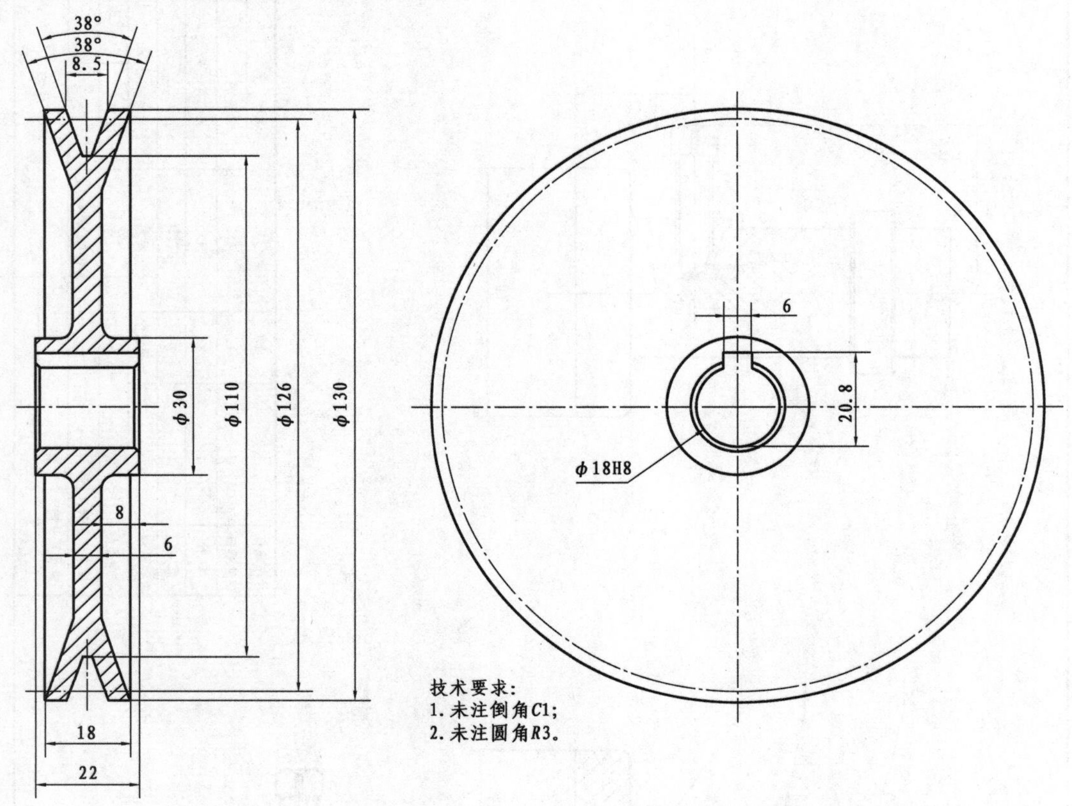

图 5.91 带轮零件图

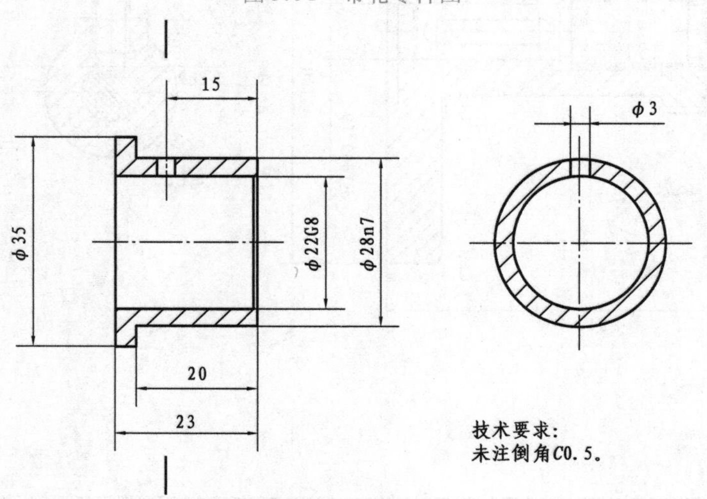

图 5.92 衬套零件图

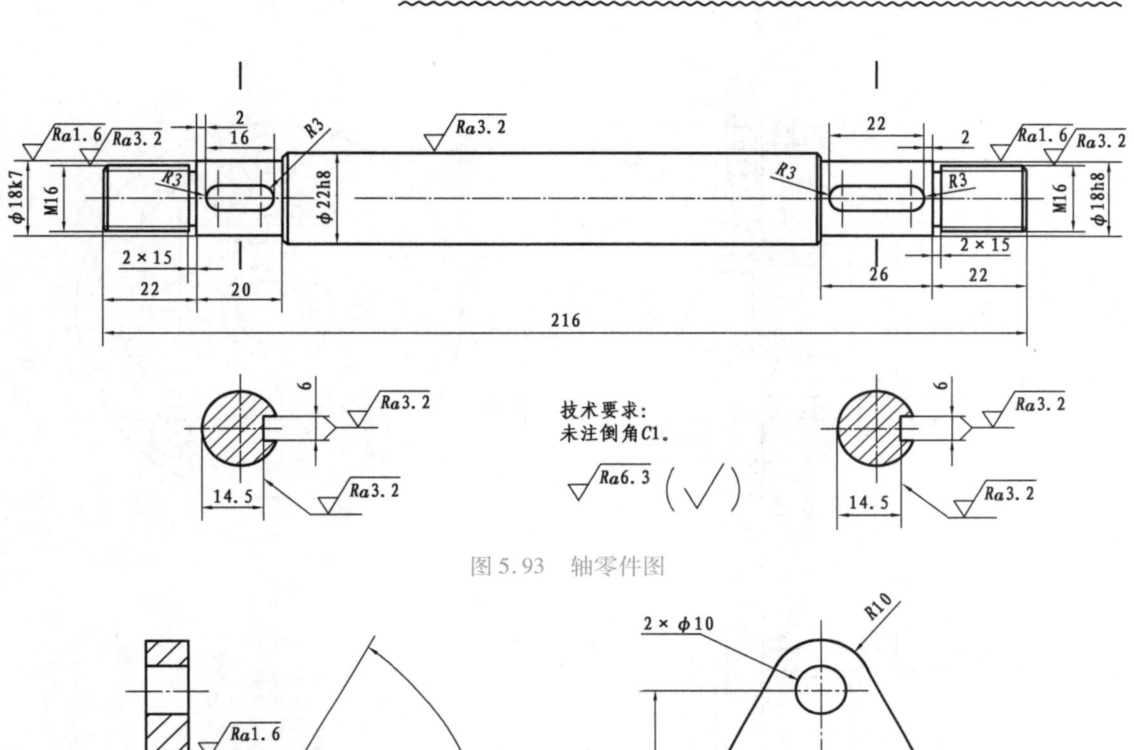

图 5.93　轴零件图

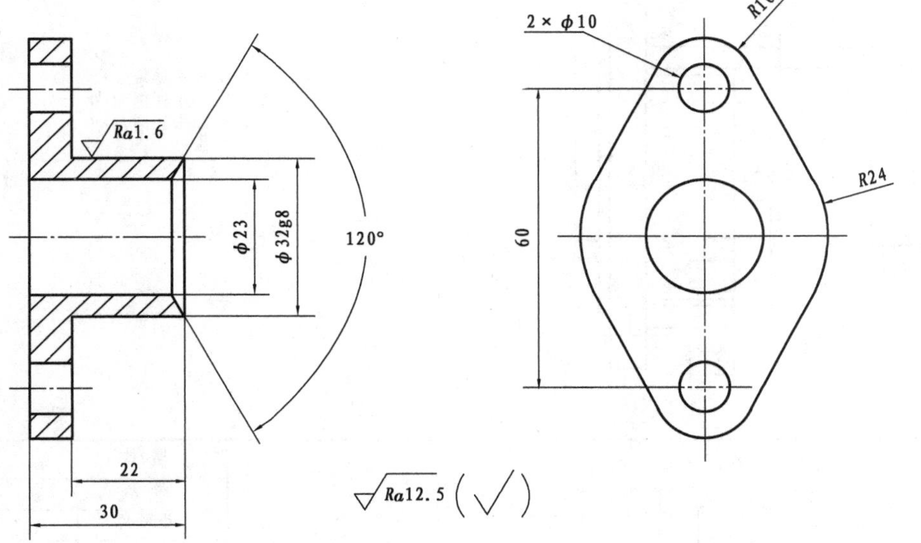

图 5.94　填料压盖零件图

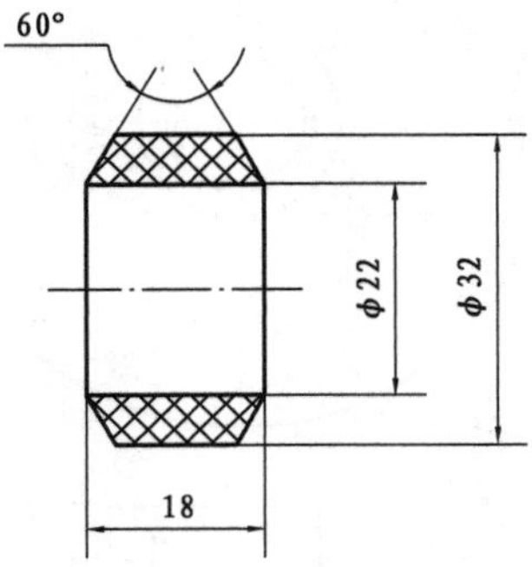

图 5.95　填料零件图

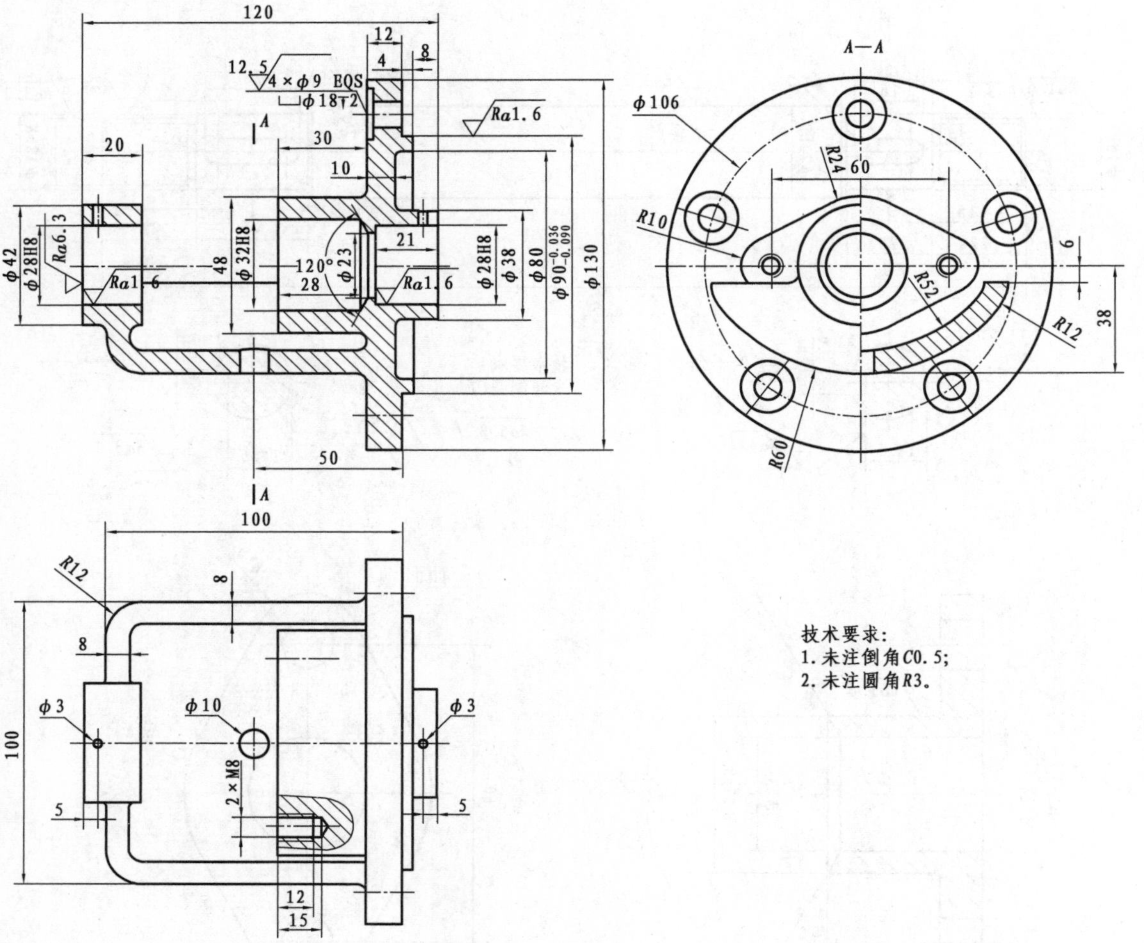

技术要求:

1. 未注倒角C0.5;
2. 未注圆角R3。

图 5.96　托架零件图

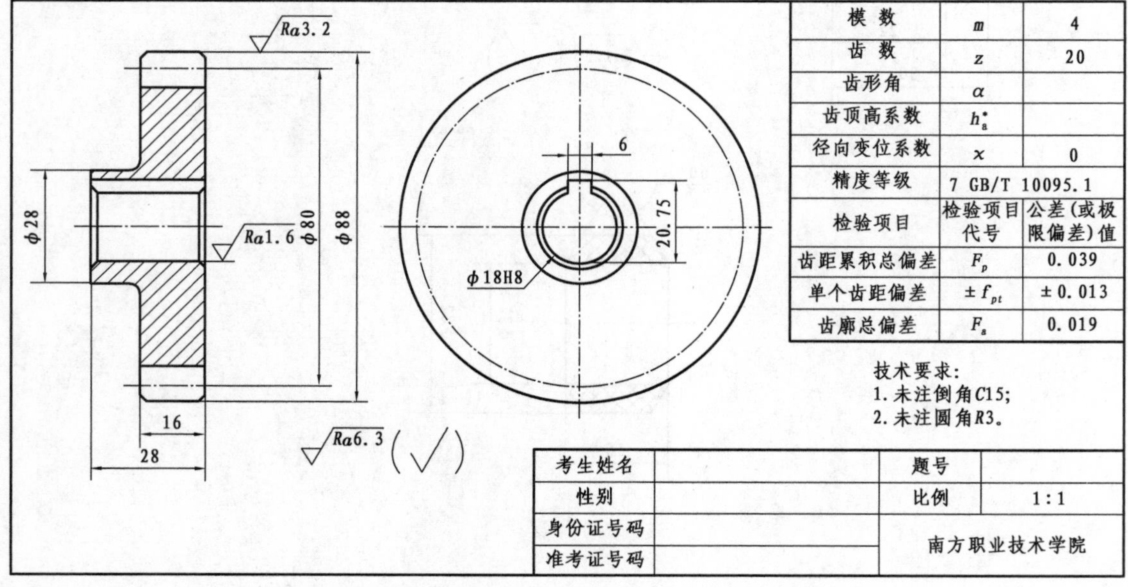

模数	m	4
齿数	z	20
齿形角	α	
齿顶高系数	h_a^*	
径向变位系数	x	0
精度等级	7 GB/T 10095.1	
检验项目	检验项目代号	公差(或极限偏差)值
齿距累积总偏差	F_p	0.039
单个齿距偏差	$\pm f_{pt}$	±0.013
齿廓总偏差	F_α	0.019

技术要求:

1. 未注倒角C15;
2. 未注圆角R3。

考生姓名		题号	
性别		比例	1:1
身份证号码		南方职业技术学院	
准考证号码			

图 5.97　齿轮零件图

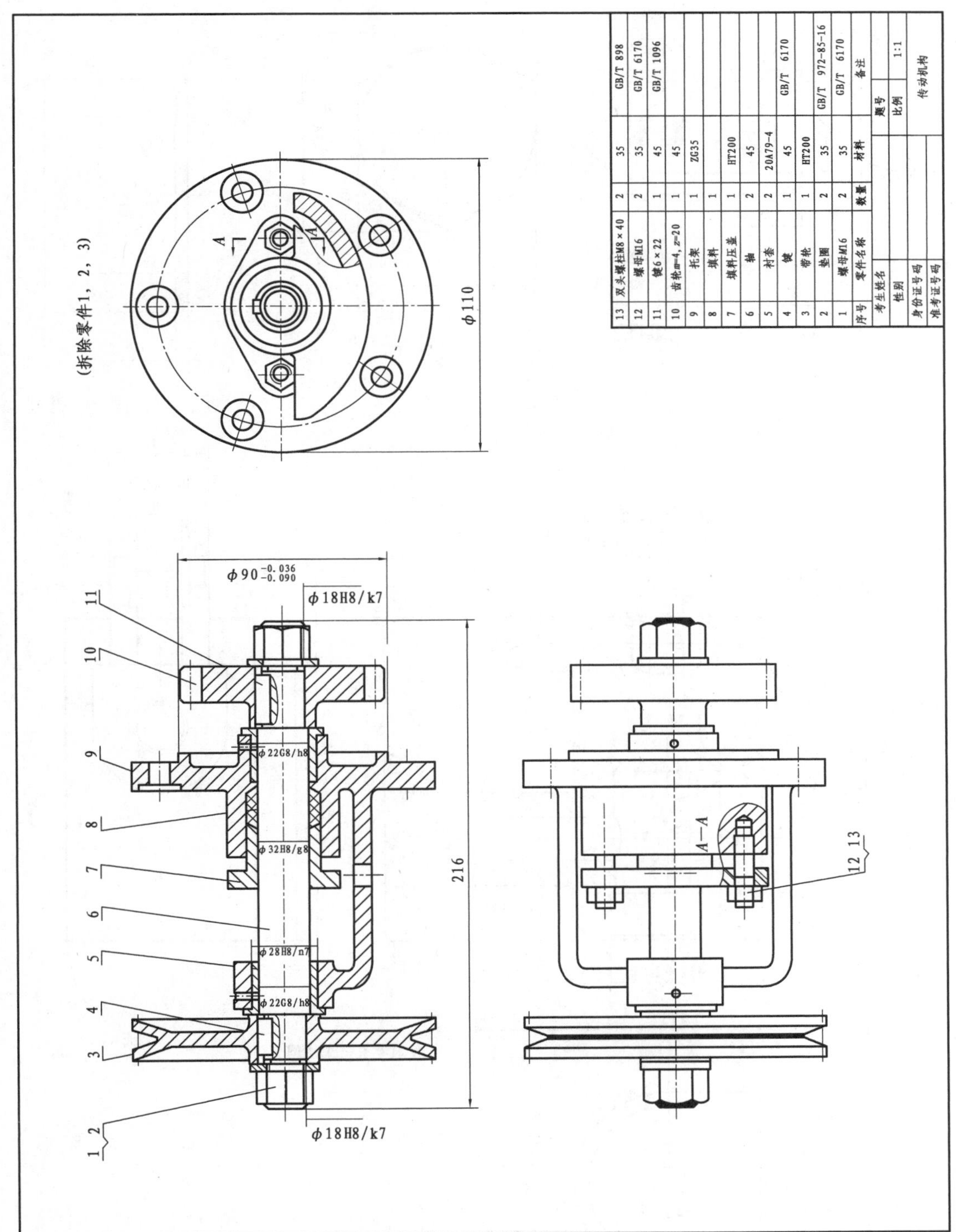

图 5.98　传动机构装配图

练习 4　看懂图 5.99 至图 5.10 所示零件图和对应装配图，创建相关零件模型并组装成装配体，然后生成爆炸视图及爆炸动画。

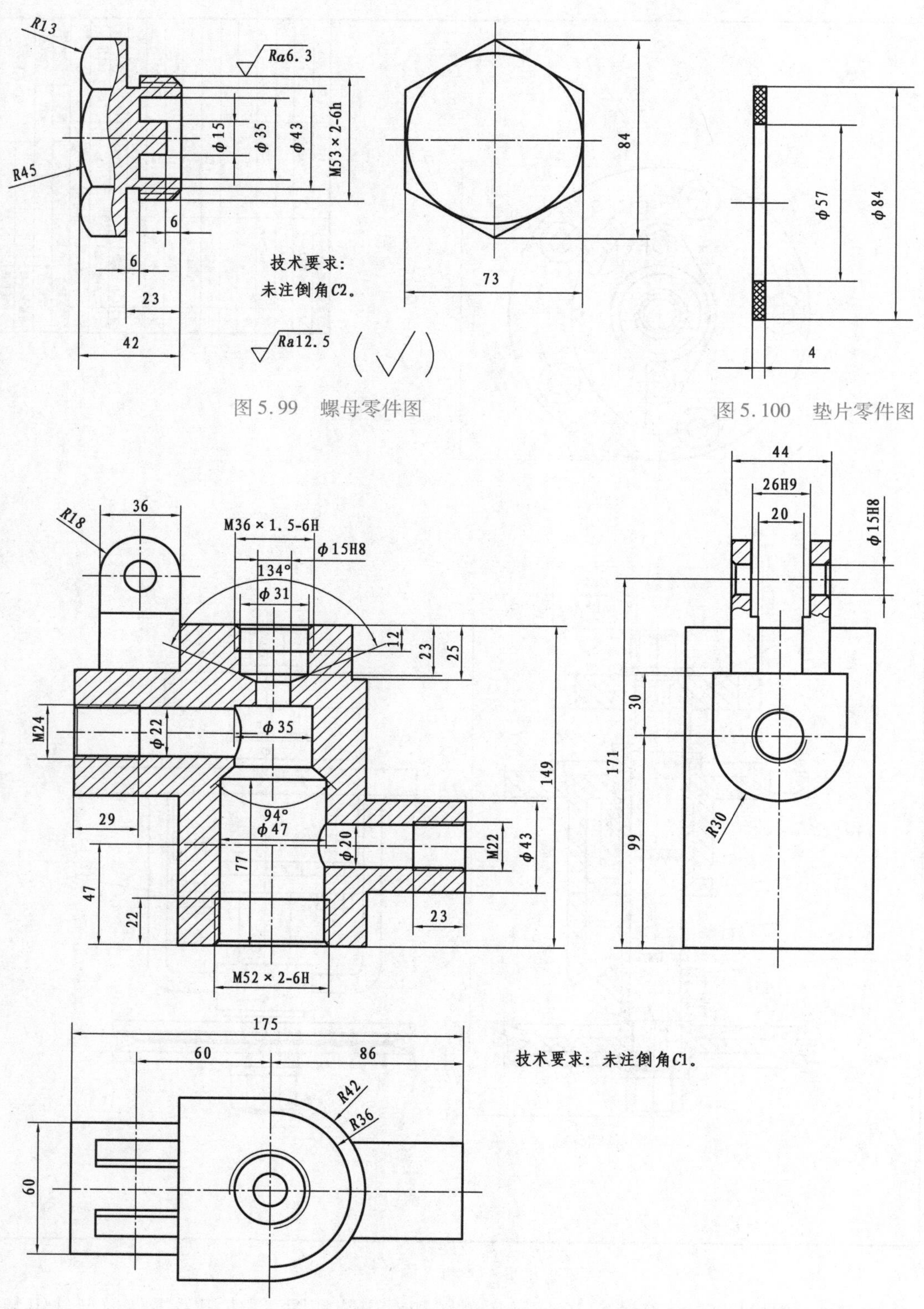

图 5.99　螺母零件图

图 5.100　垫片零件图

图 5.101　阀体零件图

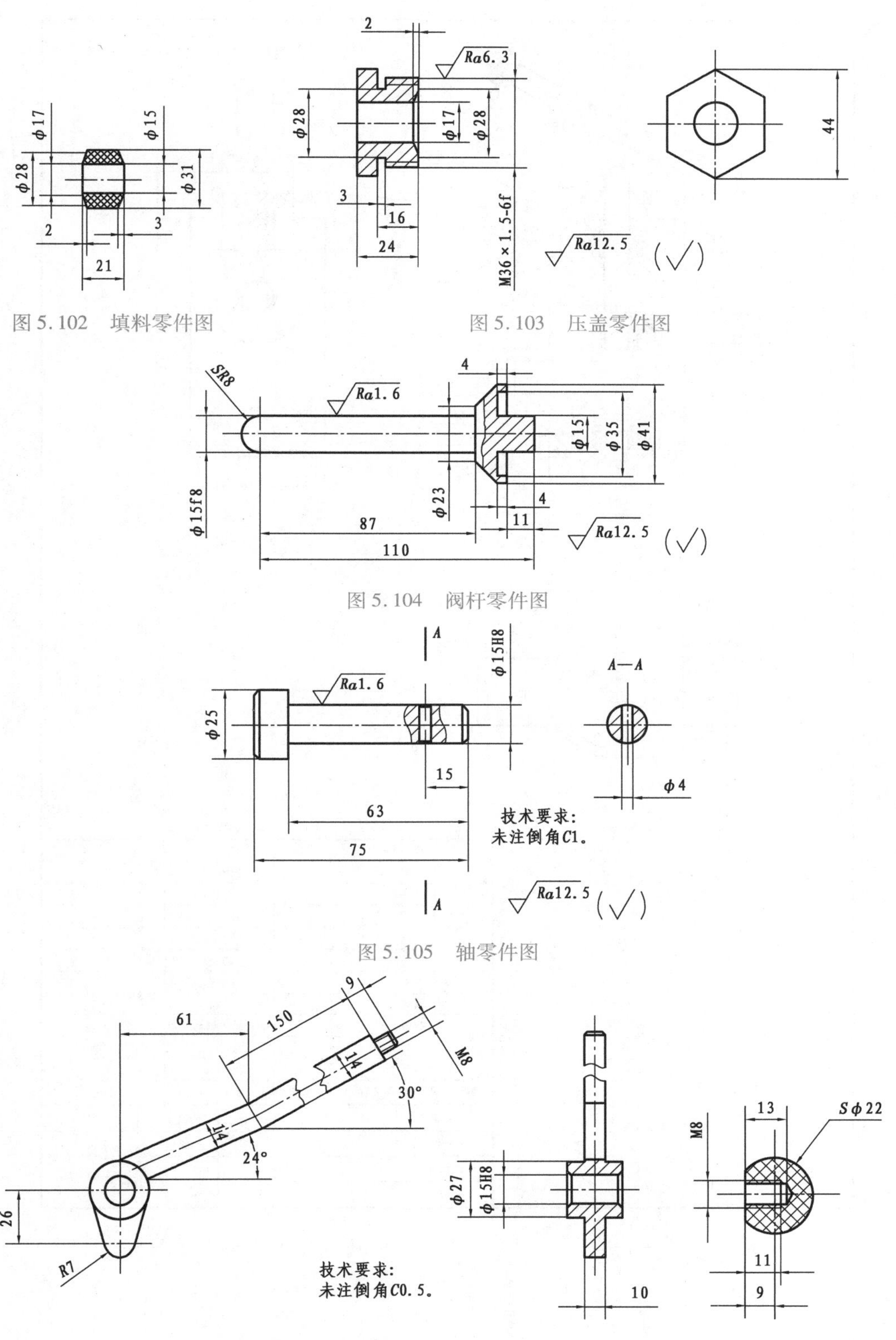

图 5.102　填料零件图

图 5.103　压盖零件图

图 5.104　阀杆零件图

图 5.105　轴零件图

图 5.106　压杆零件图

图 5.107　把手零件图

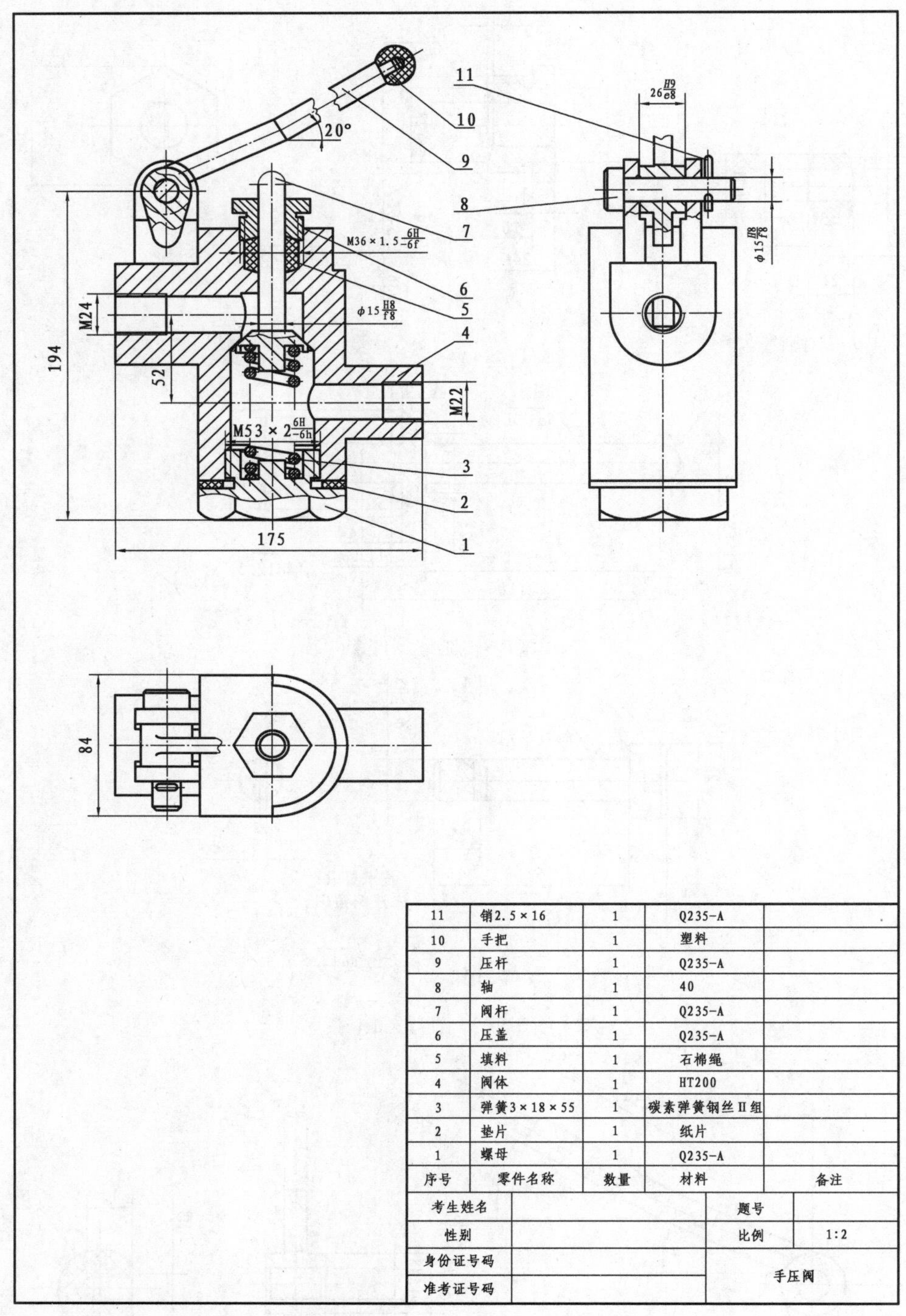

11	销2.5×16	1	Q235-A	
10	手把	1	塑料	
9	压杆	1	Q235-A	
8	轴	1	40	
7	阀杆	1	Q235-A	
6	压盖	1	Q235-A	
5	填料	1	石棉绳	
4	阀体	1	HT200	
3	弹簧3×18×55	1	碳素弹簧钢丝Ⅱ组	
2	垫片	1	纸片	
1	螺母	1	Q235-A	
序号	零件名称	数量	材料	备注

考生姓名		题号	
性别		比例	1:2
身份证号码		手压阀	
准考证号码			

图 5.108　手压阀装配图

第6章 工程图及实例

工程图是用来表达三维模型的二维图样,包括一组视图、完整的尺寸、技术要求及标题栏等内容。工程图文件是 SolidWorks 设计文件的一种,其后缀名为“ *.soldrw”。SolidWorks 可以根据三维模型创建工程图,且创建的工程图与三维模型全相关,在对三维模型进行修改时,所有相关的工程视图将自动更新;反之,在一个工程图中修改尺寸时,系统也自动将相关的三维模型的相应结构的尺寸进行更新。SolidWorks 提供了强大的工程图设计功能,包括投影视图、剖面视图、局部视图等。本章将详细介绍工程图的创建及编辑。

6.1 工程图绘制环境的设置

6.1.1 工程图的图纸格式

(1)标准图纸格式

在设计一张工程图之前,需要对图纸格式进行设置。SolidWorks 提供了各种标准图纸大小的图纸格式。

从菜单栏中选择“文件”→“新建”命令,弹出“新建 SolidWorks 文件”对话框,如图 6.1 所示。单击对话框“高级”按钮,弹出“模板”对话框,如图 6.2 所示。选择需要的工程图模板,单击“确定”按钮,进入工程图设计界面。

(2)编辑图纸格式

生成一个工程图文件后,还可以随时对图纸大小、图纸格式、绘图比例、投影类型等图纸细节进行修改。右键单击在“特征管理器设计树”中 图纸1 图标,或者在工程图纸的空白区域单击鼠标右键,在弹出的快捷菜单中选择“属性”,如图 6.3 所示。打开“图纸属性”对话框,然后按图 6.4 所示设置“名称”“绘图比例”“投影类型”和“图纸格式”等选项。最后单击对话框中的“确定”按钮,图纸页面就会出现在绘图窗口中。

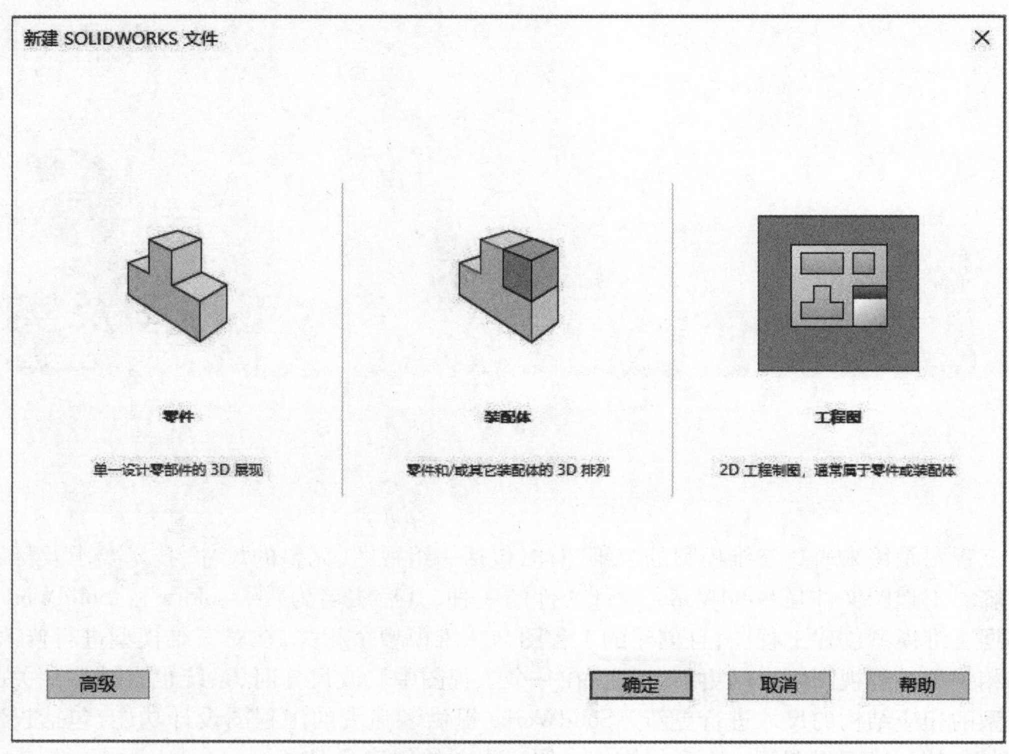

图 6.1 “新建”对话框

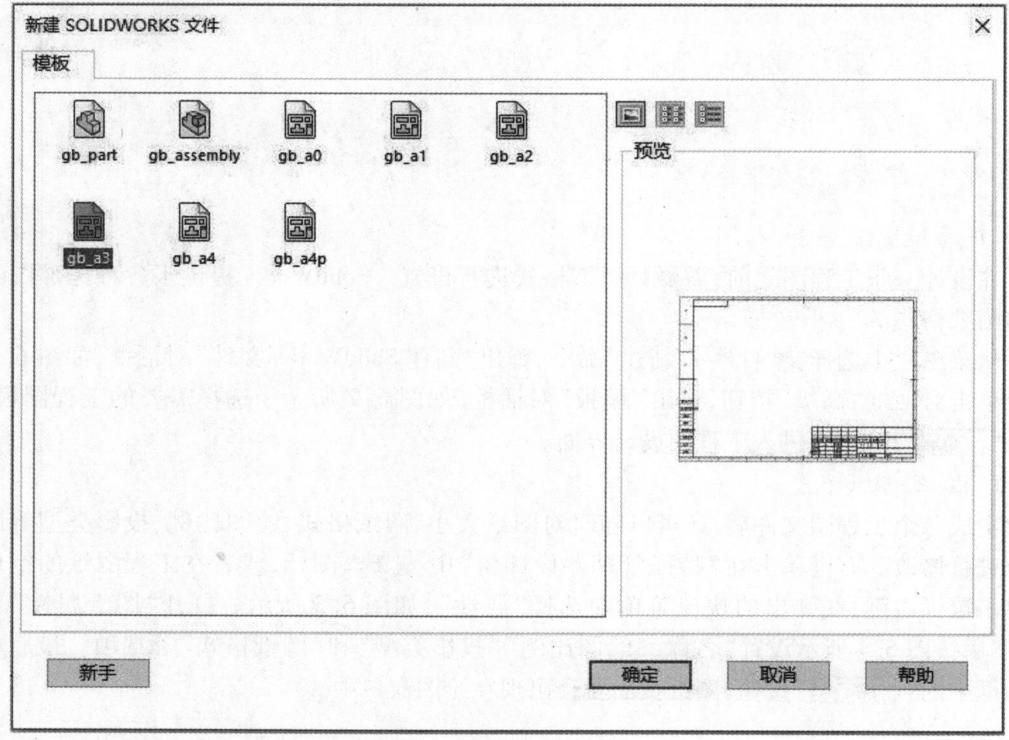

图 6.2 “模板”对话框

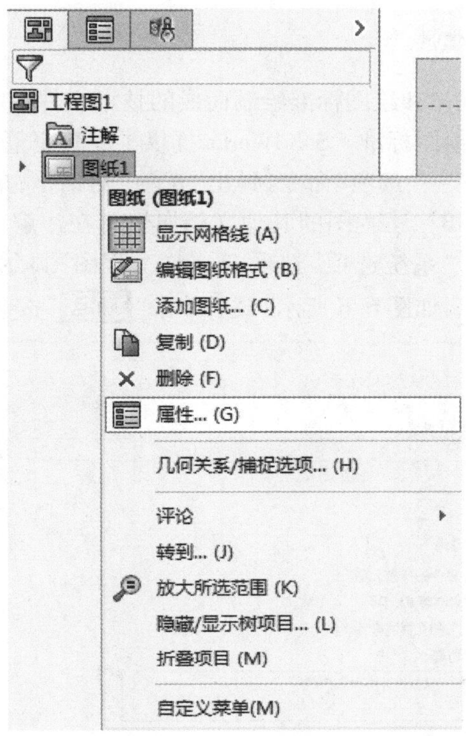

图 6.3　选择“属性”命令

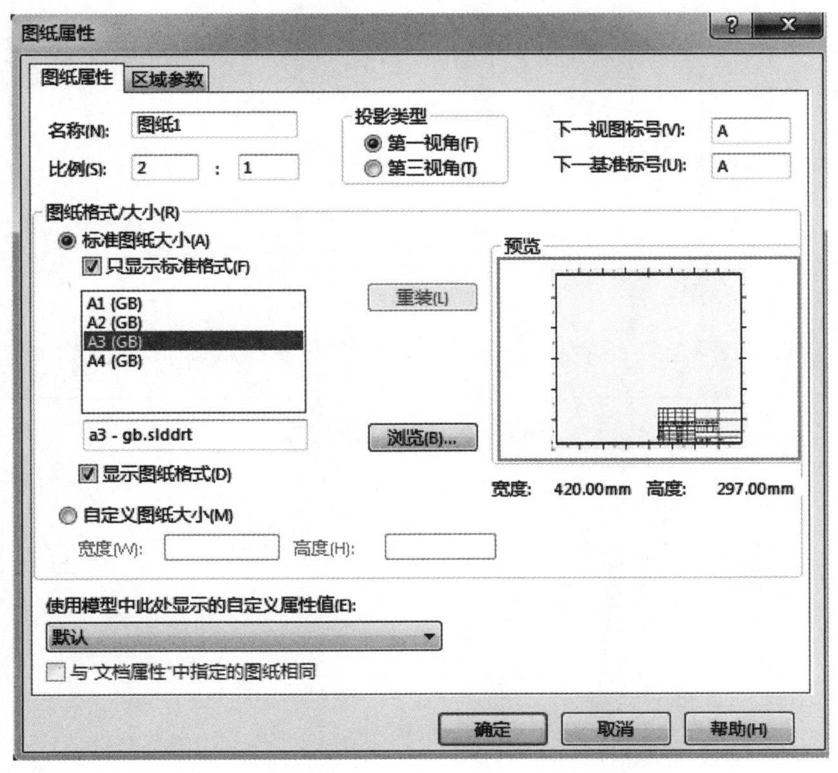

图 6.4　“图纸属性”对话框

6.1.2 工程图的图形属性

工程图是按一定投影规律和绘图标准绘制而成的技术文件,在工程图绘制前首先要进行相关设置,使之符合国家的绘图标准。SolidWorks 提供了一套完整的国家标准方案。

从菜单栏中选择“工具”→“选项”命令,弹出“选项”对话框,单击“文档属性”选项卡,再单击“总绘图标准”,选择“GB”,工程图的其他文档属性可在注解、尺寸、表格、出详图等主题中设置,如图 6.5 所示;单击“系统选项”选项卡,在“工程图”显示类型、区域剖面线/填充主题中设置工程图的系统选项,如图 6.6 所示;最后单击“确定”按钮,关闭对话框。

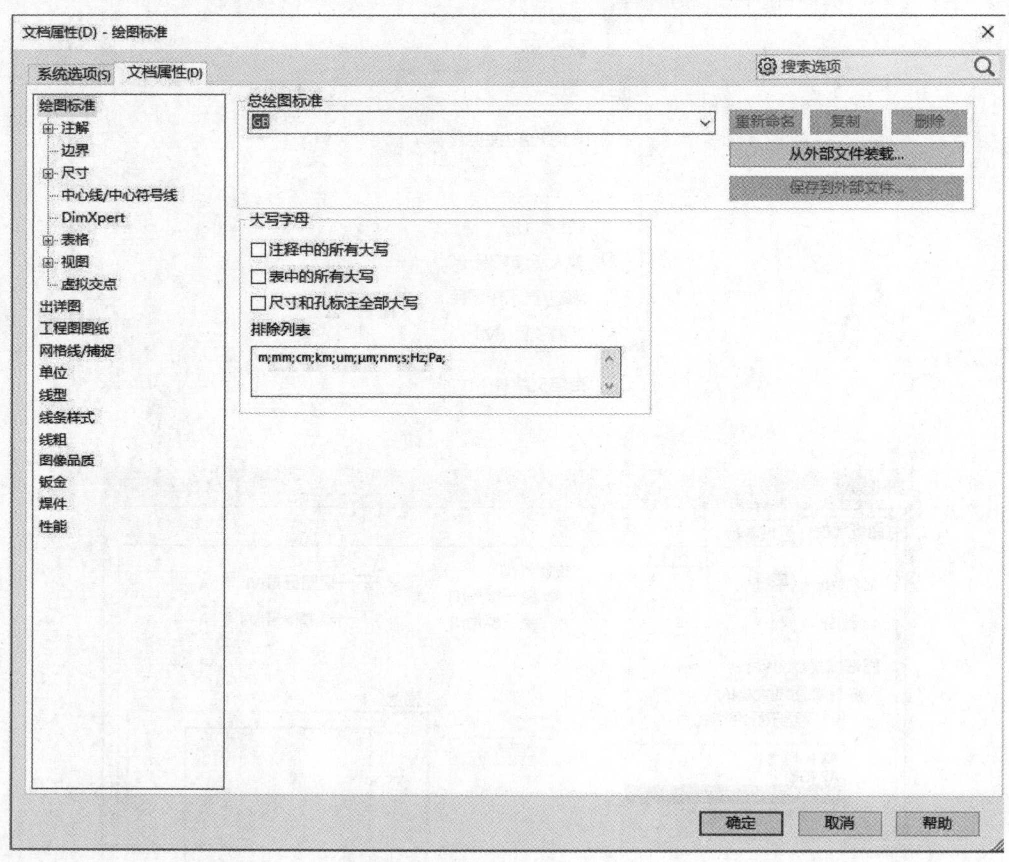

图 6.5 “文档属性”对话框

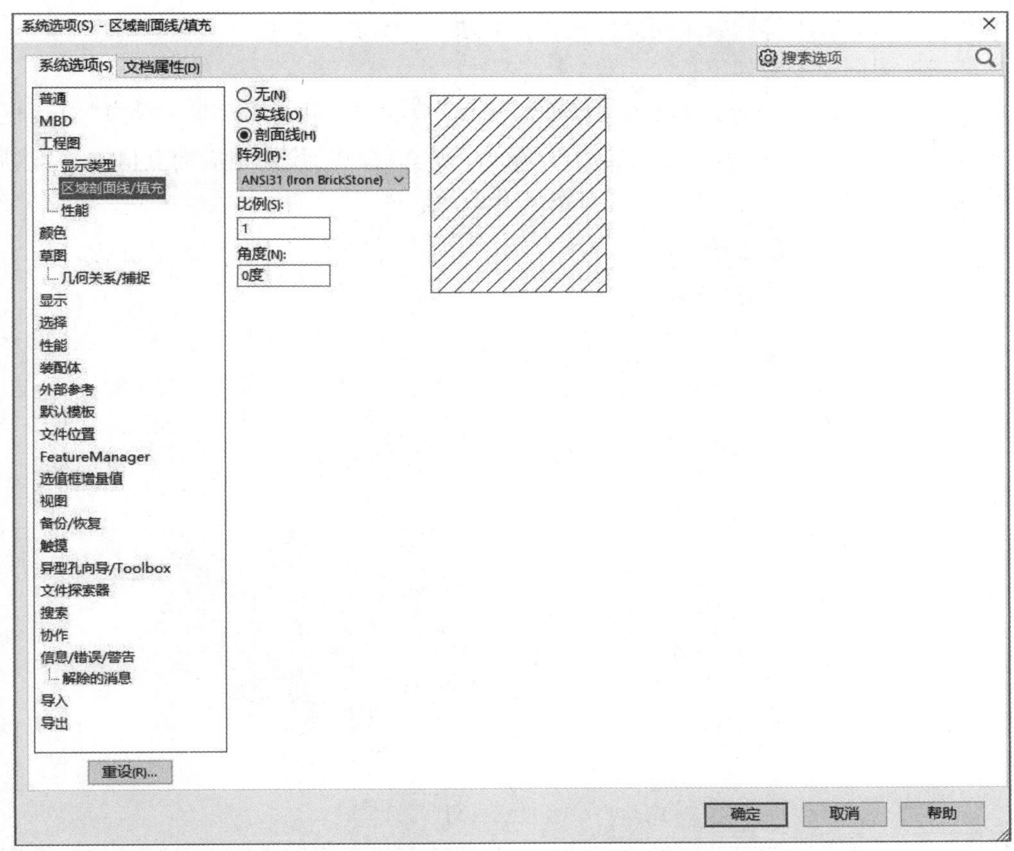

图 6.6　“系统选项”对话框

6.2　工程图的创建与编辑

SolidWorks 提供多种生成工程图的方法，其中包括标准三视图、投影视图、剖面视图、辅助视图、局部放大视图等，如图 6.7 所示。用户可以根据需要生成各种三维模型的表达视图。

图 6.7　“工程图”工具条

在生成工程图前，应首先创建零部件或装配体的三维模型，然后根据三维模型特点来创建视图，包括视图数量、表达方案等。

6.2.1　标准三视图

标准三视图能在创建零部件或装配体的三维模型的同时生成 3 个相关默认的正交视图，其中主视图方向就是前视方向。标准三视图既可以是第一角画法的三视图，也可以是第三角画法的三视图，按照图纸格式设置中的投影类型选择。中国、德国和俄罗斯等国家采用第一视角投影法，美国、日本等国家采用第三视角投影法。

标准三视图创建步骤如下：

单击“视图布局”命令管理器上的“标准三视图”按钮，弹出“标准三视图”对话框，如图 6.8 所示。在“要插入的零件/装配体”中，单击“浏览”按钮，找到相应的立体文件，然后单击“✔”按钮，关闭对话框。标准三视图如图 6.9 所示。

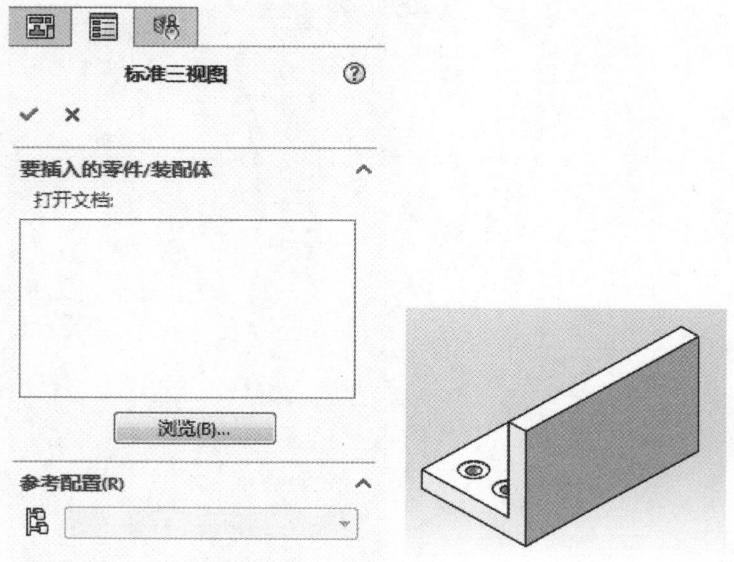

图 6.8 “标准三视图”对话框

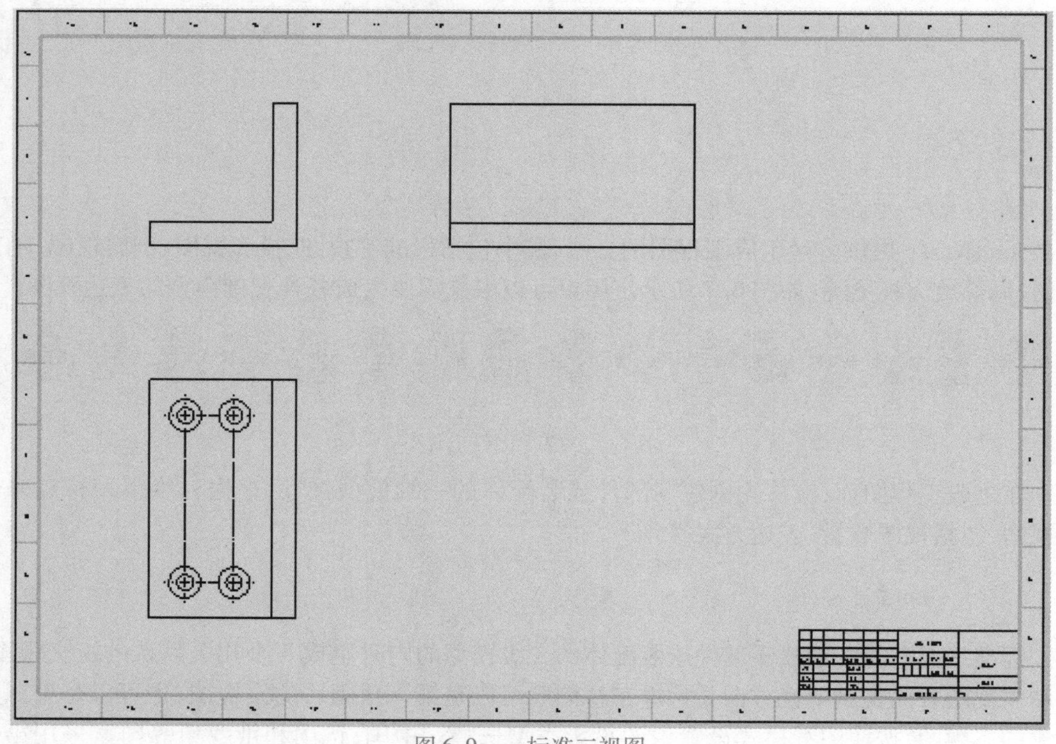

图 6.9 标准三视图

6.2.2　模型视图

模型视图是创建的第一个视图,通常用来表达零件的主要结构。创建步骤如下:

单击“视图布局”命令管理器上的“模型视图”按钮,或从菜单栏中选择“插入”→“工程视图”→“模型视图”命令弹出“模型视图”对话框。“模型视图”对话框如图 6.10 所示。在“要插入的零件/装配体”中,单击“浏览”按钮,找到相应的立体文件,然后单击鼠标左键,确定“模型视图”的中心位置。单击“✔”按钮,关闭对话框。新创建的模型视图如图 6.11 所示。

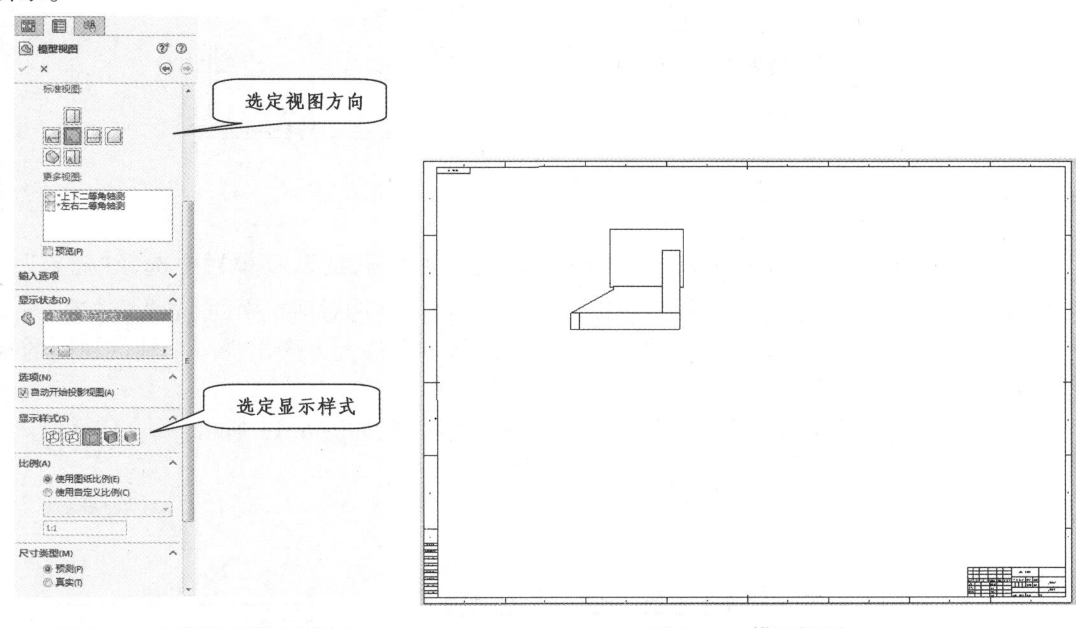

图 6.10　“模型视图”对话框　　　　图 6.11　模型视图

6.2.3　投影视图

模型视图创建后,就可以创建投影视图。投影视图是根据已有视图利用投影生成的视图,如俯视图、左视图、右视图、前视图、后视图和仰视图。

投影视图创建步骤如下:

①在已生成模型视图的基础上,单击“视图布局”命令管理器上的“投影视图”按钮,或从菜单栏中选择“插入”→“工程视图”→“投影视图”命令,弹出“投影视图”对话框。

②在图纸区单击左上方的主视图。

③上、下、左、右及斜向拖动鼠标,在合适的位置单击,生成对应方向的投影视图。投影视图如图 6.12 所示。

6.2.4　辅助视图

辅助视图即国标中规定的斜视图,用于表达机件的倾斜结构。辅助视图类似于投影视图,其投影方向垂直于所选的倾斜的参考边线。

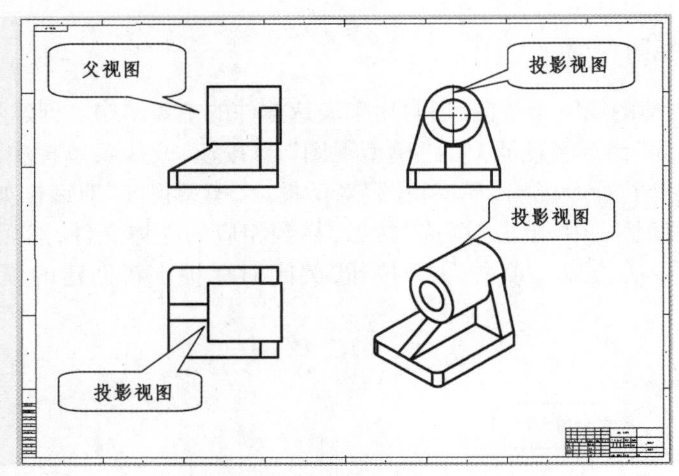

图 6.12　投影视图

辅助视图创建步骤如下：

①单击“视图布局”命令管理器上的“辅助视图”按钮，或从菜单栏中选择“插入”→“工程视图”→“辅助视图”命令，弹出“辅助视图”对话框。勾选对话框中的“箭头”选项。

②选取要创建辅助视图的斜边，在投影平面的法线方向的上方会出现一个辅助视图的预览效果。

③拖动鼠标指针到所需的位置，单击鼠标左键放置视图，如图 6.13 所示。

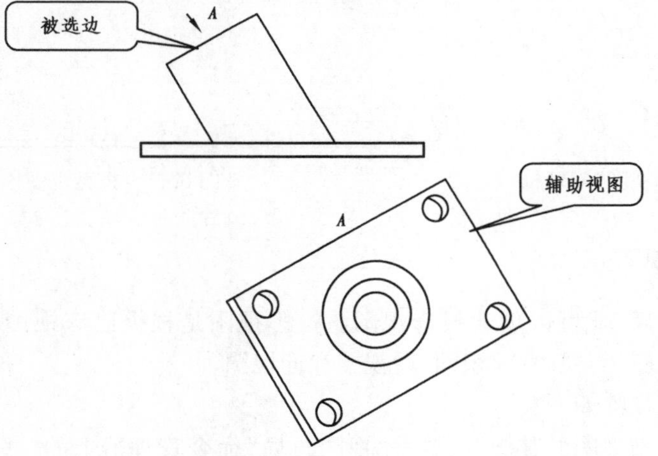

图 6.13　辅助视图

6.2.5　局部视图

局部视图即国标中规定的局部放大图，通常用放大的比例来显示某一局部形状。

局部视图创建步骤如下：

①先转换到“草图”命令管理器上，在需要放大的地方绘制一封闭的轮廓，如图 6.14(a) 所示。

②选中此封闭轮廓，单击“视图布局”命令管理器上的“局部视图”按钮，或从菜单栏中

选择“插入”→“工程视图”→“局部视图”命令，弹出“局部视图”对话框。在“局部视图”对话框中设置标注视图的名称和缩放比例。

③在绘图上选取要放置局部视图的位置，局部视图将显示封闭轮廓范围内的父视图区域，如图6.14(b)所示。

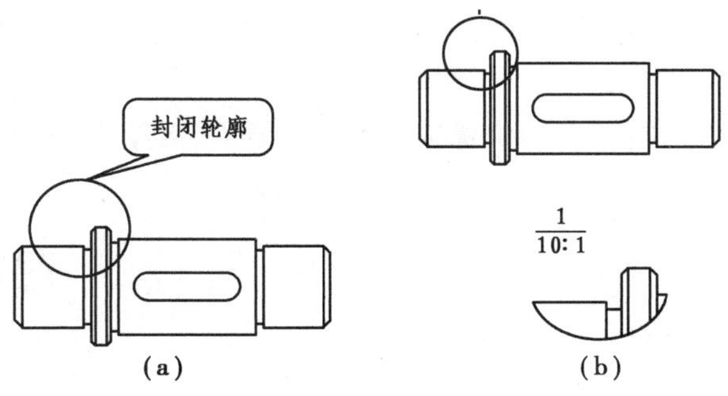

图6.14　局部视图

6.2.6　剪裁视图

剪裁视图即国标中规定的局部视图，通过隐藏除了所定义区域外的所有内容而突出某部分。剪裁视图既没有生成新的视图，也没放大原有视图。剪裁视图可以剪裁除了局部视图或已有局部视图的父视图外的任何工程视图。

剪裁视图创建步骤如下：

①单击要创建的剪裁视图的工程视图，转换到“草图”命令管理器中，绘制一封闭的轮廓，如图6.15(a)所示。

②选中此封闭轮廓，单击“视图布局”命令管理器上的“剪裁视图”按钮，或从菜单栏中选择“插入”→“工程视图”→“剪裁视图”命令。此时，剪裁轮廓以外的视图消失，生成剪裁视图，如图6.15(b)所示。

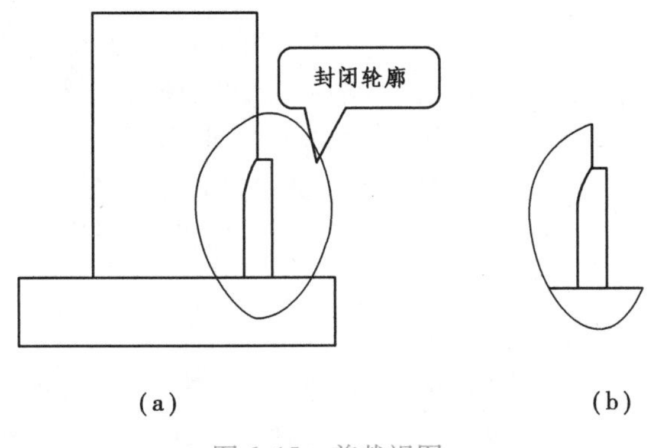

图6.15　剪裁视图

6.2.7　断裂视图

断裂视图即国标中规定的断开画法，一些较长的零件(如轴、杆等)沿长度方向的形状一致或按一定规律变化时，可以用折断显示的断裂视图来表达。断裂视图可以用于多个视图，并可根据要求撤销断裂视图。

断裂视图创建步骤如下：

①单击要创建的断裂视图的工程视图。

②单击“视图布局”命令管理器上的“断裂视图”按钮，或从菜单栏中选择“插入”→“工程视图”→“断裂视图”命令。弹出“断裂视图”对话框，在该对话框中设置折断缝隙大小和折断线样式，如图 6.16 所示。

③左右拖动鼠标指针，在合适的位置单击鼠标左键，放置第一断裂线和第二断裂线，生成断裂视图，如图 6.17 所示。

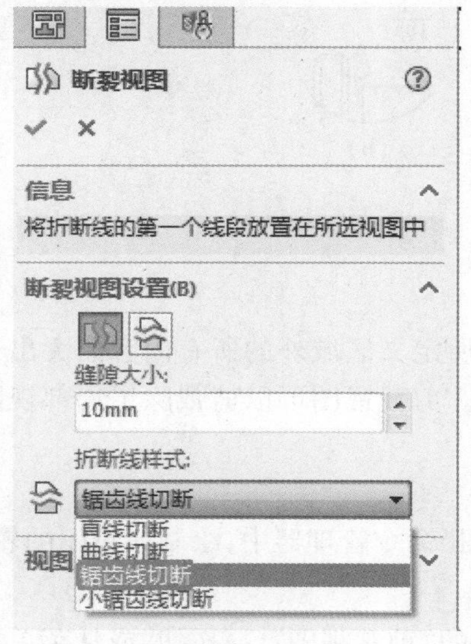

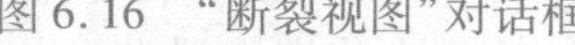

图 6.16 “断裂视图”对话框

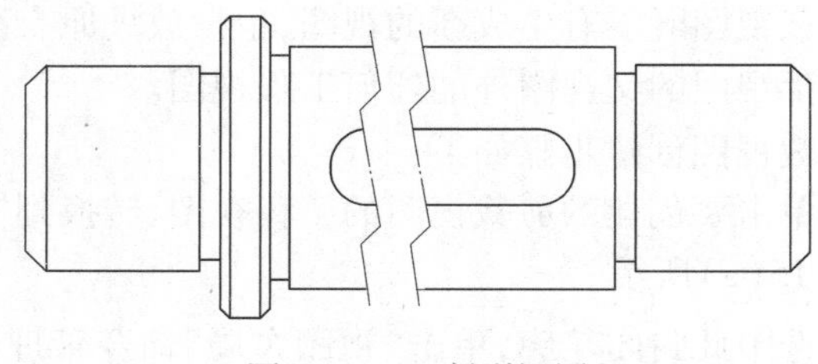

图 6.17 断裂视图

6.2.8 剖面视图

剖面视图是通过剖切线切割父视图而生成的，可以显示模型内部的形状和尺寸，属于派生视图。剖面视图可以创建国标中规定的全剖视图、半剖视图、断面图。

对于全剖视图，根据剖切零件的形式分为单一剖切平面剖切、几个平行的剖切平面剖切和几个相交的剖切平面剖切。以全剖视图为例，来介绍剖面视图的创建过程。

(1) 单一剖切平面

创建步骤如下：

①单击要创建剖面视图的工程视图。

②单击“视图布局”命令管理器上的“剖面视图”按钮，或从菜单栏中选择“插入”→“工程视图”→“剖面视图”命令。弹出“剖面视图辅助”对话框，在对话框中选择剖面形式 剖面视图 和切割线形式，如图 6.18 所示。

③用一条剖切线穿过父视图中央，根据推理线和位置指示符确定剖切位置，在弹出的“剖视图 A. A”对话框中选择箭头方向，如图 6.19 所示。

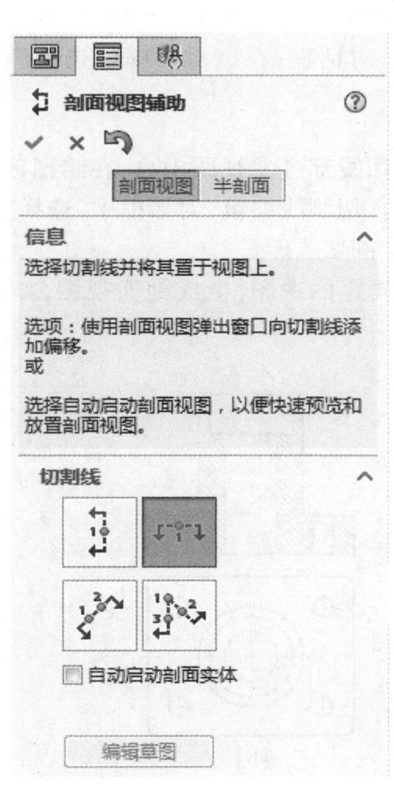

图 6.18　“剖面视图辅助”对话框

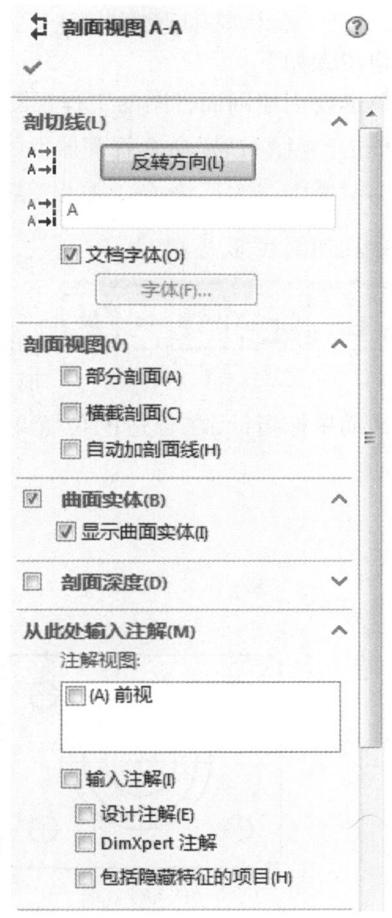

图 6.19　“剖面视图 A-A”对话框

④拖动鼠标指针，在合适的位置单击放置剖视图，生成剖面视图，如图 6.20 所示。

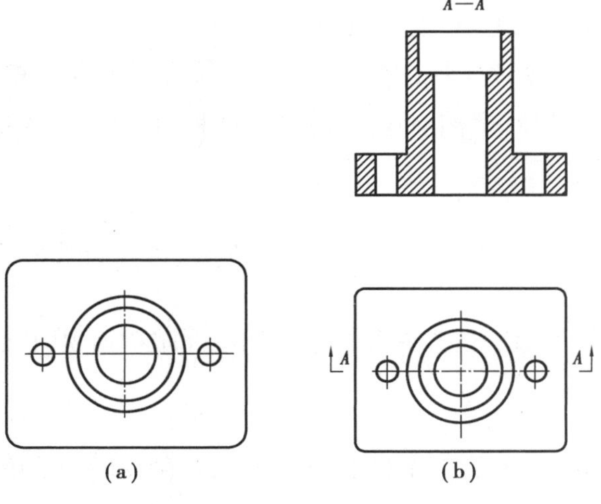

图 6.20　全剖面视图（单一剖切剖面）

(2)几个平行的剖切平面剖切(阶梯剖)

创建步骤如下:

①单击要创建剖面视图的工程视图。

②单击“视图布局”命令管理器上的“剖面视图”按钮,或从菜单栏中选择“插入”→“工程视图”→“剖面视图”命令。弹出“剖面视图辅助”对话框,在该对话框中选择剖面形式 剖面视图 和切割线形式。

图 6.21 “切割线编辑”对话框

③用一条剖切线穿过父视图中央,在绘图区会出现如图 6.21 所示的“切割线编辑”对话框中,选择“单偏移形式”进一步确定剖切线形式。

④拖动鼠标指针,在合适的位置单击鼠标左键放置剖视图,生成剖面视图,如图 6.22 所示。

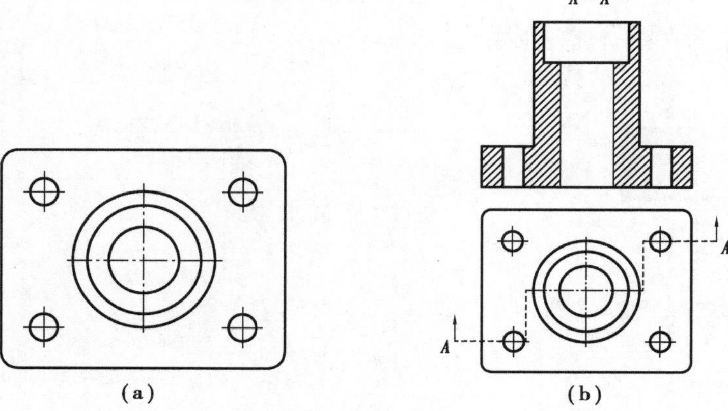

图 6.22 全剖面视图(几个平行的剖切平面)

(3)几个相交的剖切平面剖切(旋转剖)

创建步骤如下:

①单击要创建剖面视图的工程视图,如图 6.23(a)所示。

②单击“视图布局”命令管理器上的“剖面视图”按钮,或从菜单栏选择“插入”→“工程视图”→“剖面视图”命令,弹出“剖面视图辅助”对话框,在对话框中选择剖面形式 剖面视图 和切割线形式。

③用两条剖切线穿过父视图中央,调整剖切线位置,得到如图 6.23(b)所示剖切线,确定剖切位置。

④拖动鼠标指针,在合适的位置单击放置剖视图,生成剖面视图,如图 6.23(c)所示。

6.2.9 断开的剖视图

断开的剖视图即国标中规定的局部剖视图。断开的剖视图不是单独的视图,可以显示模型内部某一局部的形状和尺寸。

断开的剖视图创建步骤如下:

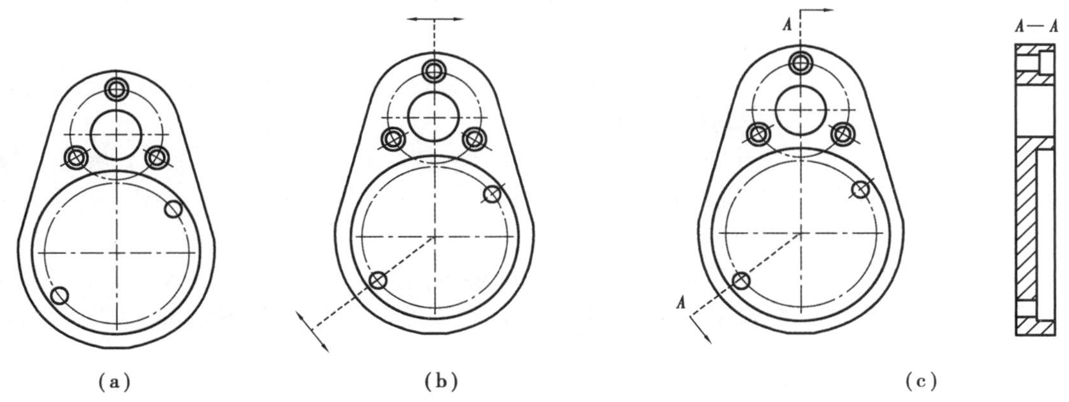

图6.23　全剖面视图(几个相交的剖切平面)

①单击要创建断裂视图的工程视图,转换到“草图”命令管理器,用样条曲线绘制一封闭的轮廓,确定剖切区域,如图6.24所示。

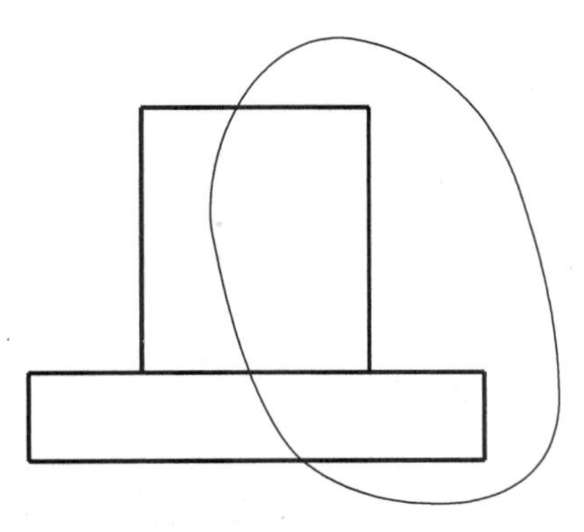

图6.24　剖切区域

图6.25　“断开的剖视图”对话框

②选中此封闭轮廓,单击“视图布局”命令管理器上的“断开的剖视图”按钮,或从菜单栏中选择“插入”→“工程视图”→“断开的剖视图”命令。弹出“断开的剖视图”对话框,在对话框中输入剖切的深度值或选择一切割到的实体边线,如图6.25所示。

③单击“✔”按钮,关闭对话框,生成断开的剖视图,如图6.26所示。

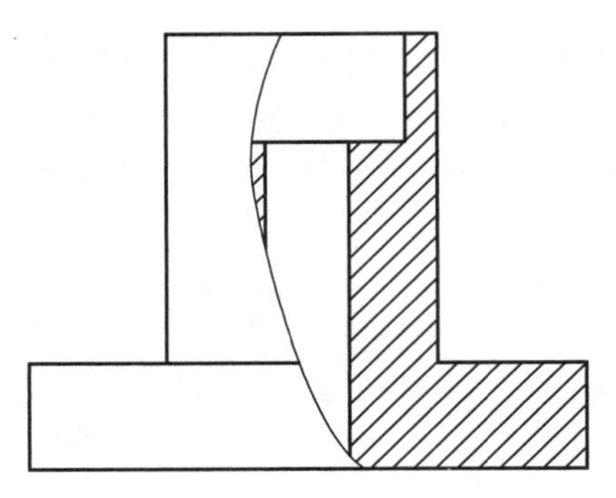

图6.26　断开的剖视图

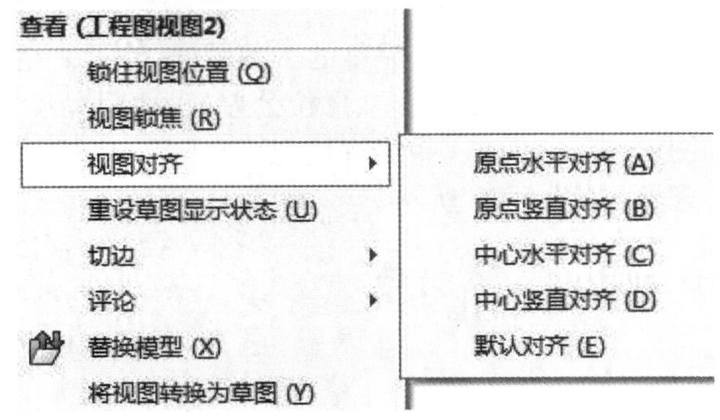

图6.27　快捷菜单中的“视图对齐”选项

6.2.10　视图的编辑

在绘图页面中添加视图后，用户可以对视图进行编辑，如调整视图的位置、视图数量等。

(1)视图对齐关系的设定与解除

未对齐的视图可按参照视图进行对齐，对齐方式有原点水平对齐、原点竖直对齐、中心水平对齐、中心水平对齐等。先选择要对齐的视图，鼠标右键单击视图，从弹出的快捷菜单中选择“视图对齐”，再选择“对齐方式”，如图 6.27 所示。最后选择参照视图，完成对齐。

已对齐的视图可按需要调整视图的位置，选择视图，鼠标右键单击视图，从弹出的快捷菜单中选择“视图对齐”→“解除视图关系”命令，解除视图的对齐关系，如图 6.28 所示。

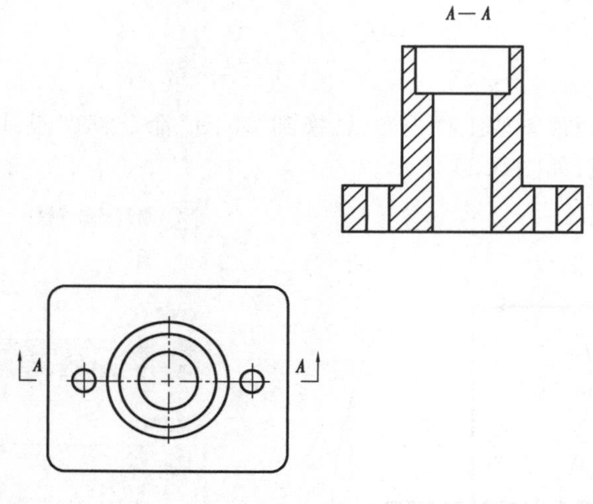

图 6.28　解除视图对齐关系

(2)绘图视图的删除

选取要删除的视图。该视图加亮显示，鼠标右键单击该视图，从快捷菜单中单击“删除”，或直接按键盘上的“Delete”键，此视图即被删除。

注意：如果选取的视图具有投影子视图，则投影子视图会与该视图一起被删除。

6.3　工程图的注解

以零件图为例，一张完整的工程图样，除了一组表达内外结构的视图外，还应包含完整的尺寸和技术要求(尺寸公差、形位公差、表面粗糙度以及其他用文字说明的技术要求)。生成工程图后，就要添加这些注解信息。SolidWorks 可添加多种注解，在工具栏中选择“注解”命令管理器，如图 6.29 所示。

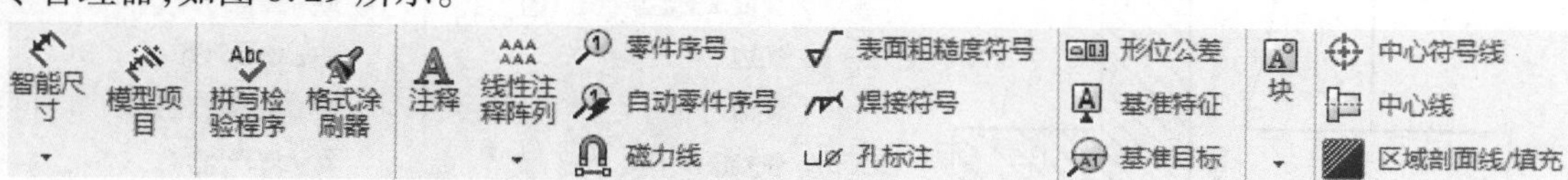

图 6.29　“注解”命令管理器

6.3.1　尺寸的标注

工程图中的尺寸标注是与模型相关联的，修改模型时，工程图的尺寸会自动更新。

（1）设定尺寸标注样式

选定 GB 的工程图出图标准后，还可根据实际使用要求对工程图的尺寸样式进行调整。从菜单栏中选择"工具"→"选项"命令，弹出"选项"对话框，单击"文档属性"选项卡，再单击"尺寸"选项，如图 6.30 所示。可以修改的各种参数包括尺寸箭头、尺寸字体、尺寸界线等。

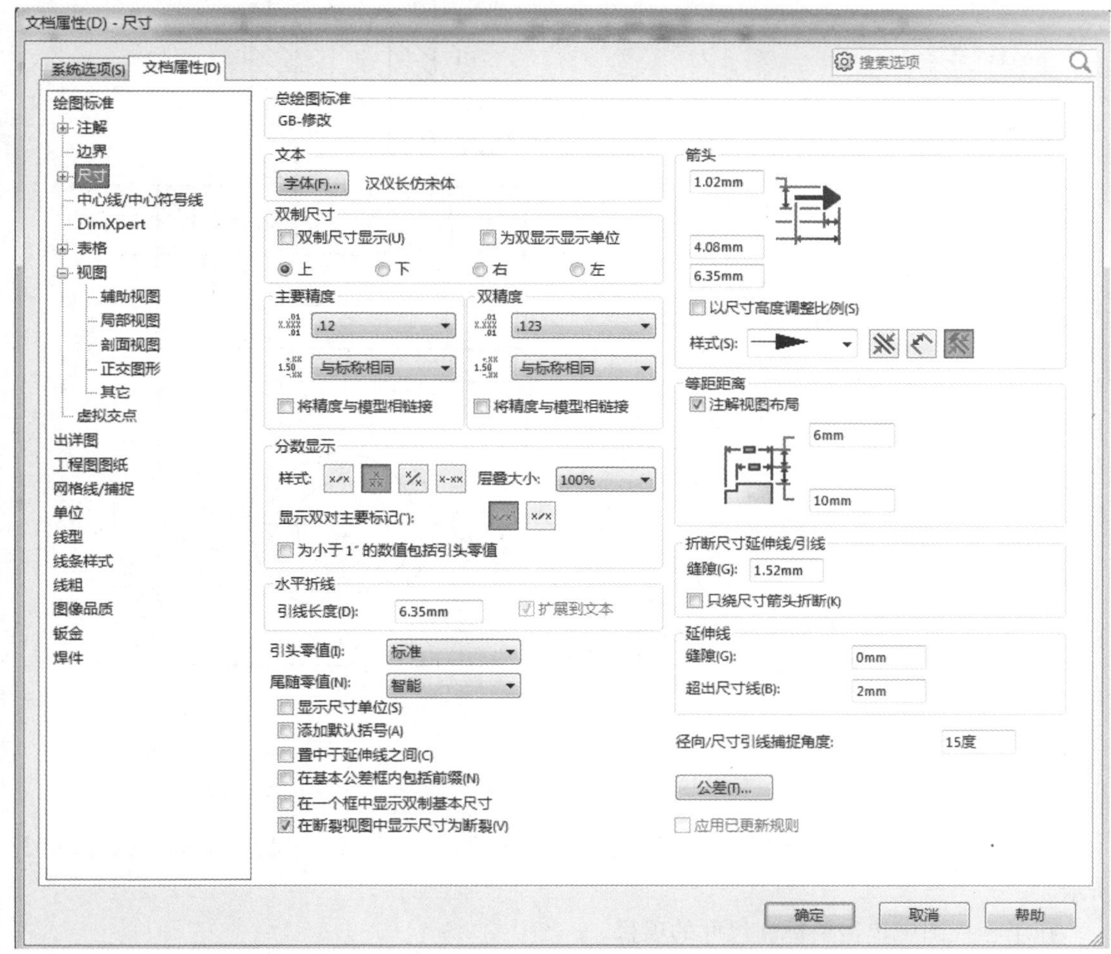

图 6.30　"文档属性-尺寸"对话框

（2）通过模型项目标注尺寸

工程图中包含模型的 2D 视图，指定的模型尺寸在所有工程视图中都可以显示。具体步骤如下：

①转换到"注解"命令管理器，单击"模型项目"按钮，"模型项目"对话框打开，如图 6.31 所示。

②在"模型项目"中设定选项。

③单击"确定"按钮。通过模型项目标注尺寸如图 6.32 所示。

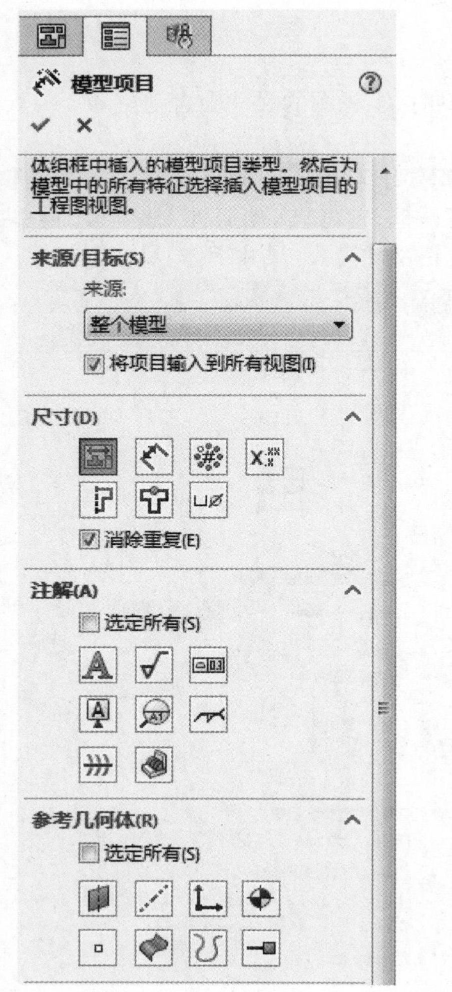

图 6.31 “模型项目”对话框

图 6.32 模型项目标注尺寸

(3)通过智能尺寸标注尺寸

切换到“注解”命令管理器,单击“智能尺寸”按钮,弹出“智能尺寸”对话框,如图 6.33 所示。

在工程视图中单击要标注尺寸的项目。

单击已放置尺寸。标注方法和草绘中的“智能尺寸”相同。

(4)标注尺寸公差

单击“选定尺寸”,弹出“尺寸”对话框,如图 6.34 所示。在“尺寸”对话框中设置“公差”的各种选项,如图 6.35 所示。其中,设置的各种公差模式如图 6.36 所示。

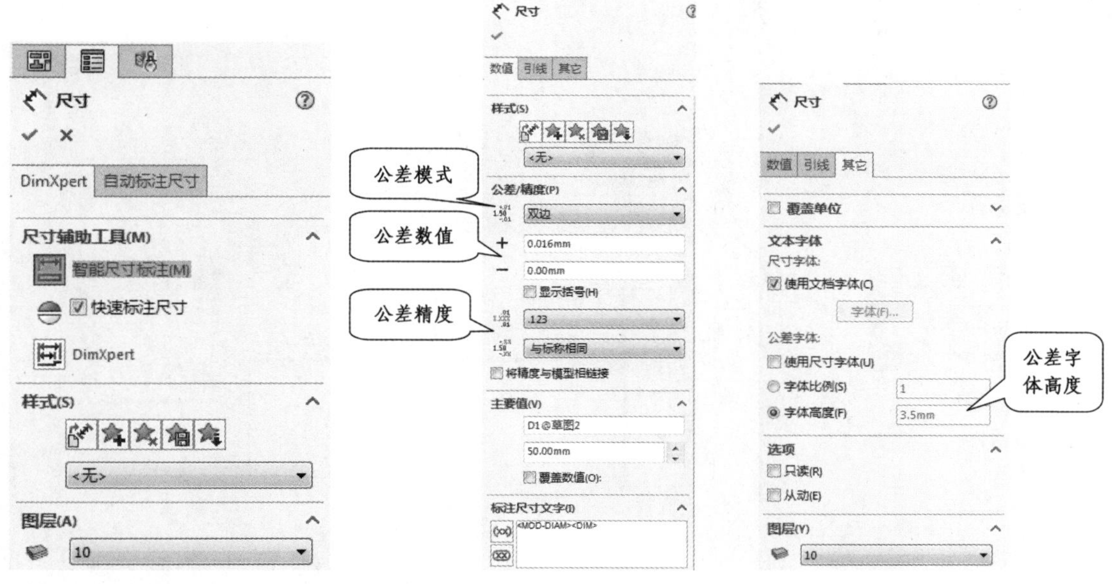

图 6.33　“智能尺寸”对话框　　图 6.34　“尺寸”对话框

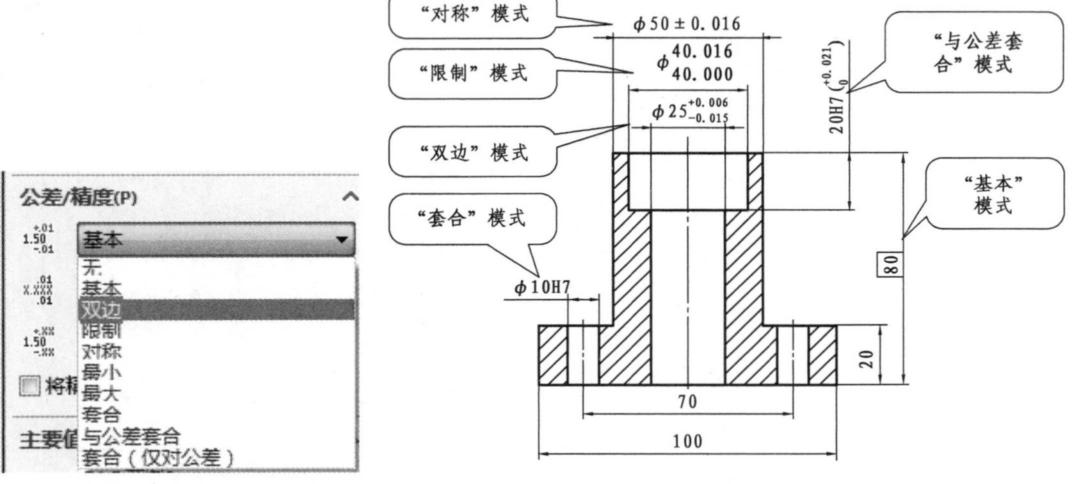

图 6.35　“公差/精度”选项卡　　图 6.36　各种模式的公差

6.3.2　形位公差的标注

形位公差包括形状公差和位置公差，下面分别介绍这两类公差的标注。

(1)形状公差标注(以圆度公差为例)

①转换到“注解”命令管理器，单击“形位公差”按钮，或从菜单栏中选择“插入”→“注解”→“形位公差”命令，弹出“形位公差”对话框，如图 6.37 所示，同时在图纸区弹出形位公差的“属性”对话框，如图 6.38 所示。

②在图 6.37 所示的“形位公差”对话框中，选择“引线形式”，在图 6.38 所示的“属性”对话框中，公差符号选择“○”，输入公差值为“0.001”。

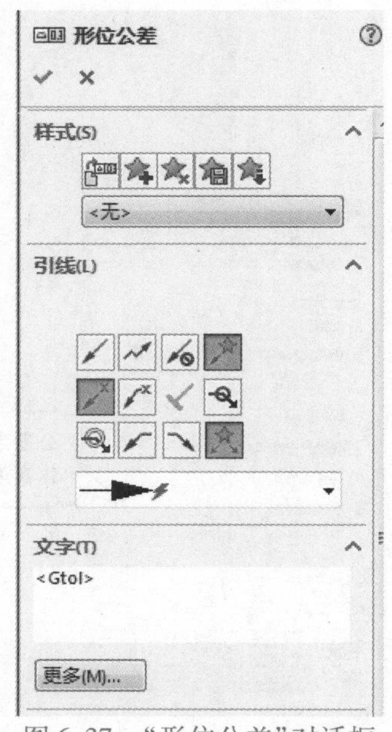

图 6.37 “形位公差”对话框

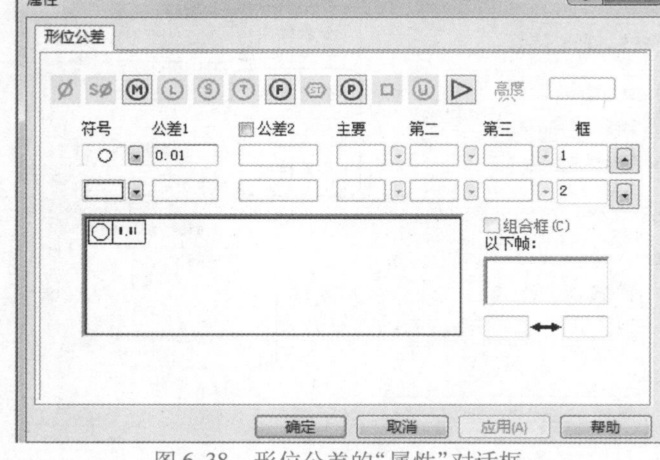

图 6.38 形位公差的“属性”对话框

③在图纸区的合适位置放置符号,并单击“属性”对话框中“确定”按钮,完成形状公差的标注,如图 6.39 所示。

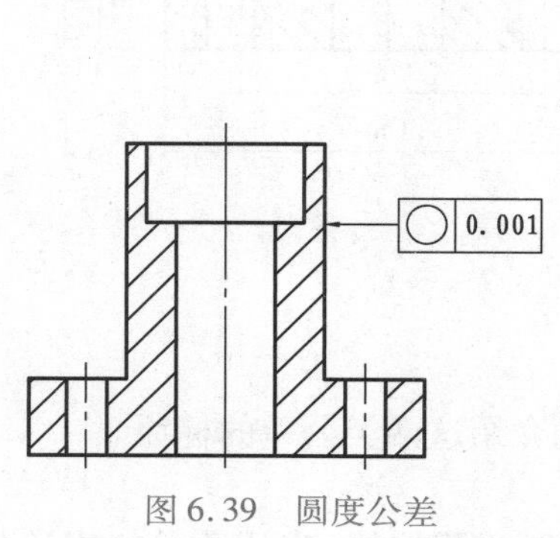

图 6.39 圆度公差

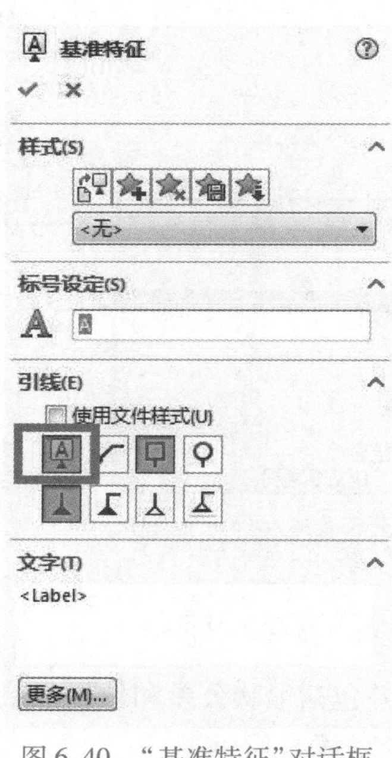

图 6.40 “基准特征”对话框

(2)位置公差标注(以平行度公差为例)

①建立基准。单击“注解”命令管理器中的“基准特征”按钮,或从菜单栏中选择“插入”→“注解”→“基准特征符号”命令,弹出“基准特征”对话框。

②在“基准特征”对话框中,选择“基准样式”,如图 6.40 所示。

③在图纸区的合适位置放置符号，完成基准符号的设置，如图6.41所示。

④在工具栏中单击“▣0.1”按钮，弹出“形位公差”对话框。

⑤在“属性”对话框中，公差符号选择“//”，输入公差值为“0.001”，输入公差基准代号为“A”。

⑥在图纸区的合适位置放置符号，并单击“属性”对话框中“○”按钮，完成位置公差的标注，如图6.42所示。

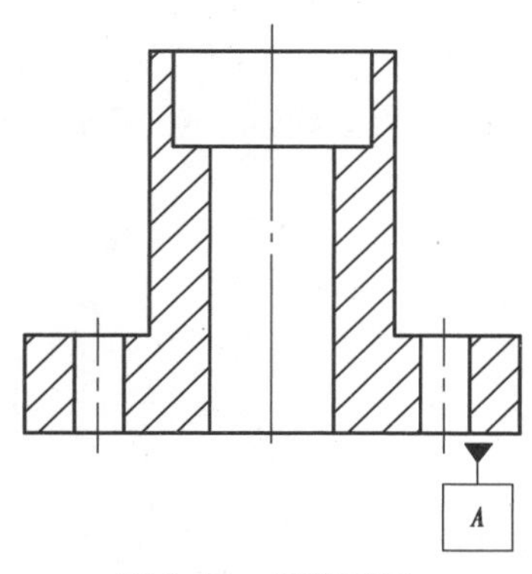

图6.41　基准显示

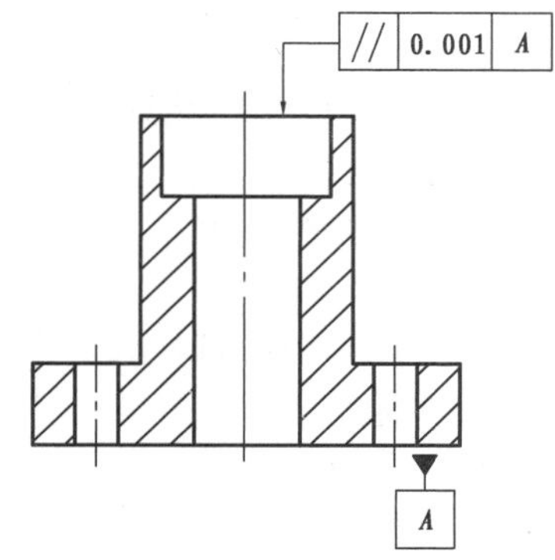

图6.42　平行度公差

6.3.3　表面粗糙度的标注

表面粗糙度符号是用来表示零件表面粗糙程度的参数代号。标注表面粗糙度符号的步骤如下：

①单击“注解”命令管理器中的“表面粗糙度符号”√按钮，或从菜单栏中选择“插入”→“注解”→“表面粗糙度符号”命令，弹出“表面粗糙度”对话框。

②在“表面粗糙度”对话框中，按如图6.43所示进行设置。

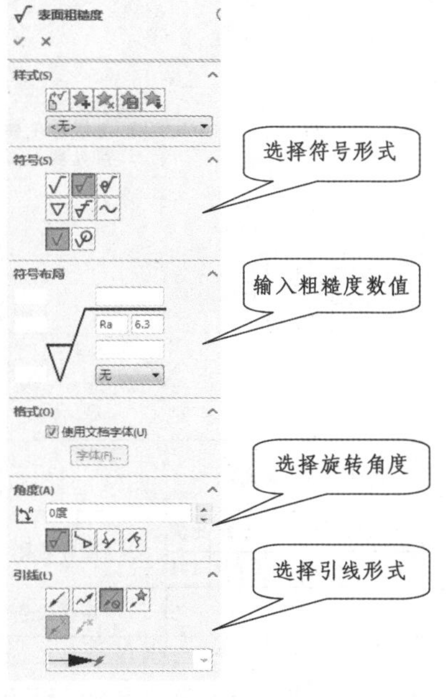

图6.43　“表面粗糙度”对话框

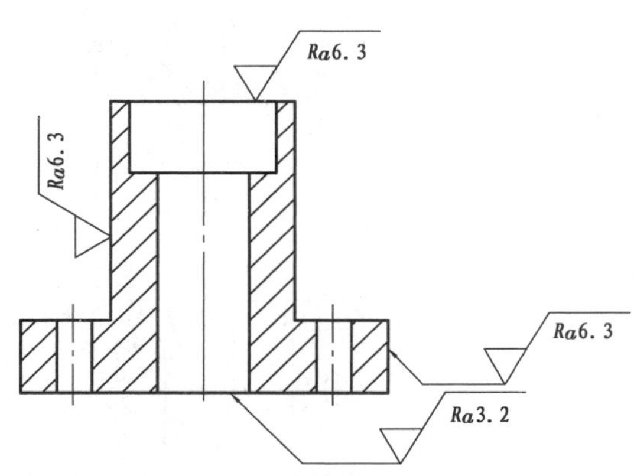

图6.44　表面粗糙度符号的标注

③在图纸区的合适位置放置符号，单击对话框中“✔”按钮，完成表面粗糙度符号的标注，如图 6.44 所示。

6.4 短轴零件工程图综合实例

通过本综合实例介绍，帮助用户掌握工程图的创建、标注及编辑。一幅完整工程图的创建可以分为以下步骤：

①设置工程图绘图环境。

②生成视图。

③添加中心线和中心符号线。

④添加尺寸标注。

⑤添加形位公差。

⑥添加表面粗糙度符号。

⑦添加文字注解。

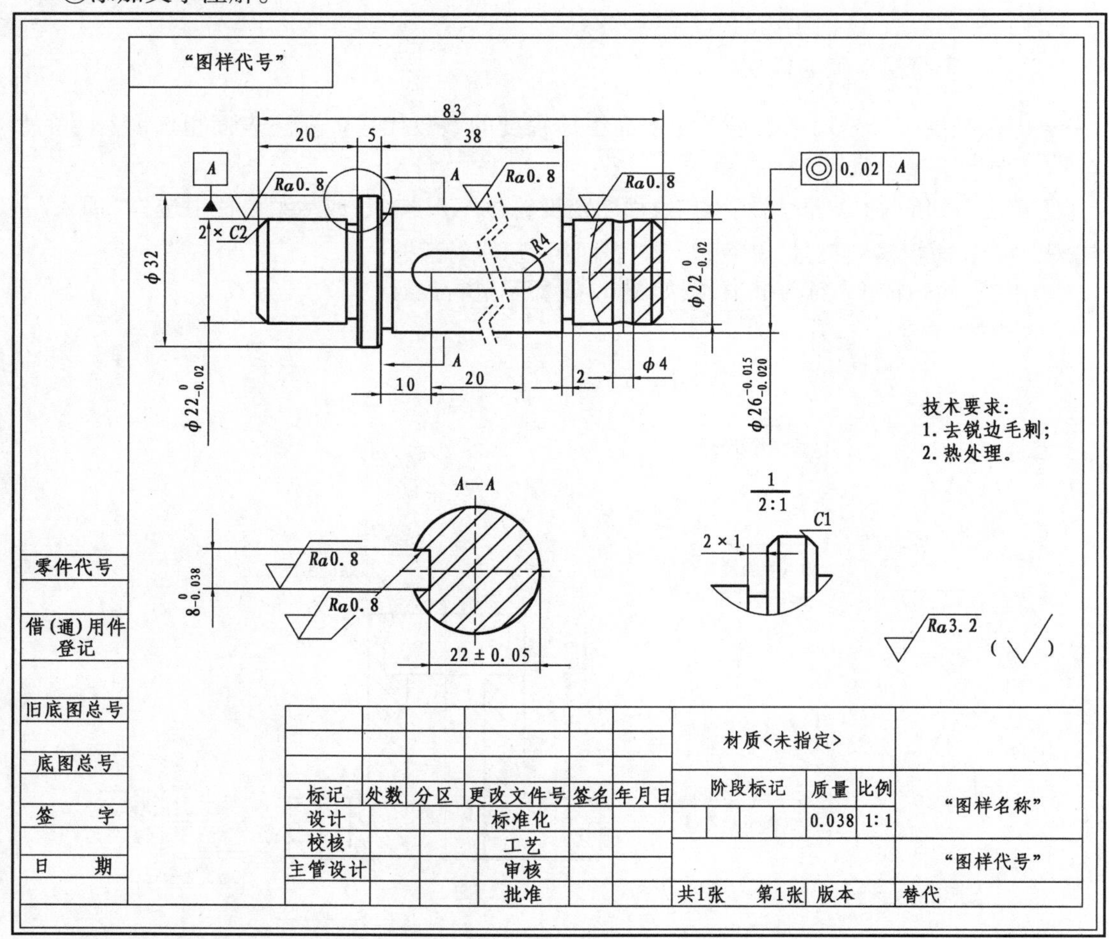

图 6.45 工程图实例

图 6.45 所示的工程图采用第一视角，包括主视图、断面图和局部放大图，主视图采用局部剖和折断画法。

6.4.1　设置工程图绘图环境

(1) 新建绘图文件

从菜单栏中选择“文件”→“新建”命令，弹出“新建”对话框，如图 6.46 所示，单击对话框中“高级”按钮，弹出“模板”对话框，如图 6.47 所示，选择 SolidWorks 自带的工程图模板，本例选取国标 A4 图纸格式。单击“确定”按钮，进入工程图设计界面。也可新建完成后再更改图纸格式。

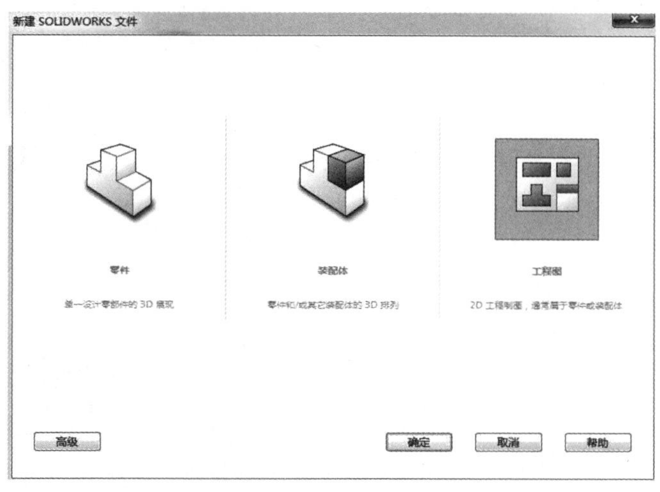

图 6.46　“新建”对话框图

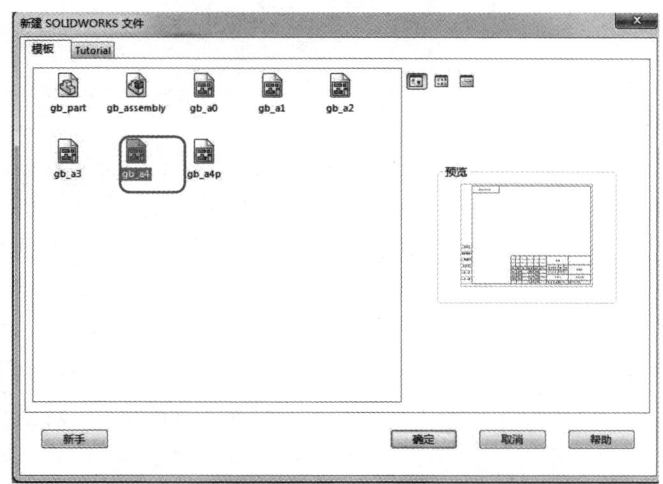

图 6.47　“模板”对话框

(2) 设置绘图标准

从菜单栏中选择“工具”→“选项”命令，弹出“选项”对话框，单击“文档属性”选项卡，再单击“总绘图标准”，选择“GB”，如图 6.48 所示。然后单击“确定”按钮，关闭该对话框。

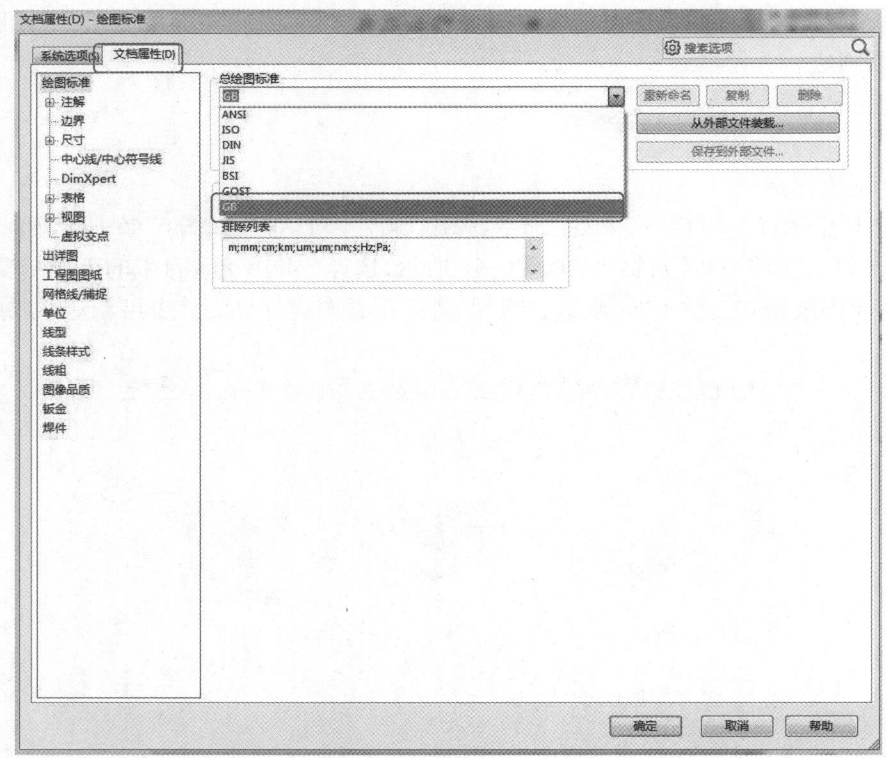

图 6.48 “文档属性”对话框

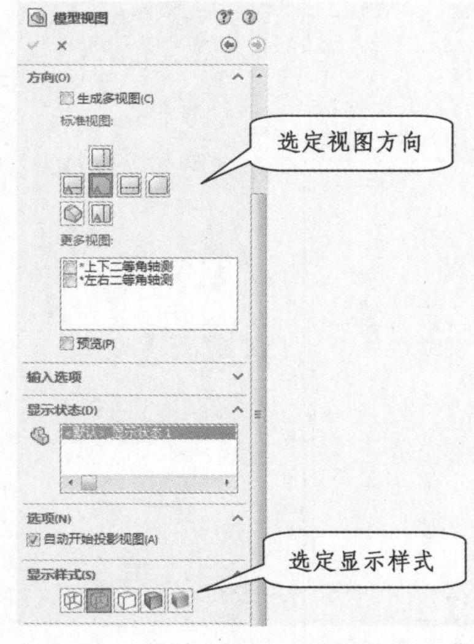

图 6.49 “模型视图”对话框

6.4.2 生成工程视图

(1)创建主视图

①单击“视图布局”命令管理器上的“模型视图”按钮,在“要插入的零件/装配体”中,单击“浏览”按钮,找到“主轴”文件。

②在“模型视图”对话框中,在“方向”栏中单击“前视”,在“显示样式”栏中选择“隐藏线可见”,如图 6.49 所示,然后在图纸区拖动鼠标左键至合适位置,放置零件的主视图,如图 6.50 所示。单击“ ”按钮,关闭对话框。

(2)创建断面图

①单击“视图布局”命令管理器上的“剖面视图”按钮,弹出“剖面视图辅助”对话框,在对话框中选择剖面形式 剖面视图 和切割线形式,即出现一条紫色的切割线,拖动鼠标至合适位置放置切割线,如图 6.51 所示。

②此时,绘图区出现“切割线编辑”对话框,在对话框中单击“ ”按钮,关闭对话框,如图 6.52 所示。

③在“剖面视图”对话框选择“横截剖面”,如图 6.53 所示。

④拖动鼠标指针,在合适的位置单击鼠标左键,生成断面图,如图 6.54 所示。

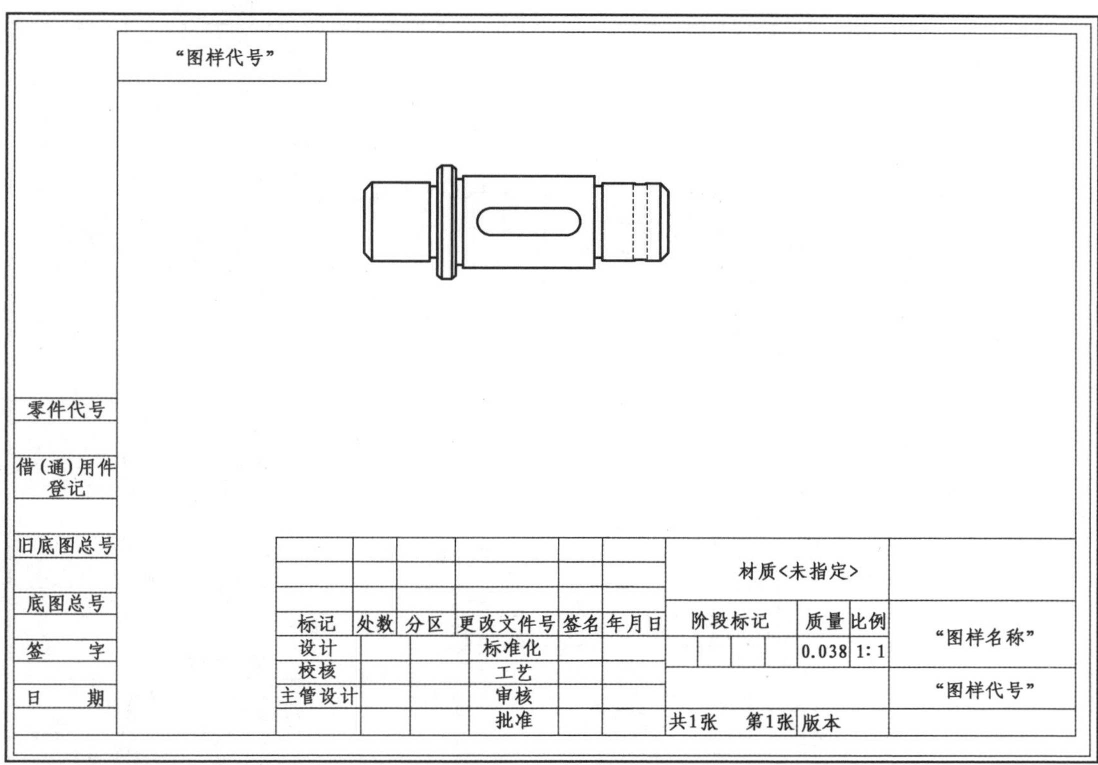

图 6.50　模型视图

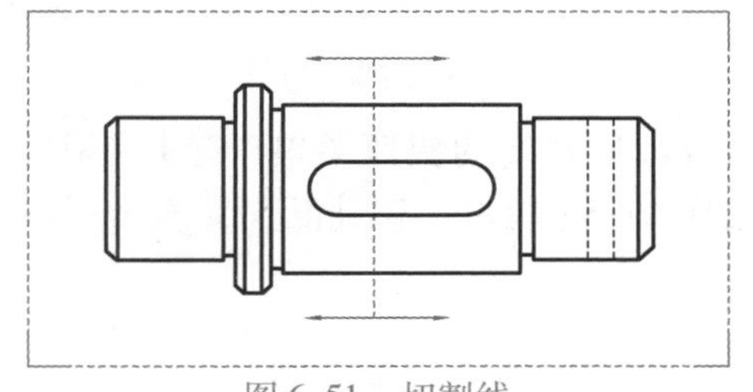

图 6.51　切割线

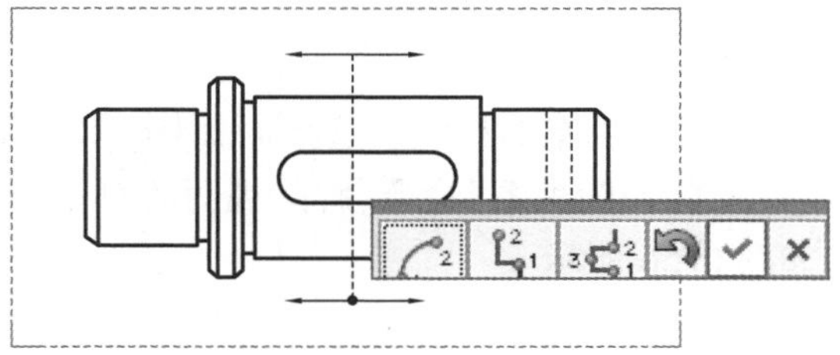

图 6.52　“切割线编辑”对话框

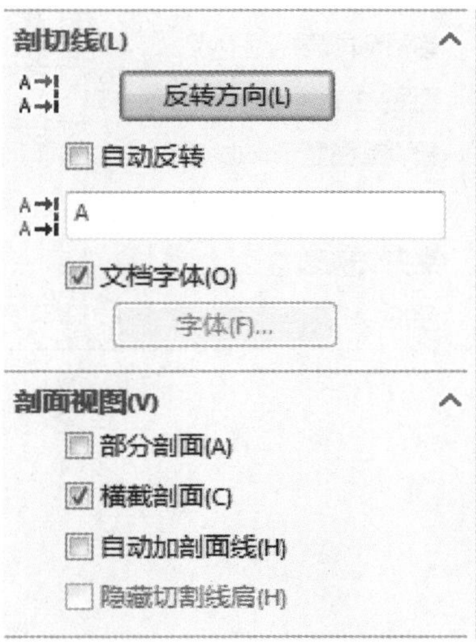

图 6.53　“剖面视图”对话框

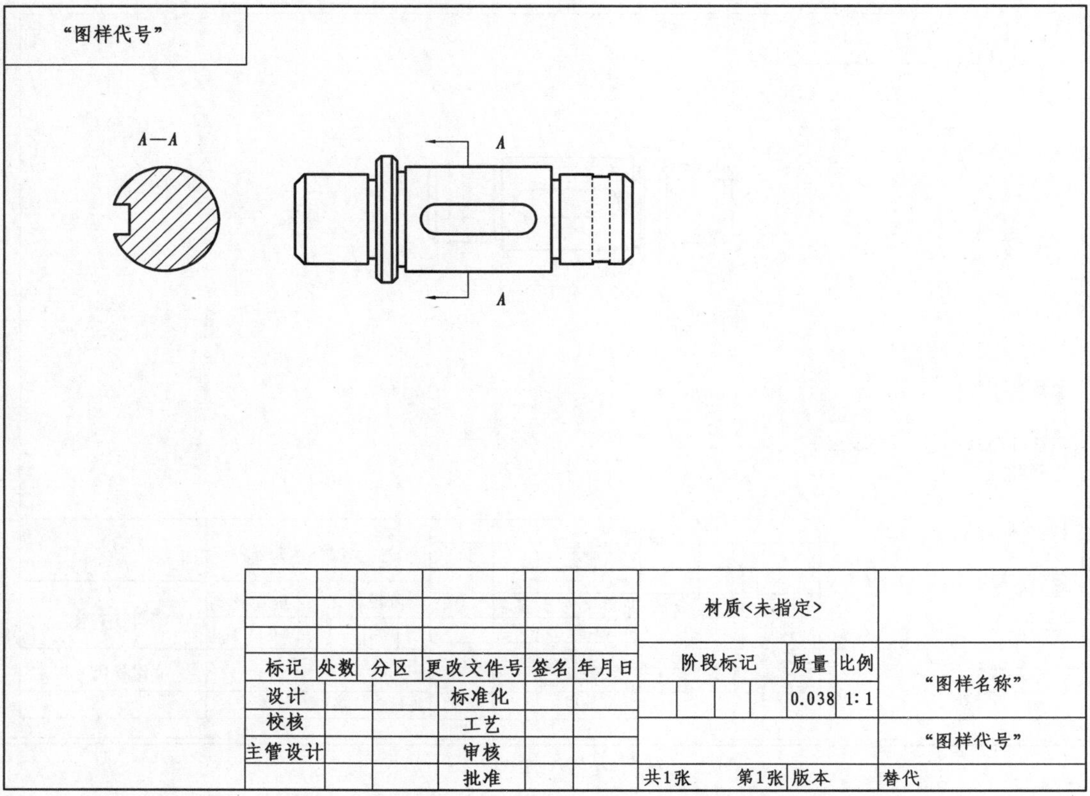

"图样代号"
A—A
A
A
材质<未指定>
标记 处数 分区 更改文件号 签名 年月日
阶段标记 质量 比例
"图样名称"
设计 标准化
0.038 1:1
校核 工艺
主管设计 审核
"图样代号"
批准
共1张 第1张 版本 替代

图 6.54　断面图

⑤移动断面图的位置。选择断面图,单击鼠标右键,从弹出的快捷菜单中选择"视图对齐"→"解除视图关系"命令,解除视图的对齐关系,如图 6.55 所示。移动断面图至合适的位置,如图 6.56 所示。

A—A
锁住视图位置 (K)
视图锁焦 (L)
等轴测剖面视图 (N)
视图对齐
重设草图显示状态 (O)
切边
跳到父视图(S)
评论
解除对齐关系 (A)
原点水平对齐 (B)
原点竖直对齐 (C)
中心水平对齐 (D)
中心竖直对齐 (E)

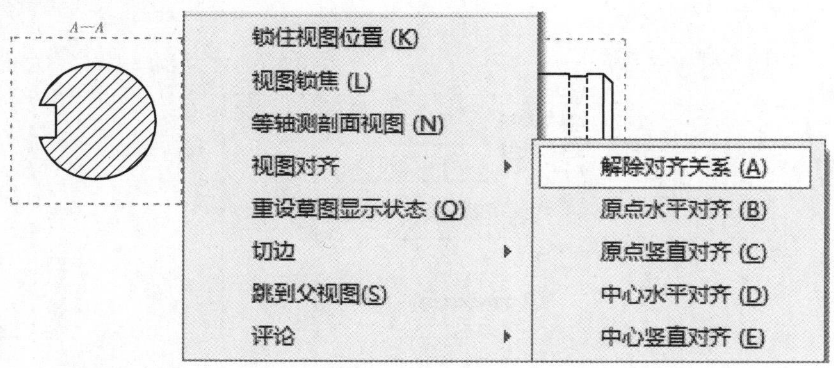

图 6.55　视图快捷菜单

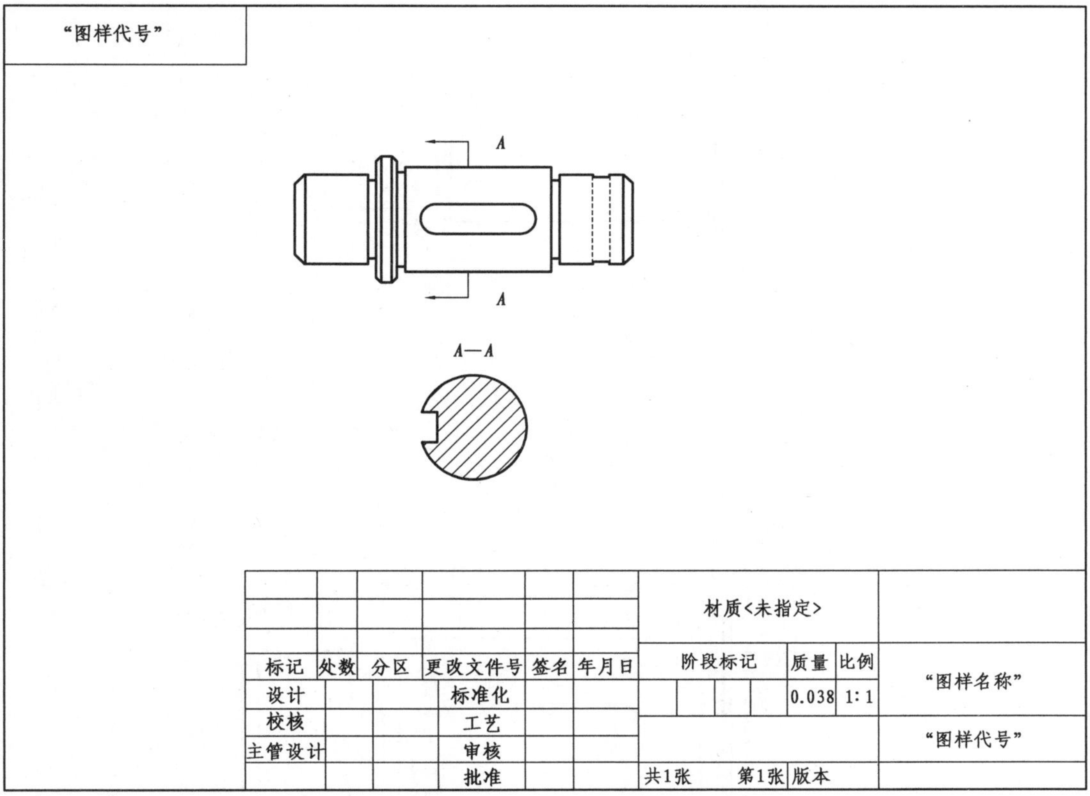

"图样代号"
A
A
A—A
材质<未指定>
标记 处数 分区 更改文件号 签名 年月日
阶段标记 质量 比例
"图样名称"
设计 标准化
0.038 1∶1
校核 工艺
主管设计 审核
"图样代号"
批准
共1张 第1张 版本

图 6.56　移动位置后的断面图

(3) 创建局部放大图

①单击主视图，转到"草图"命令管理器，在需要放大的地方用圆绘制一封闭的轮廓，确定放大区域，如图 6.57 所示。

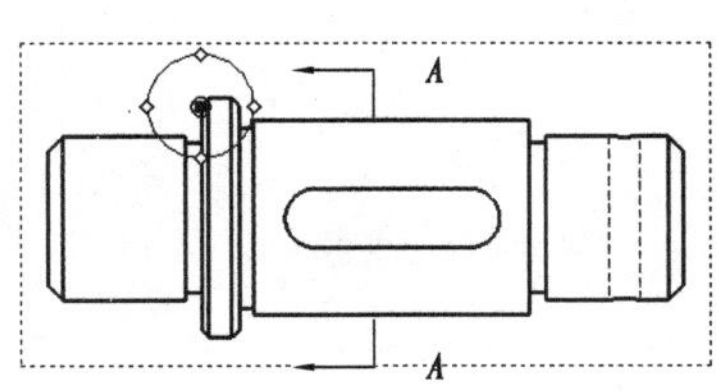

A
A

图 6.57　局部放大图的放大区域

比例(S)
使用父关系比例(R)
使用图纸比例(E)
使用自定义比例(C)
2:1
2:1

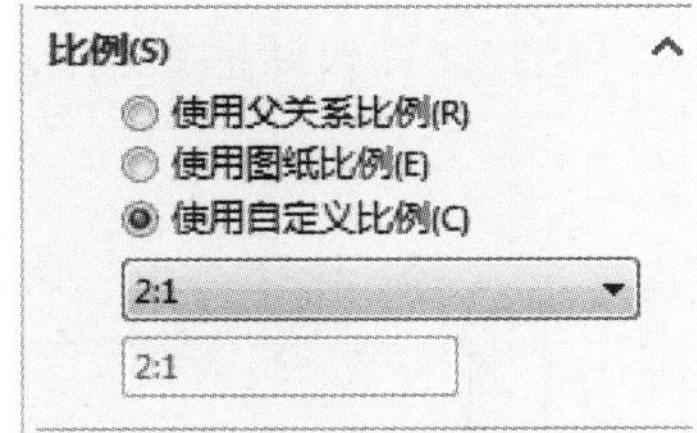

图 6.58　"局部视图"对话框

②选中此封闭轮廓，单击"视图布局"命令管理器上的"局部视图"按钮，弹出"局部视图"对话框。在对话框中设置"缩放比例"为"2∶1"，如图 6.58 所示。

③在绘图上选取要放置局部视图的位置，局部视图将显示封闭轮廓范围内的父视图区域，如图 6.59 所示。

(4) 把主视图设置为局部剖视图

①单击主视图，转换到"草图"命令管理器，用样条曲线绘制一封闭的轮廓，确定剖切区域，如图 6.60 所示。

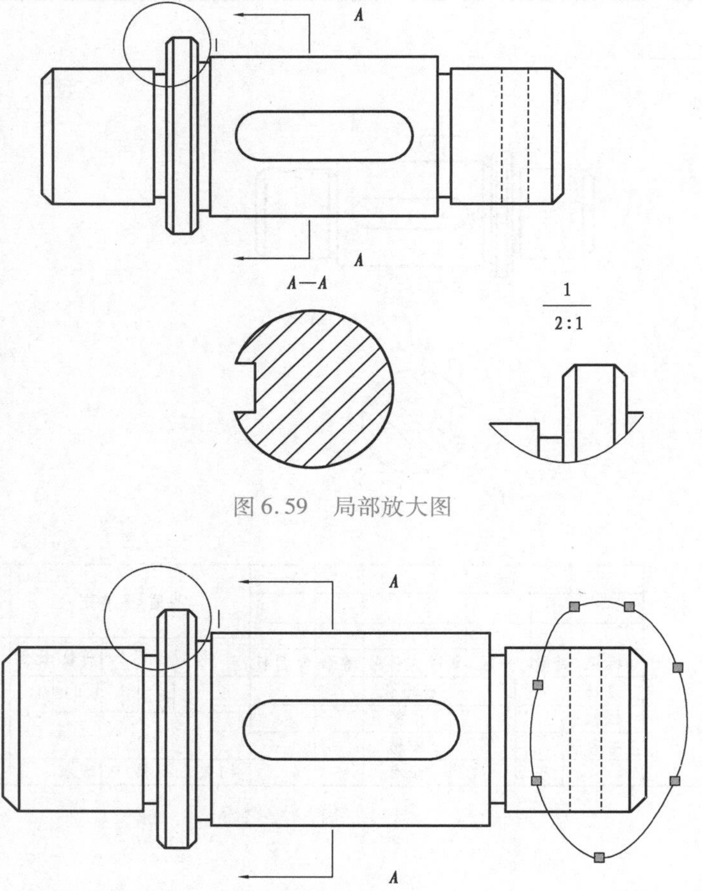

图 6.59　局部放大图

图 6.60　样条边界

②选中此封闭轮廓,单击“视图布局”命令管理器上的“断开的剖视图”按钮,弹出“断开的剖视图”对话框,在对话框中输入剖切的深度值或选择一切割到的实体边线,如图 6.61 所示。

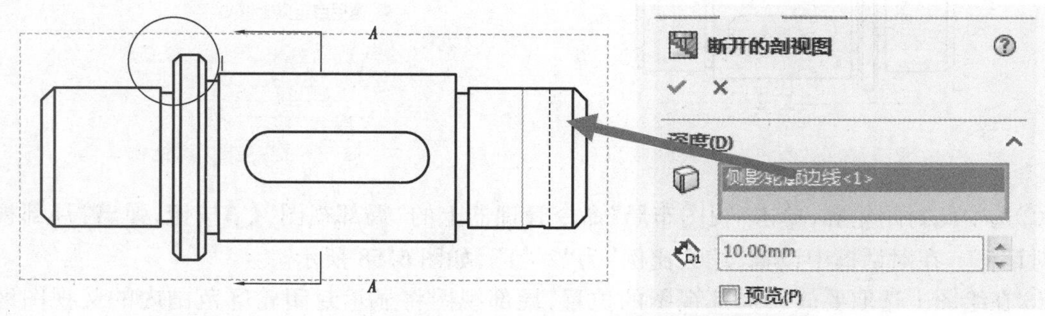

图 6.61　选择一切割到的实体边线

③消除隐藏线,单击“✔”按钮,关闭对话框,生成局部剖视图,如图 6.62 所示。

(5)把主视图设置为断裂视图

①单击主视图,再单击“视图布局”命令管理器上的“断裂视图” 按钮,弹出“断裂视图”对话框,在对话框中设置折断缝隙大小和折断线样式,如图 6.63 所示。

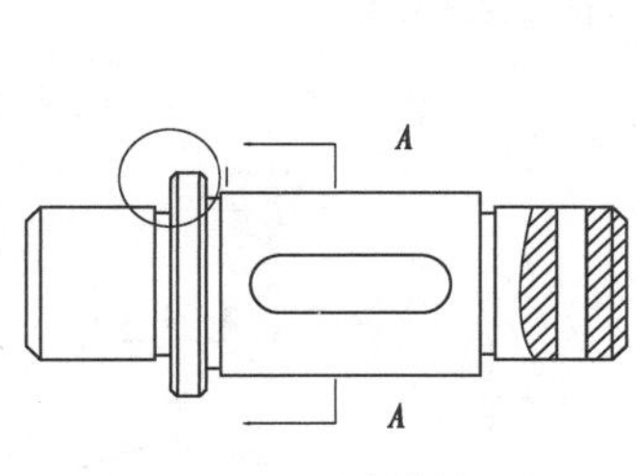

图 6.62　局部剖视图

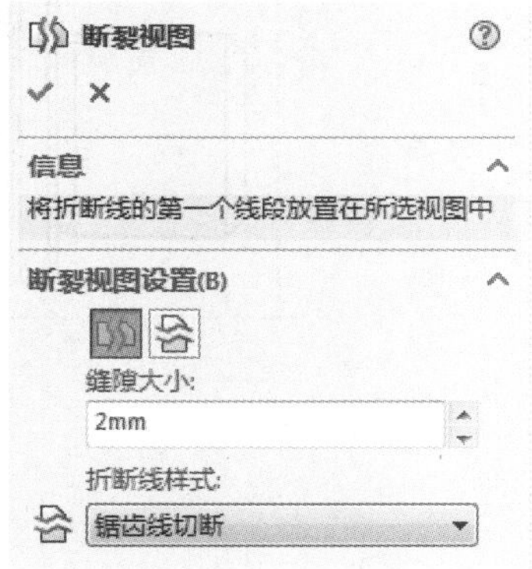

图 6.63　“断裂视图”对话框

②左右拖动鼠标,在合适的位置单击鼠标左键,放置第一断裂线和第二断裂线,生成断裂视图,如图 6.64 所示。

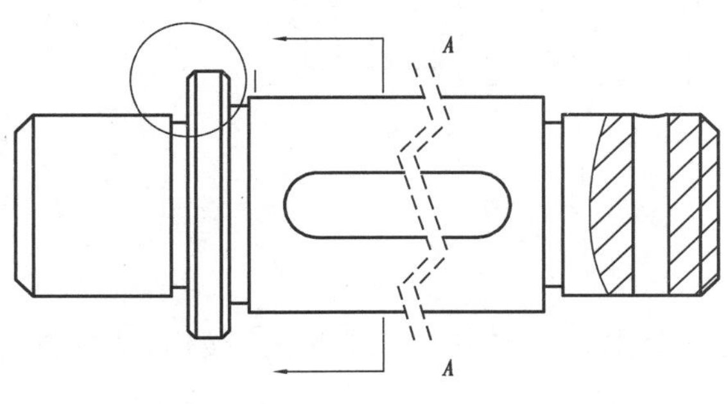

图 6.64　断裂视图

6.4.3　添加中心线和中心符号

(1)添加中心线

①创建中心线。转换到“注解”命令管理器,单击“中心线” 按钮,依次选择主视图的上、下两条边线,生成两条边线的中心线,如图 6.65 所示。

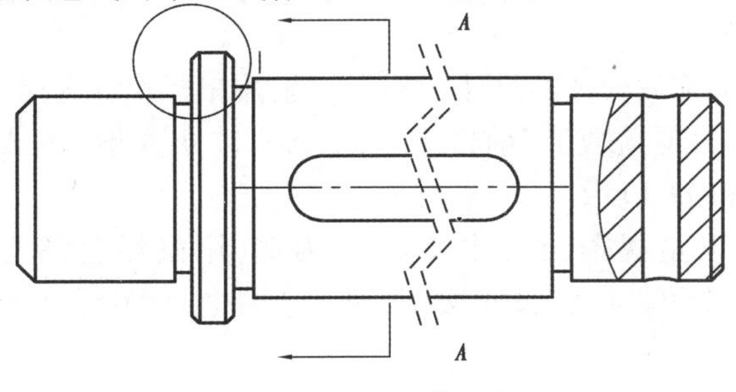

图 6.65　显示中心线

②延伸中心线。在绘图区域单击中心线,中心线变为蓝色且其端部有一矩形方框,如图 6.66 所示,然后用鼠标拖动方框至一定位置,如图 6.67 所示。

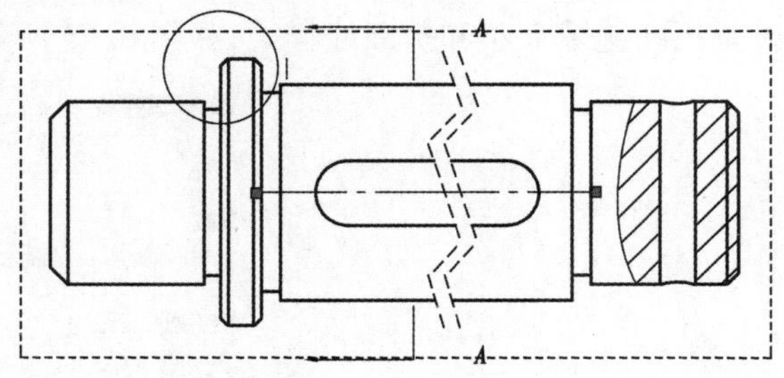

图 6.66　选中中心线

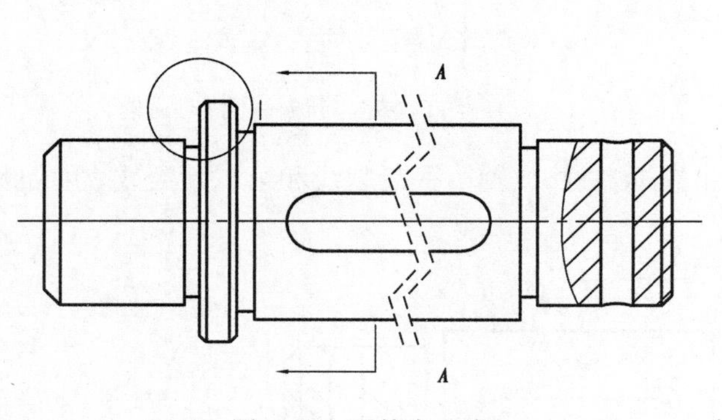

图 6.67　延伸中心线

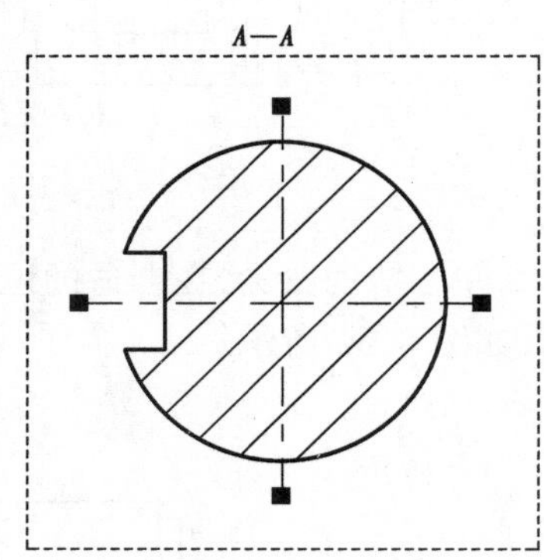

图 6.68　中心符号线

(2)添加中心符号线

转换到"注解"命令管理器,单击"中心符号线" 按钮,选择断面图中的圆,生成中心符号线,如图 6.68 所示。

6.4.4　添加尺寸标注

(1)通过智能尺寸标注尺寸

转换到"注解"命令管理器,单击"智能尺寸" 按钮,在工程视图中单击要标注尺寸的项目,再单击鼠标左键放置尺寸。标注方法和草图绘制中的"智能尺寸"相同,如图 6.69 所示标注出尺寸。

(2)调整尺寸

①修改尺寸值。以局部放大图的尺寸"2X1"为例,用鼠标左键选择尺寸"2",弹出如图 6.70 所示的"尺寸"对话框,在"覆盖数值"前框中输入"√","主要值"输入新的尺寸值"2X1",单击"✔"按钮,结果如图 6.71 所示。

②修改尺寸文本。以主视图的尺寸"2XC2"为例,用鼠标左键选择尺寸 "C2",在如图 6.72 所示的"尺寸"对话框的"标注尺寸文字"文本框中"<DIM>"前输入"2X",单击"✔"按钮,结果如图 6.73 所示。

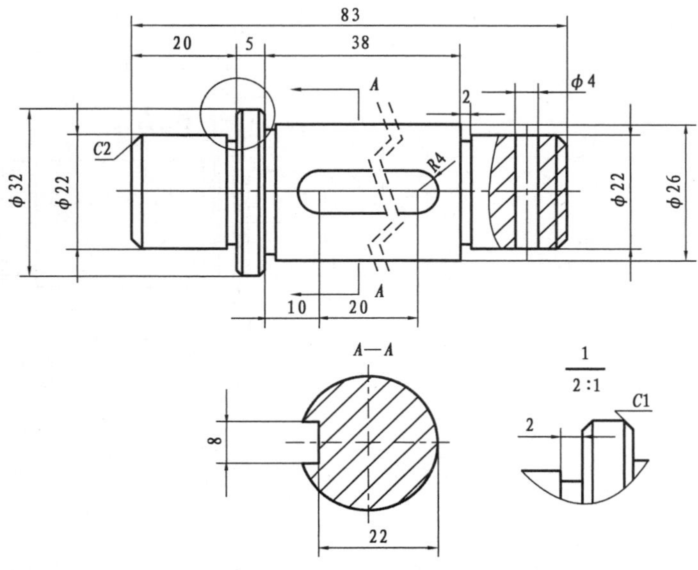

图 6.69　标注尺寸

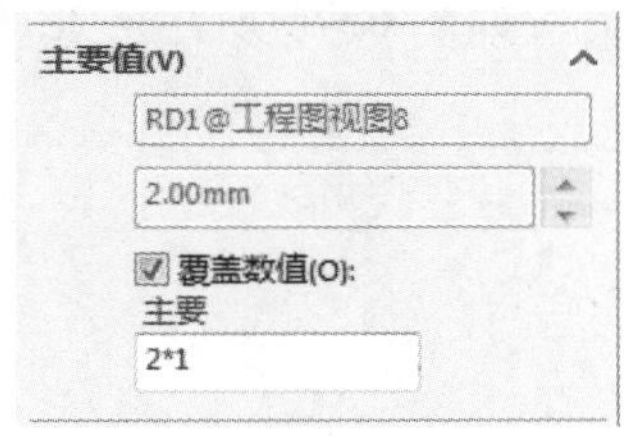

图 6.70　“尺寸主要值”对话框

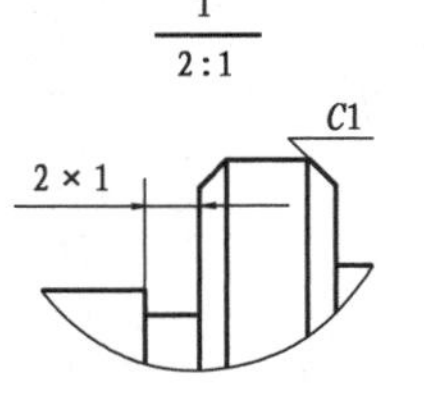

图 6.71　尺寸值修改

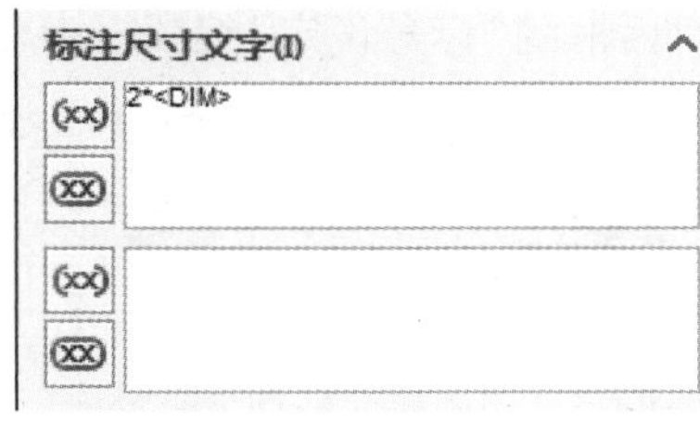

图 6.72　“标注尺寸文字”对话框

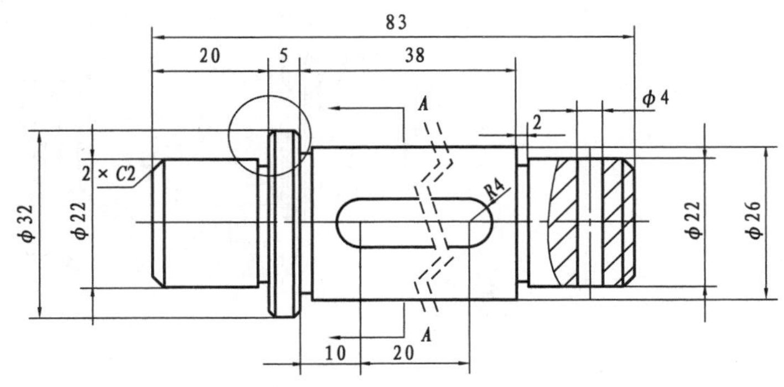

图 6.73　尺寸文本修改

(3)标注尺寸公差

以主视图的尺寸“φ26”为例，用鼠标左键选择尺寸“φ26”，在弹出如图 6.74 所示的“尺寸”对话框中设置“公差”选项。在“公差”栏中，“公差模式”设置为“双边”，“上公差值”设置为“.0.015”，“下公差值”设置为“.0.020”，“小数位数”设置为“.123”。结果如图 6.75 所示。

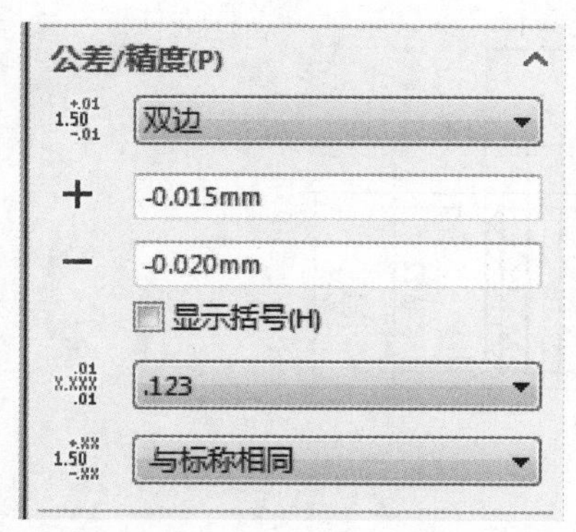

图 6.74　“尺寸”公差对话框

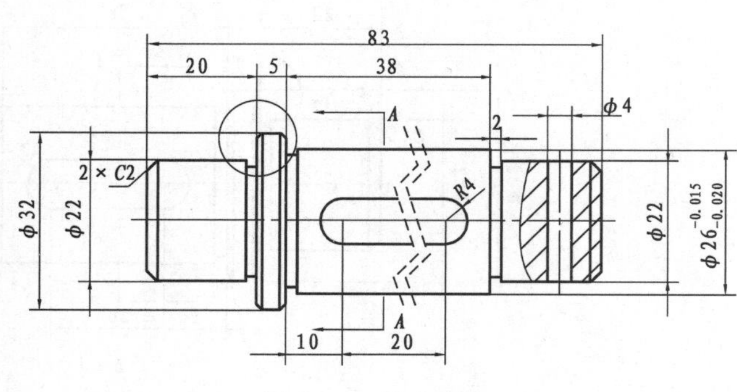

图 6.75　尺寸公差

6.4.5　添加形位公差标注

(1)建立基准

单击“注解”命令管理器中的“基准特征”按钮，弹出“基准特征”对话框。在“基准特征”对话框的“标号设定”编辑框中输入“A”，“引线”栏选择“　”，如图 6.76 所示。在图纸区的合适位置放置符号，完成基准符号的设置，如图 6.77 所示。

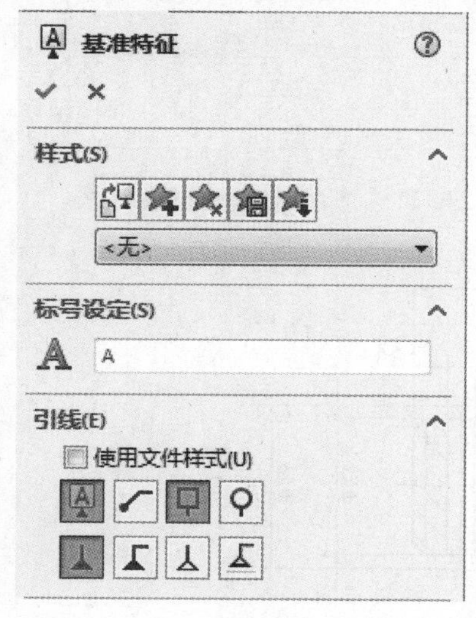

图 6.76　“基准特征”对话框

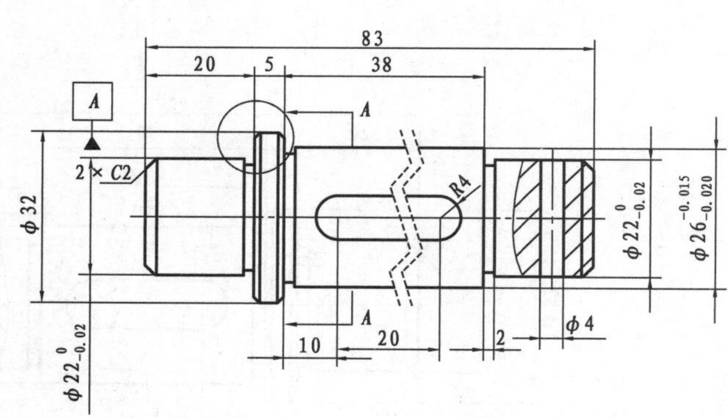

图 6.77　添加基准符号

(2)添加同轴度公差

单击“注解”命令管理器中的“　”按钮，弹出“形位公差”对话框。在“属性”对话框中的“公差符号”选择“◎”，输入公差值为“0.02”，输入公差基准代号为“A”，如图 6.78 所示。在图纸区的合适位置放置符号，完成同轴度公差的标注，如图 6.79 所示。

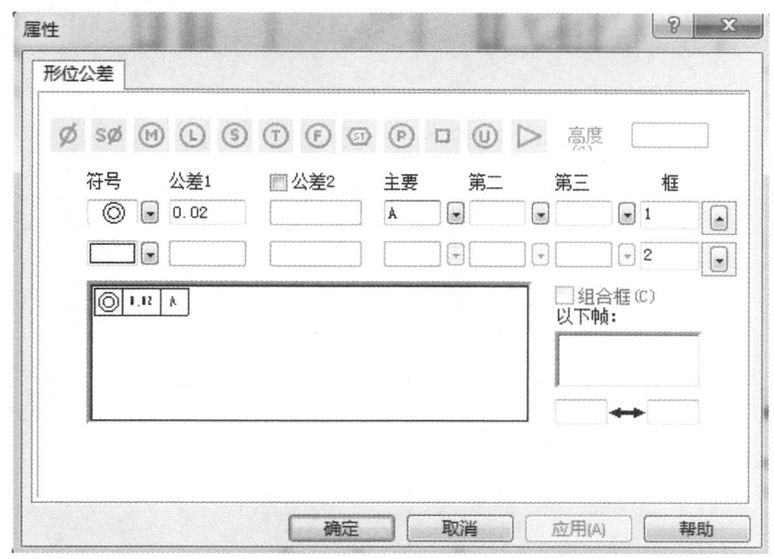

图6.78　"形位公差"对话框的"属性"选项

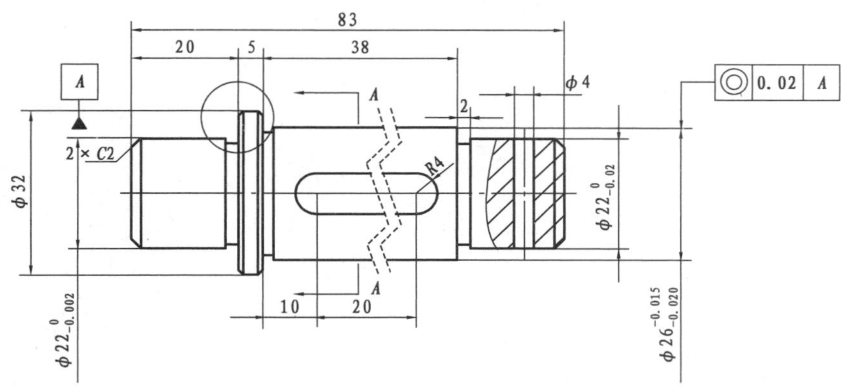

图6.79　同轴度公差标注

6.4.6　添加表面粗糙度标注

①单击"注解"命令管理器中的"表面粗糙度符号"√按钮,或从菜单栏中选择"插入"→"注解"→"表面粗糙度符号"命令,弹出"表面粗糙度"对话框。

②在"表面粗糙度符号"对话框中,按照图6.80进行设置。

③在图纸区的合适位置放置符号,单击对话框中的"✔"按钮,完成表面粗糙度符号的标注,如图6.81所示。

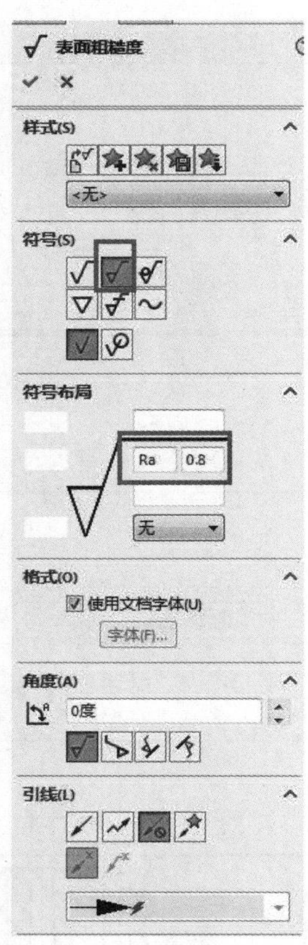

图 6.80 “表面粗糙度”对话框

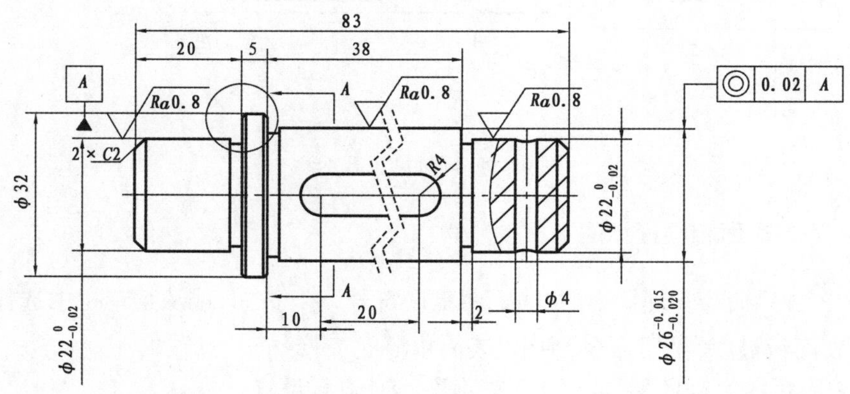

图 6.81 表面粗糙度标注

6.4.7 添加注释

①单击“注解”命令管理器中的“ 注释 ”按钮,弹出“注释”对话框。

②在图纸上区域拖动鼠标定义文本框,在文本框内输入“技术要求”,并按回车键;继续输入“1、去锐边毛刺”,按回车键;再输入“2、热处理”,按回车键,最后单击鼠标左键结束文本的输入。

③在“格式化”工具栏设置文字字体、字号等，如图 6.82 所示。

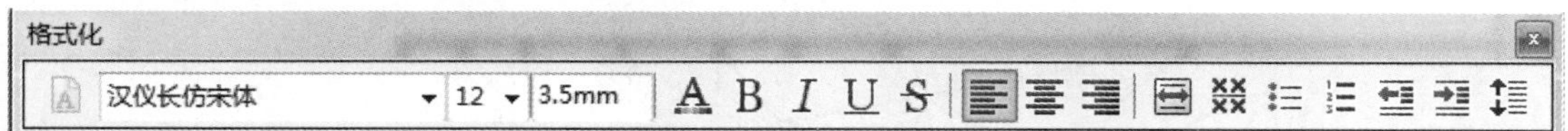

图 6.82　“格式化”工具框

④添加文字注释如图 6.83 所示。

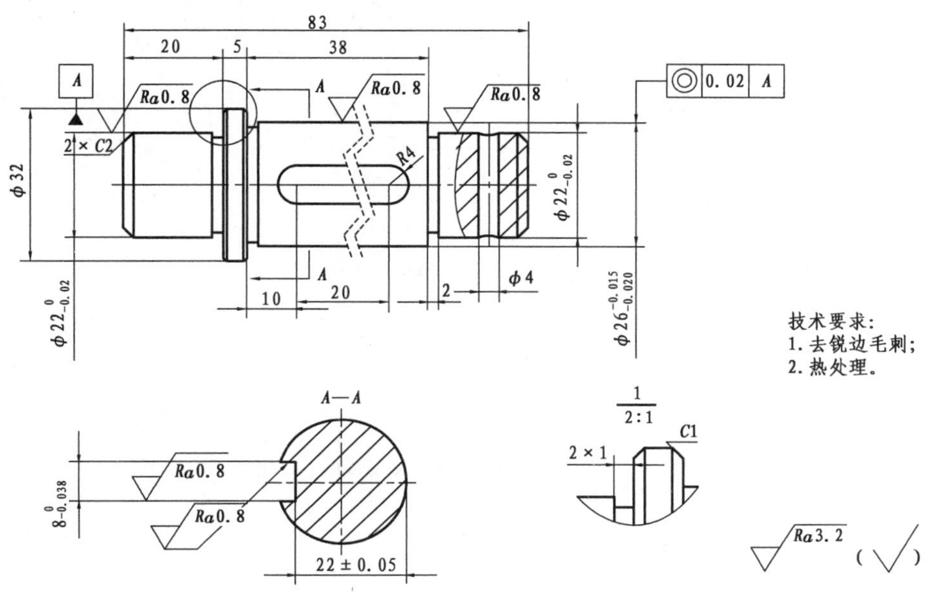

图 6.83　添加文字注释

6.5　拔叉零件工程图综合实例

拔叉零件的立体和平面零件图如图 6.84 所示。拔叉二维工程图除主视图需要局部剖视表达螺纹结构，俯视图需要全剖视图外，还需要一个 *A* 向的斜视图。同时，该零件有筋特征，在生成工程图时，注意不要添加剖面线。因此，本例会用到“断开的剖视图”生成局部剖，“剖面视图”生成俯视图的全剖，“辅助视图”和“裁剪视图”先生成 A 向斜视图再裁剪留下需要的部分视图。

6.5.1　设置工程图绘图环境

(1) 新建绘图文件

在菜单栏中选择“文件”→“新建”命令，弹出“新建”对话框，如图 6.85 所示。单击对话框中的“高级”按钮，弹出“模板”对话框，如图 6.86 所示。在 SolidWorks 自带的工程图模板中，本例选取“国标 A3 图纸格式”，单击“确定”按钮，进入工程图设计界面。也可以新建完成后，再更改图纸格式。

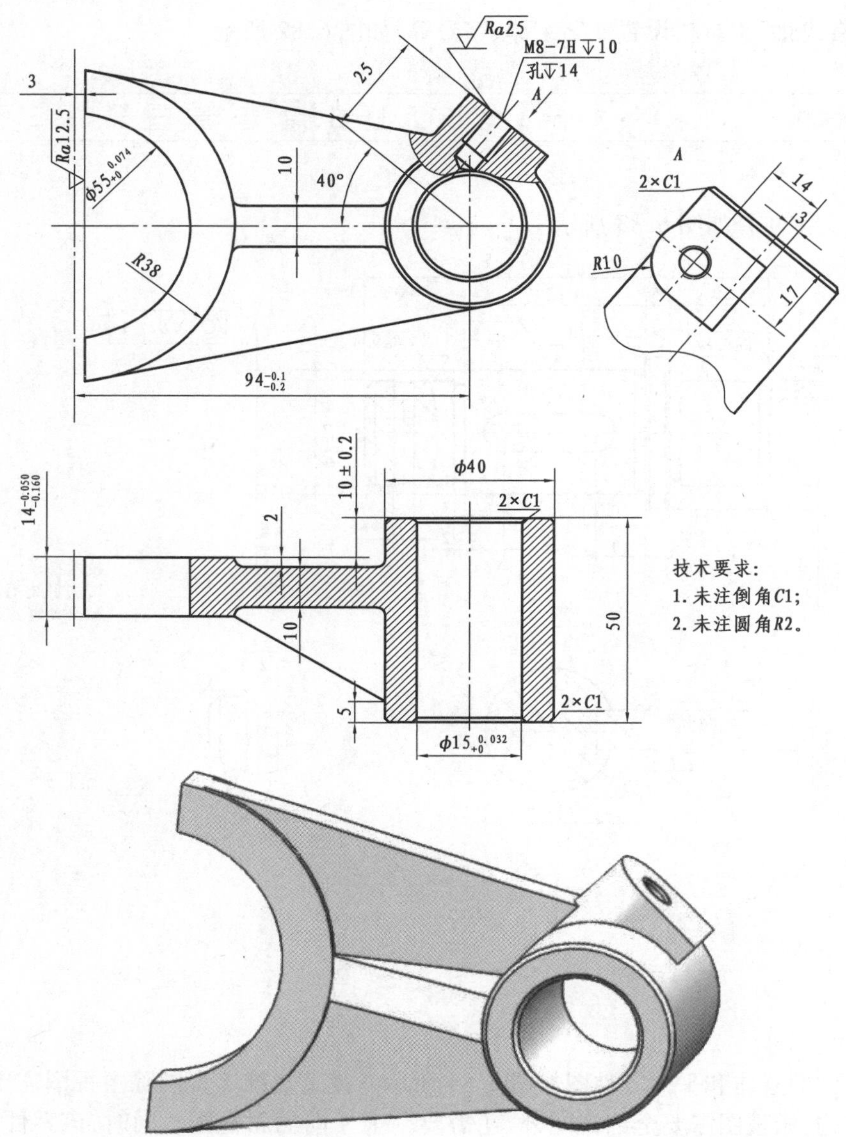

图 6.84　拨叉零件的工程图和立体图

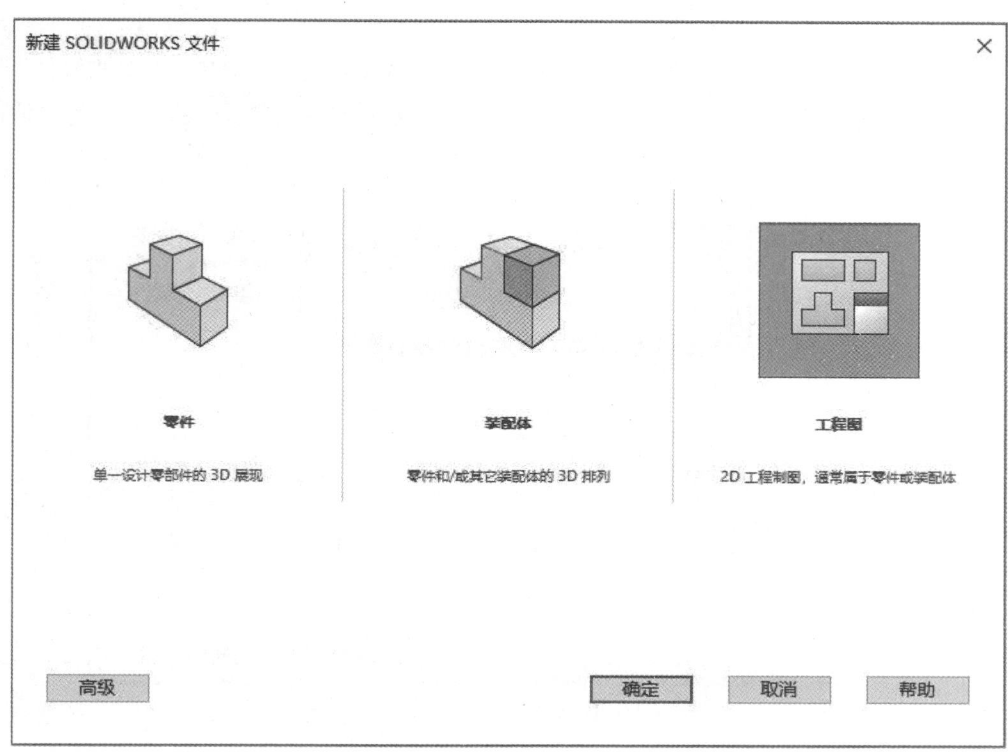

图 6.85　“新建”对话框

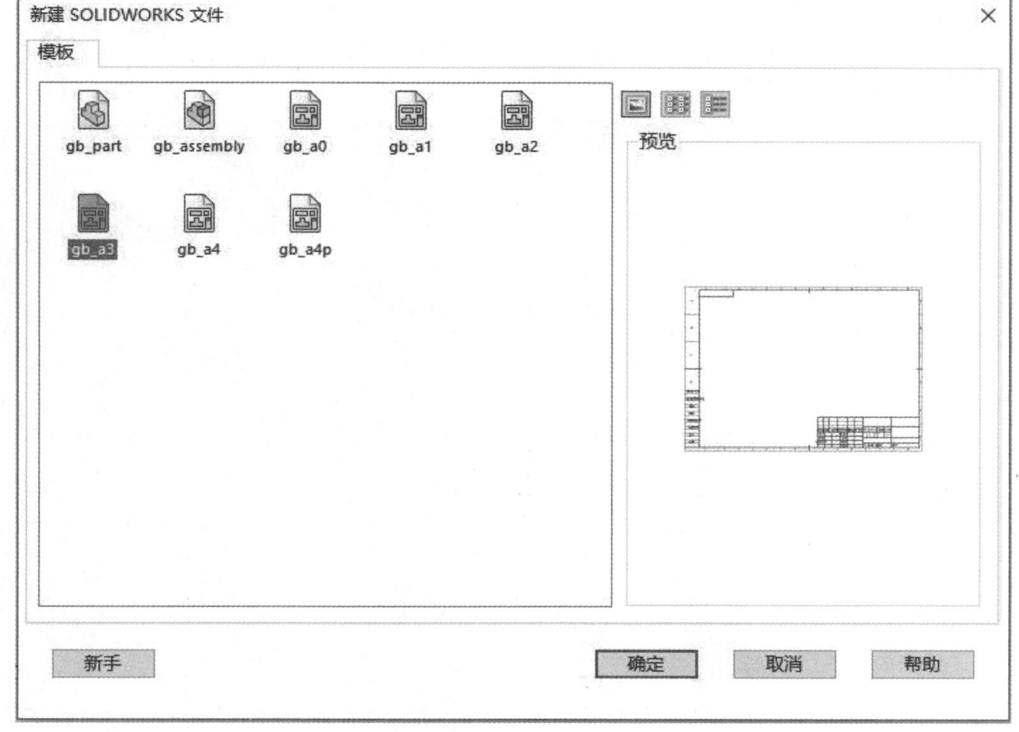

图 6.86　“模板”对话框

(2)设置绘图标准

在菜单栏中选择“工具”→“选项”命令,在弹出的“选项”对话框中单击“文档属性”选项卡,再单击“总绘图标准”,选择“GB”,如图 6.87 所示。然后单击“确定”按钮,关闭对话框。

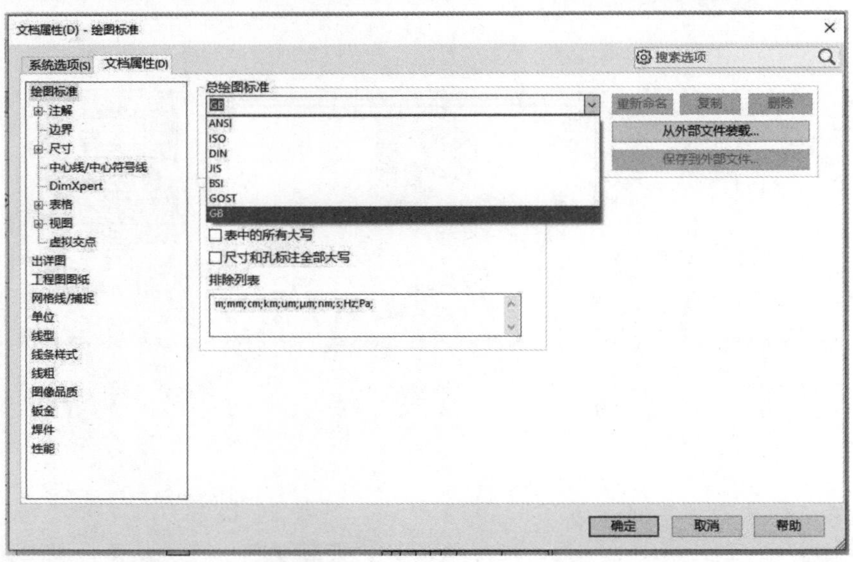

图 6.87 “文档属性”对话框

6.5.2 生成工程视图

(1)创建主视图

①单击“视图布局”命令管理器中的“模型视图”按钮,在“要插入的零件/装配体”中单击“浏览”按钮,找到“拨叉”文件。

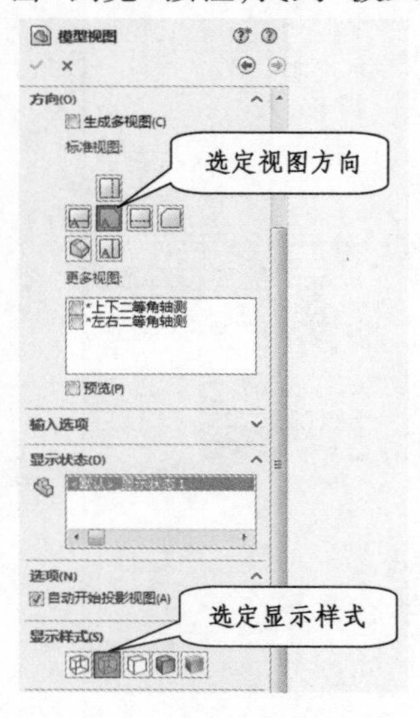

图 6.88 “模型视图”对话框

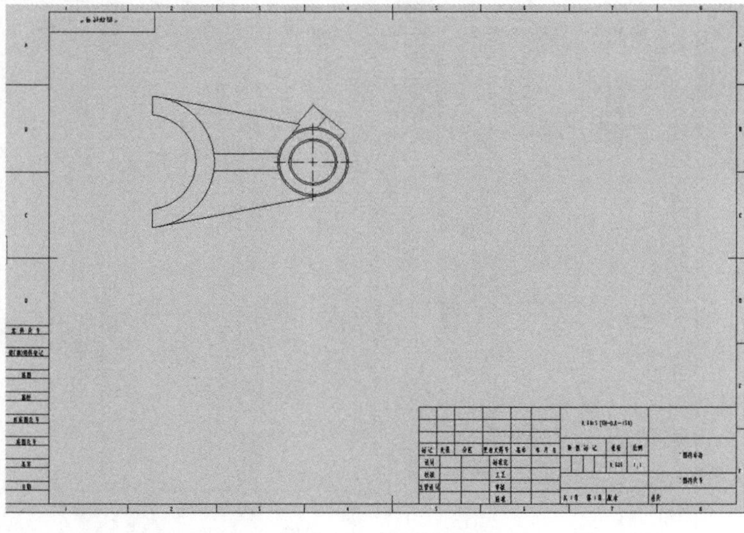

图 6.89 模型视图

②在“模型视图”对话框的“方向”栏中单击“前视”,在“显示样式”栏中选择“隐藏线可见”,“比例”设置为“1 : 1”,如图 6.88 所示。然后在图纸区拖动鼠标至合适位置,放置零件

的主视图，如图 6.89 所示。单击“✔”按钮，关闭对话框。

（2）创建全剖的俯视图

①单击“视图布局”命令管理器的“剖面视图”按钮，弹出“剖面视图辅助”对话框，在对话框中选择剖面形式 剖面视图 和切割线形式，即出现一条紫色的切割线，拖动鼠标至上下对称的中心线位置放置切割线，如图 6.90 所示。

②此时，绘图区会弹出“切割线编辑”对话框，单击“✔”按钮，关闭该对话框。因为该零件有“筋”特征，所以会弹出“剖面视图”对话框，如图 6.91 所示。

③在左边“设计树”中单击上述步骤生成的“工程视图 1”前面的小三角，然后单击“拔叉”零件前面的小三角，选取“筋 1”特征，如图 6.92 所示。最后生成零件的全剖俯视图，如图 6.93 所示。

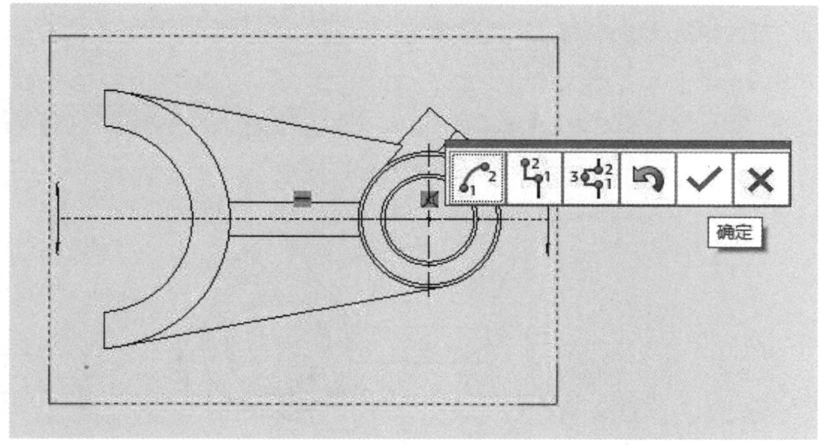

图 6.90　切割线

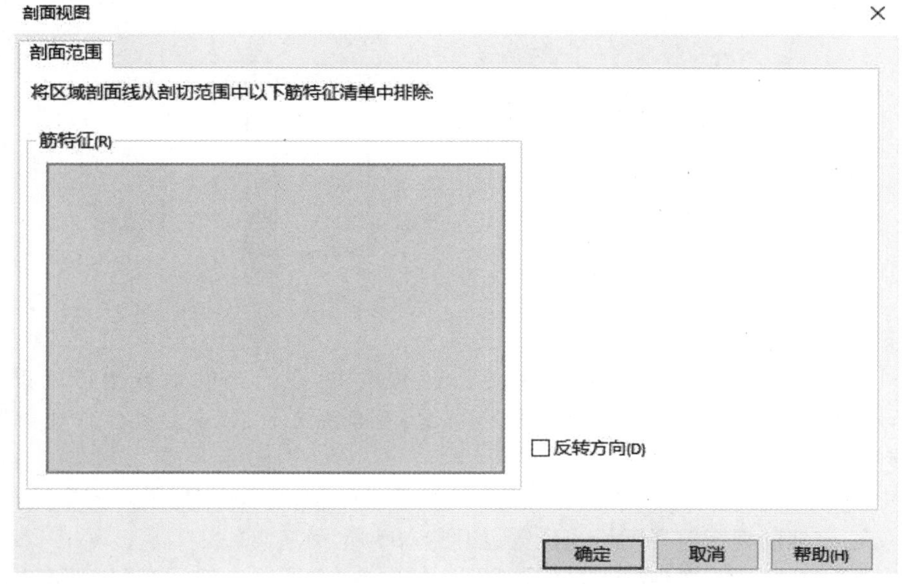

图 6.91　“剖面视图”对话框

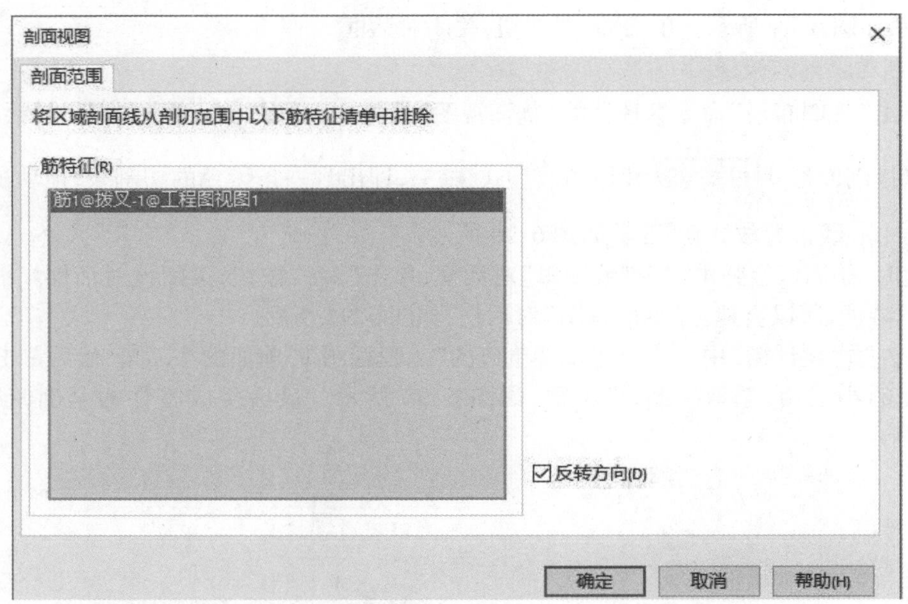

图 6.92　选择"筋 1"特征

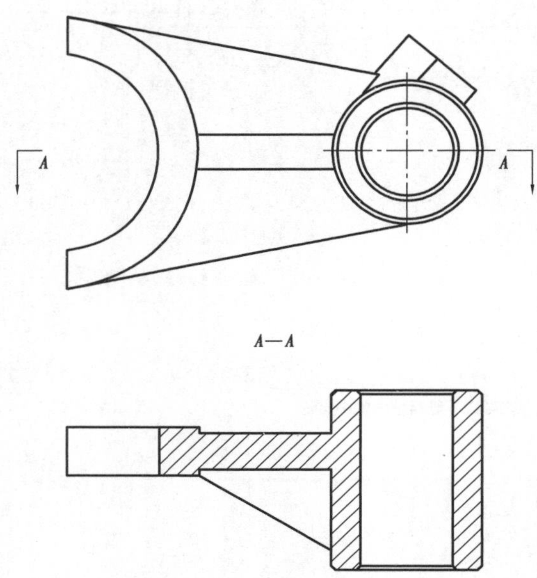

图 6.93　生成零件的全剖俯视图

(3)创建斜视图

①单击"辅助视图"命令,选择主视图凸台的斜边,在恰当的地方生成辅助视图,如图 6.94 所示。注意:此时生成的辅助视图和其他图重合没有关系,在后续操作中会把该辅助视图放置到设定的地方。

②选中生成的辅助视图,单击鼠标右键,在生成的快捷菜单的"视图对齐"中选择"解除对齐关系",把该辅助视图放置到恰当位置,如图 6.95 所示。

③用"样条曲线"命令绘制恰当的封闭图形,如图 6.96 所示。然后在"视图布局"中选取

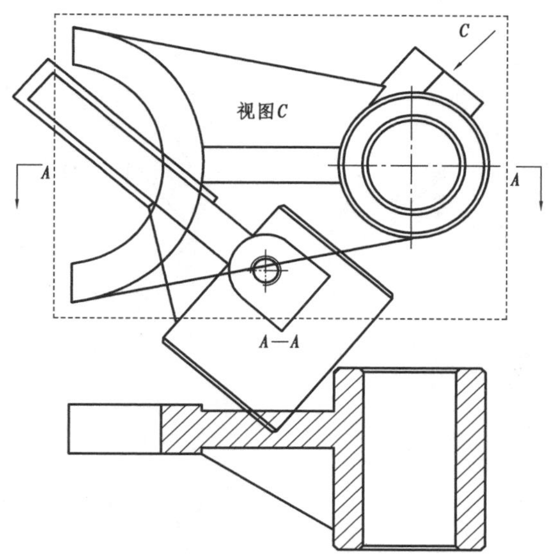

图 6.94　生成辅助视图

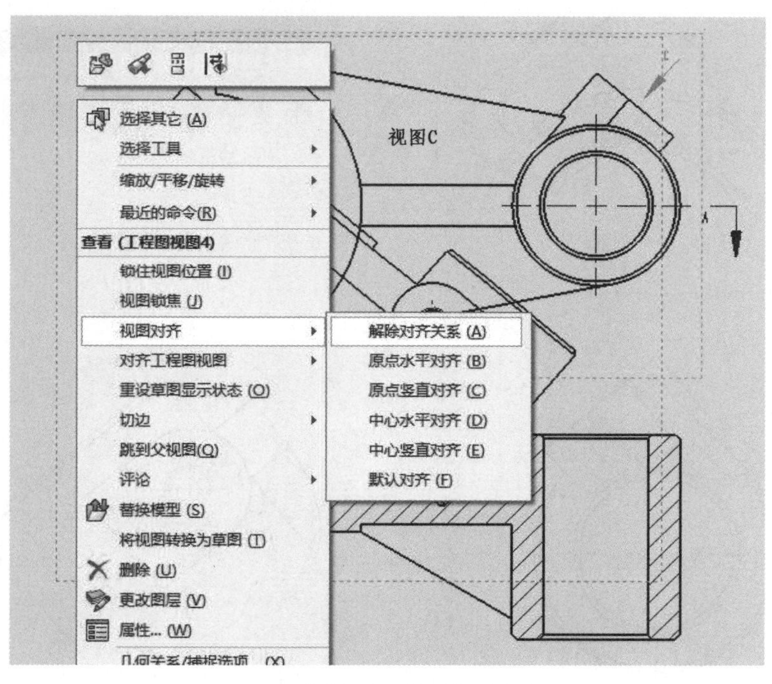

图 6.95　解除辅助视图的对齐关系

"剪裁视图",得到斜视图,如图 6.97 所示。

(4)创建主视图中的局部剖视图

单击"断开的剖视图"命令,用"样条曲线"在主视图凸台周围绘制一封闭的曲线,如图 6.98 所示。绘制完成后,在左边的"断开的剖视图"中选择"预览",如图 6.99 所示,然后在上面步骤中生成的斜视图中选择"螺纹孔的边线",单击"确认",生成局部剖视图,如图 6.100 所示。

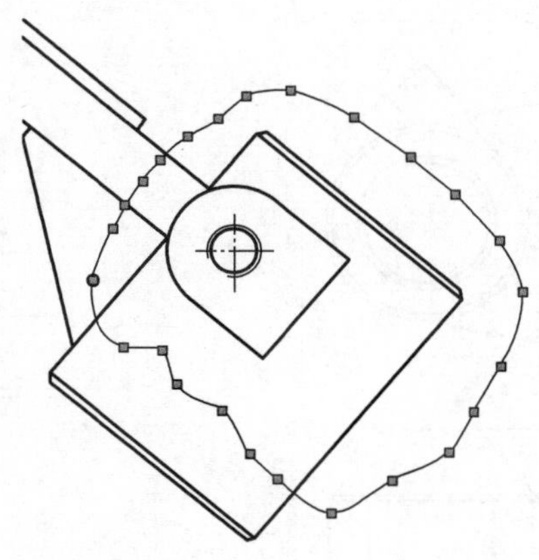

图 6.96 绘制剪裁用的封闭曲线

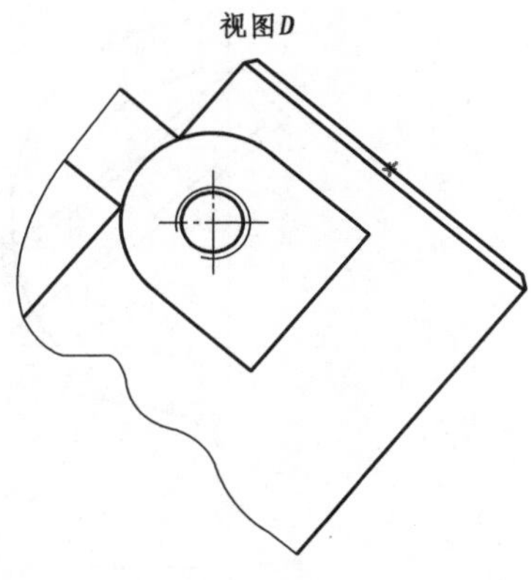

图 6.97 剪裁视图后的局部斜视图

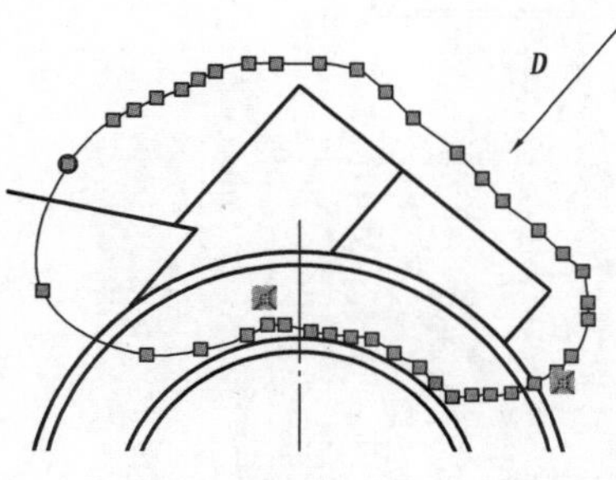

图 6.98 绘制样条曲线

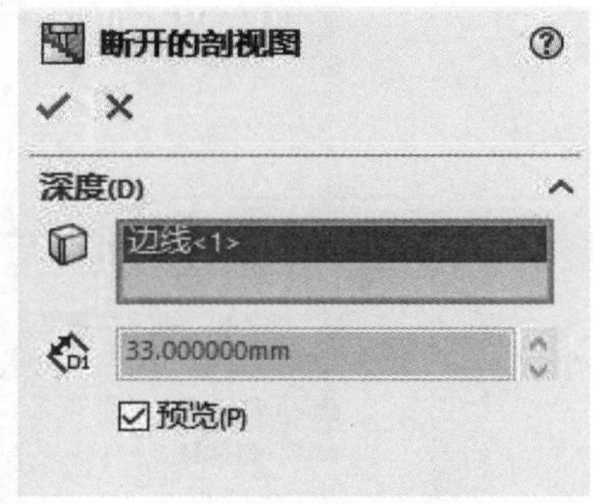

图 6.99 “断开的剖视图”中参数的设置

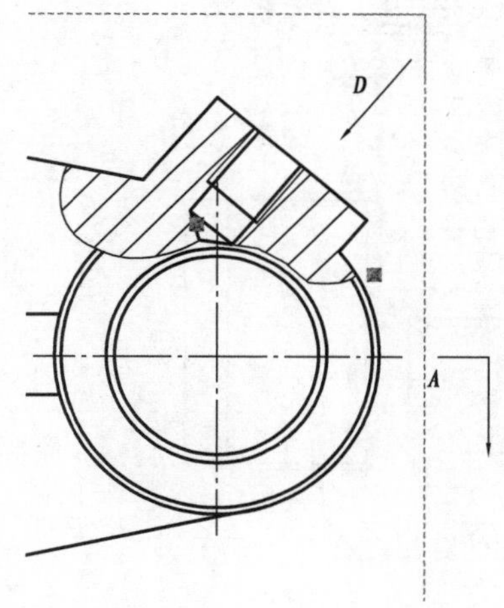

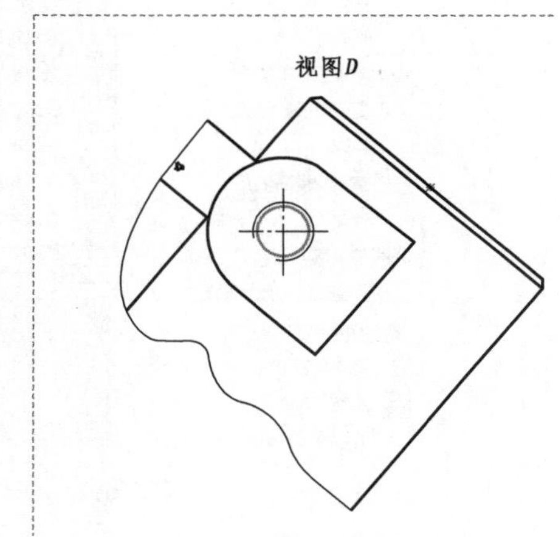

图 6.100 生成的局部剖视图

6.5.3 添加工程视图的注解

按照零件图的要求，参考上述实例，添加工程图的注解，此处不再详述。

6.6　法兰盘零件工程图综合实例

法兰盘零件的立体和平面零件图如图 6.101 所示。经分析可知，法兰盘二维工程图的主视图需要旋转剖视，中间还有一个比例为 4：1 的局部放大图。因此，首先采用“模型视图”的方法生成左视图，然后采用“剖面视图”的方法生成旋转的主视图，最后采用“局部视图”的方法生成比例为 4：1 的局部放大图。

6.6.1　设置工程图绘图环境

按照如图 6.101 所示的实例，设置工程图绘图环境，此处不再详述。

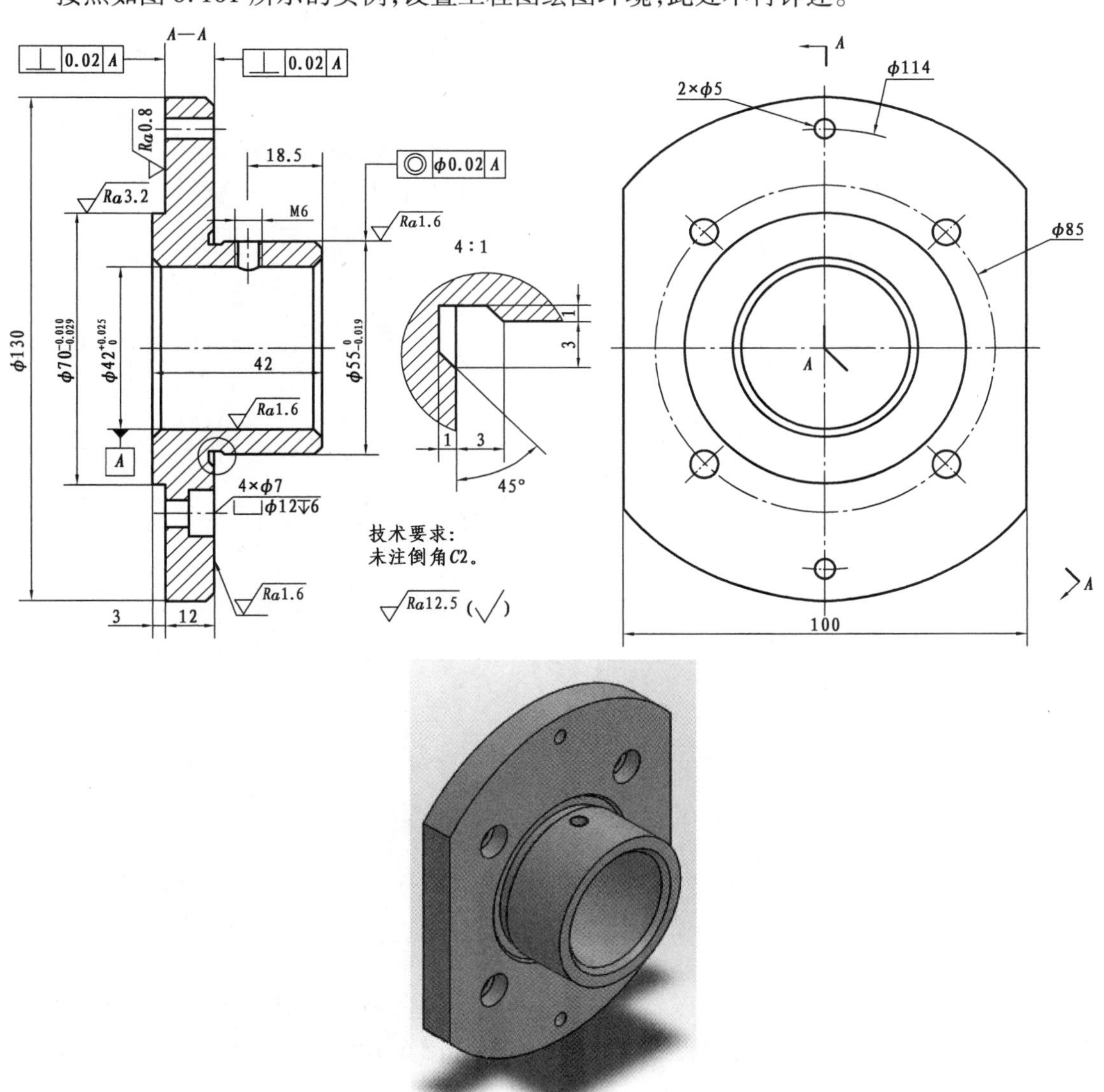

图 6.101　法兰盘零件的工程图和立体图

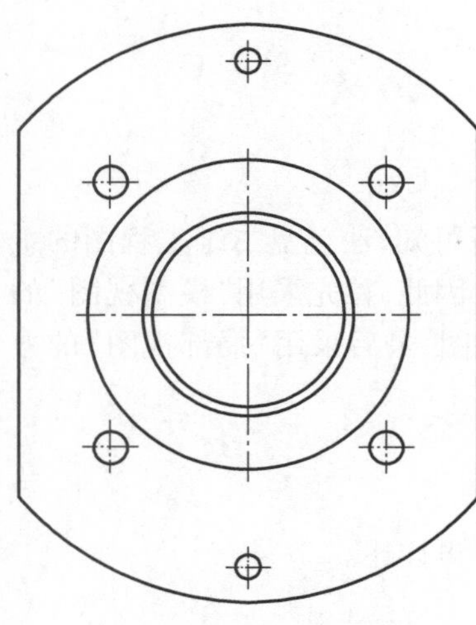
图 6.102　生成的左视图

6.6.2　生成工程图

(1)采用“模型视图”的方法生成左视图

单击“模型视图”命令,浏览到“法兰盘”零件,选择“左视图”,“比例”设置为“1∶1”,在恰当的地方生成左视图,如图 6.102 所示。

(2)采用“剖面视图”的方法生成旋转的主视图

单击“剖面视图”命令,再单击 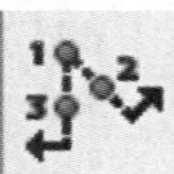 图标,采用“对齐”方式,第 1 点选取中间圆的圆心,第 2 点选取右下方小圆的圆心,第 3 点选取正中间上方的圆心,如图 6.103 所示。单击“确定”,生成旋转剖的主视图,如图 6.104 所示。

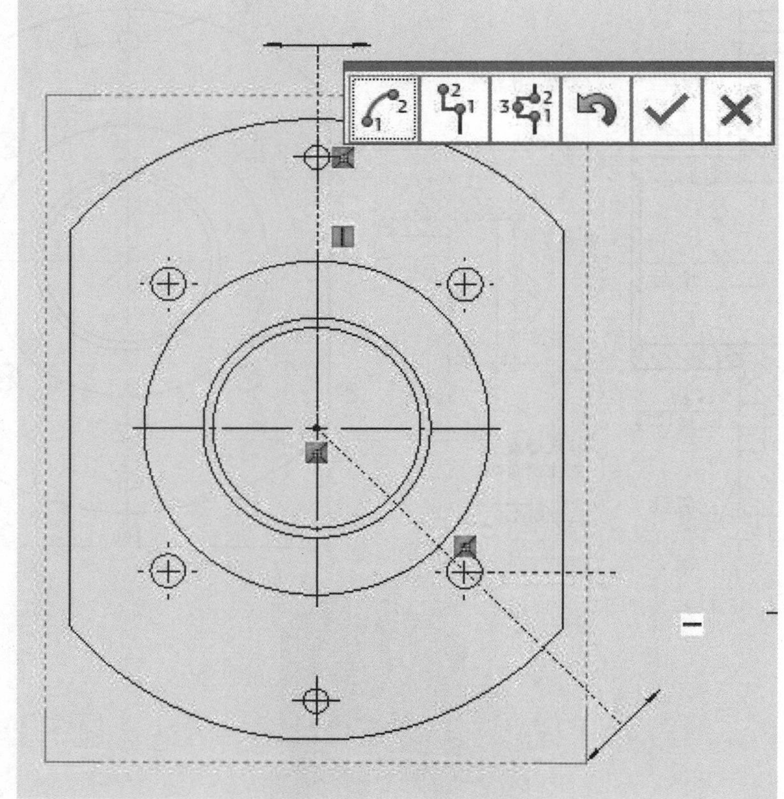
图 6.103　3 个点的位置

(3)采用“局部视图”的方法生成局部放大图

单击“局部视图”命令,在主视图需要放大的位置绘制一个恰当大小的圆,手动输入“比例”为“4∶1”,便可以在恰当的地方生成局部放大图,如图 6.105 所示。

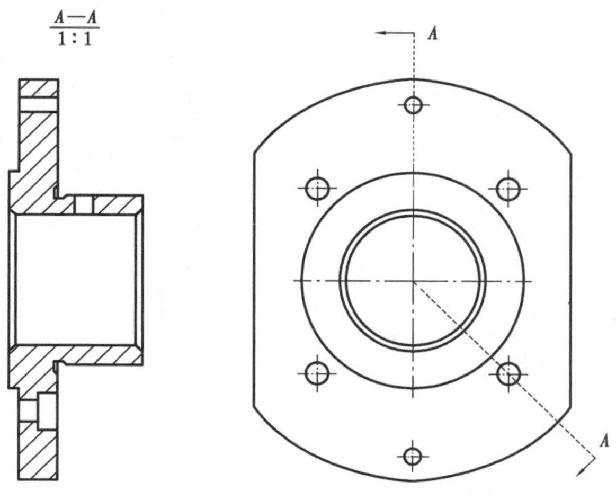

图 6.104　生成的旋转剖视图

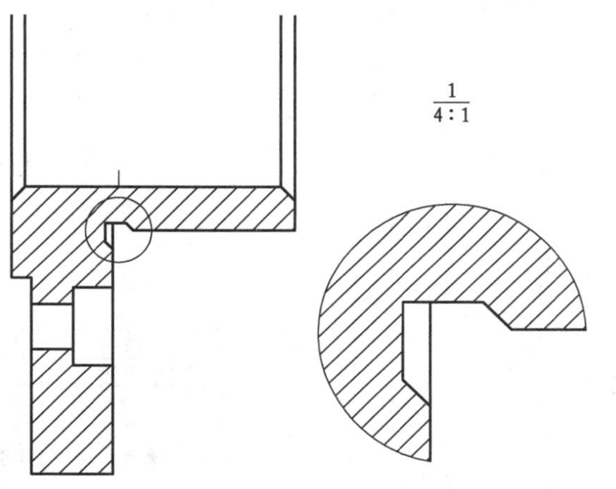

图 6.105　生成的局部放大图

6.6.3　添加工程视图的注解

按照零件图的要求,参考上面的实例,添加工程图的注解,此处不再详述。

6.7　滑轮座装配工程图综合实例

本实例介绍装配图工程图的生成方法。重点介绍装配图中部分零件不需要加剖面线的方法和装配图明细栏生成的方法。

图 6.106 是滑轮座装配图及其立体图。经分析可知,主视图采用了全剖视图,俯视图是标准的俯视图。因为装配图中约定标注件和实心件一般在全剖视图中不需要加剖面线,所以在生成主视图时,主视图中的"轴"零件和 3 个"卡环"零件没有加上剖面线。

6.7.1 设置工程图绘图环境

按照如图 6.106 所示实例，设置工程图绘图环境，此处不再详述。

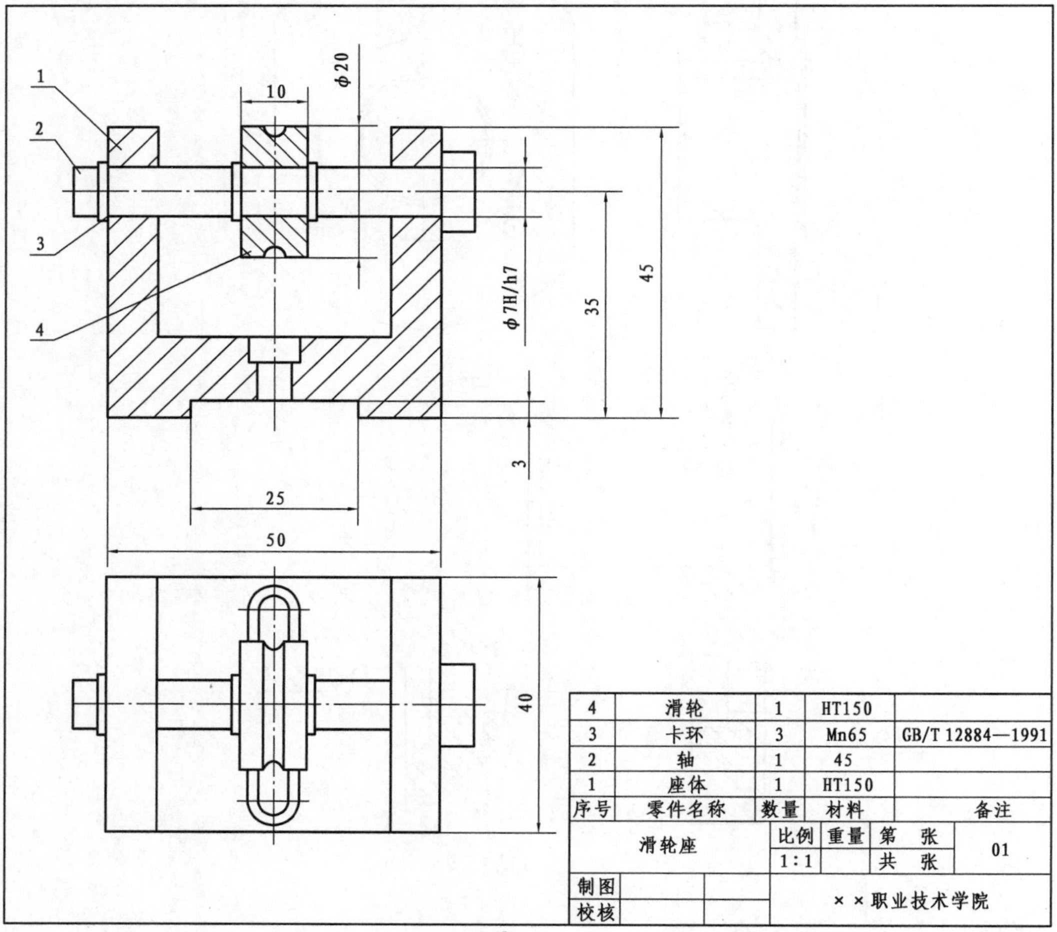

4	滑轮	1	HT150	
3	卡环	3	Mn65	GB/T 12884—1991
2	轴	1	45	
1	座体	1	HT150	
序号	零件名称	数量	材料	备注

滑轮座	比例	重量	第 张	01
	1:1		共 张	
制图			××职业技术学院	
校核				

图 6.106 滑轮座装配图及其立体图

6.7.2　生成工程图

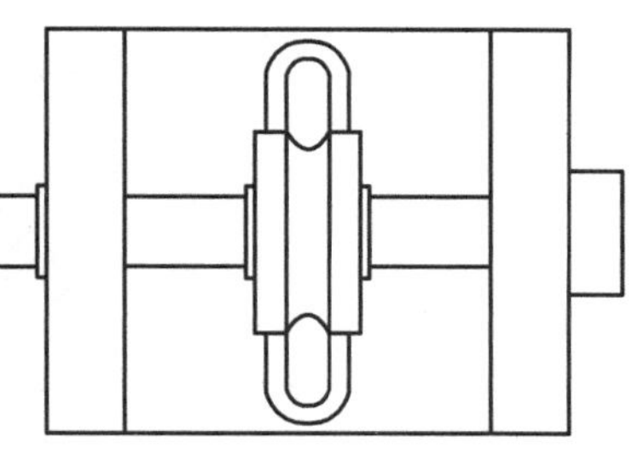

图 6.107　滑轮座俯视图

(1)采用“模型视图”的方法生成俯视图

单击“模型视图”命令,浏览到“滑轮座”装配体,选择“上视”,将“比例”设置为“1 ∶ 1”,在恰当位置生成俯视图,如图 6.107 所示。

(2)采用“剖面视图”的方法生成主视图

单击“剖面视图”命令,单击图标,采用“水平”方式,选取轴的中心线,再单击确认图标,在弹出“剖面视图”对话框的左边目录树中单击“工程视图 1”前面的小三角符号,依次往下找到装配体中的“轴”和“卡环”零件,选中,如图 6.108 所示。单击“确定”,在俯视图的上方生成全剖的主视图,如图 6.109 所示。注意:主视图的“轴”和“卡环”零件没有剖面线。

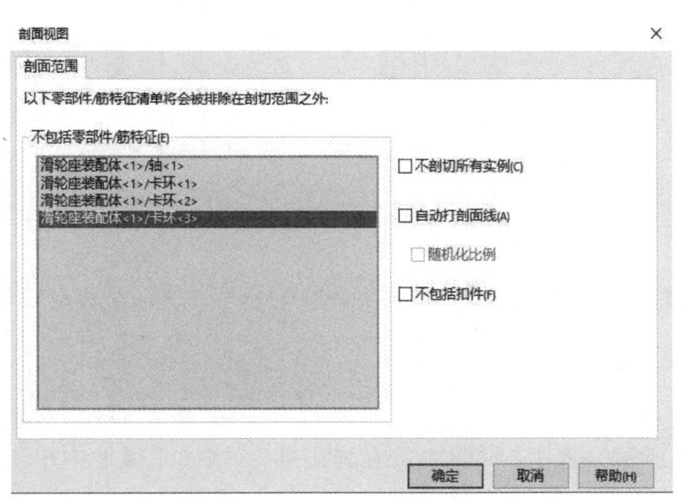

图 6.108　“剖面视图”对话框

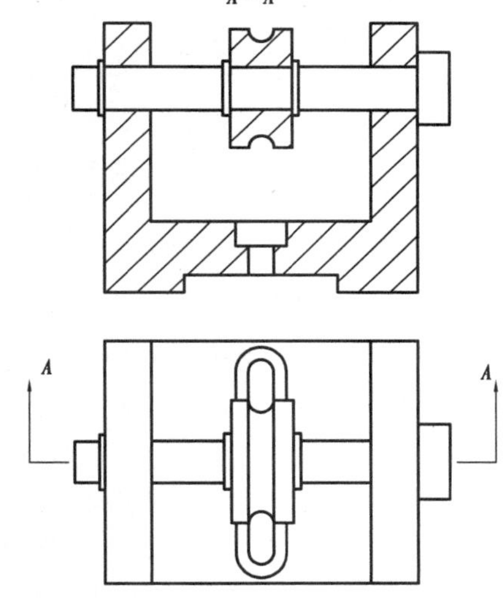

图 6.109　生成主视图

6.7.3　添加工程视图的注解

(1)修改装配图中剖面的方向或者疏密程度

因为装配图中不同零件的剖面线要求方向不同或者疏密程度不同,所以应修改装配图中剖面的方向或者疏密程度。本实例中只需要修改两者之一即可,如“滑轮”零件的剖面线。鼠标双击“滑轮”零件的剖面线,在左边的“区域剖面线/填充”中把“材质剖面线”前面的✔去掉,然后把“剖面线图样角度”中的“角度”修改为“90.00 度”,如图 6.110 所示。

(2)增加中心线

采用“注解”中的“中心线”命令,在俯视图和主视图的轴的中间加上中心线;用同样的方法,在其他需要中心线的地方加上中心线。

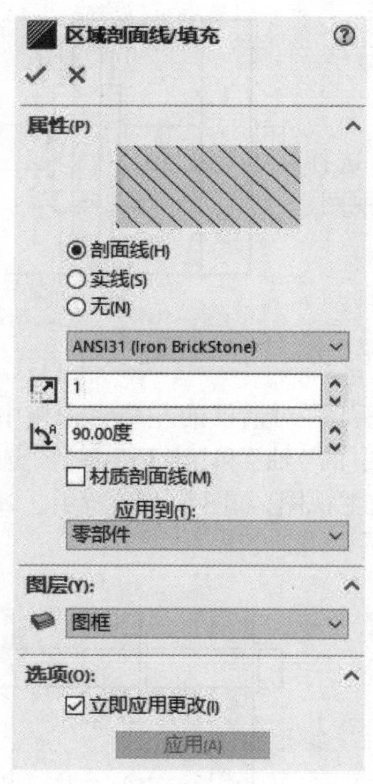

图 6.110 “区域剖面线/填充”对话框

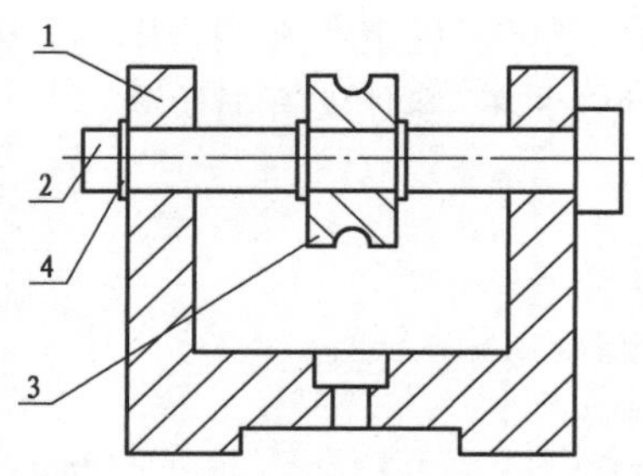

图 6.111 “区域剖面线/填充”对话框

(3)增加装配图序号

选择“注解”中的“零件序号”命令,在主视图中增加序号,如图 6.111 所示。注意:此时序号排列不规则,在后期修改。

(4)增加装配图明细栏

选择“注解”中的“表格”中的“材料明细表”命令,选中“主视图”,采用“默认属性”在标题栏上方增加“明细栏”,如图 6.112 所示。选中“明细栏”,在弹出的“明细栏”属性中单击“表格标题在上”,把“表格标题”改为“在下”;选中主视图中的序号“4”,将其修改为“3”,保证序号的排列顺序。修改列的顺序,添加“卡环”说明,结果如图 6.113 所示。

项目号	零件号	说明	数量
1	座体		1
2	轴		1
3	滑轮		1
4	卡环		3

图 6.112 增加的明细栏

(5)标注尺寸

标注尺寸,完成其他注释,完成装配图。

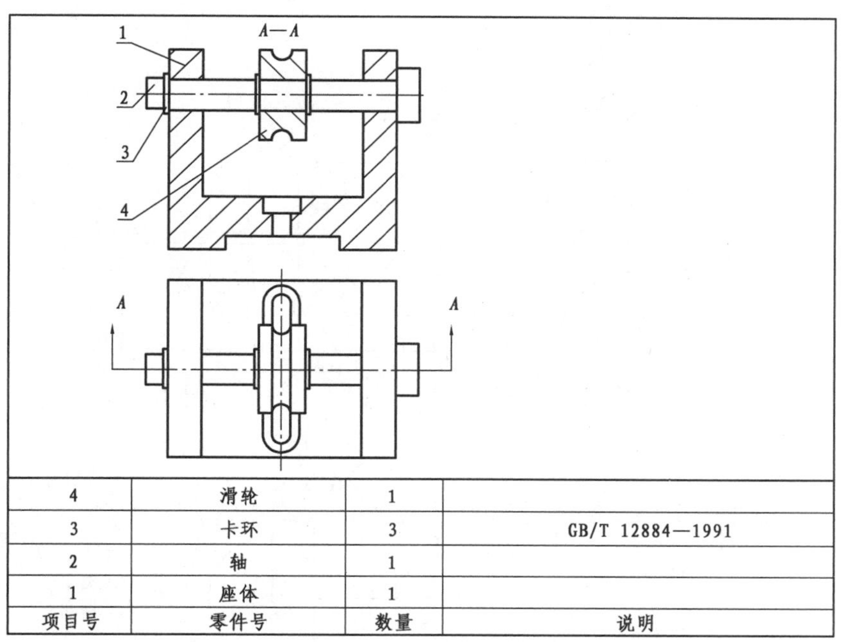

4	滑轮	1	
3	卡环	3	GB/T 12884—1991
2	轴	1	
1	座体	1	
项目号	零件号	数量	说明

图 6.113　修改后的序号和明细栏

6.8　工程图练习题

练习 1　看懂如图 6.114 所示工程图，创建对应模型，并生成相应的零件工程图。

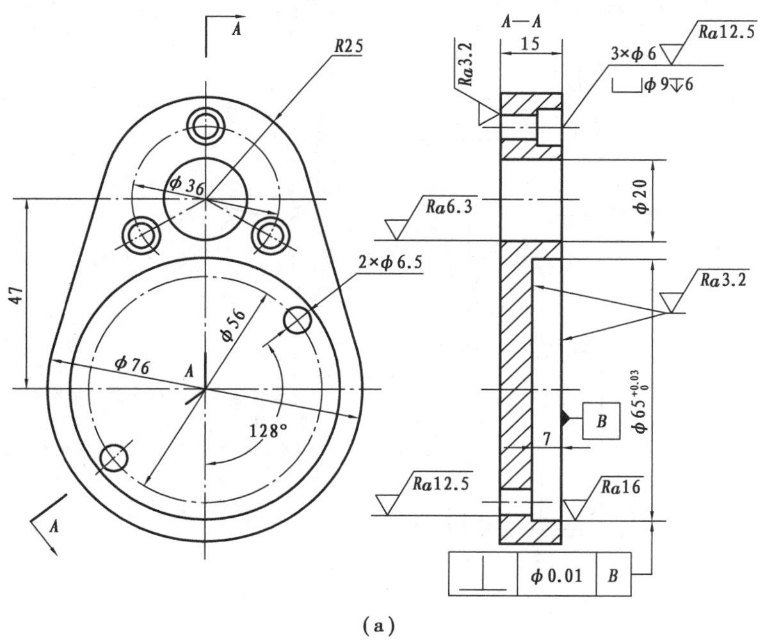

(a)

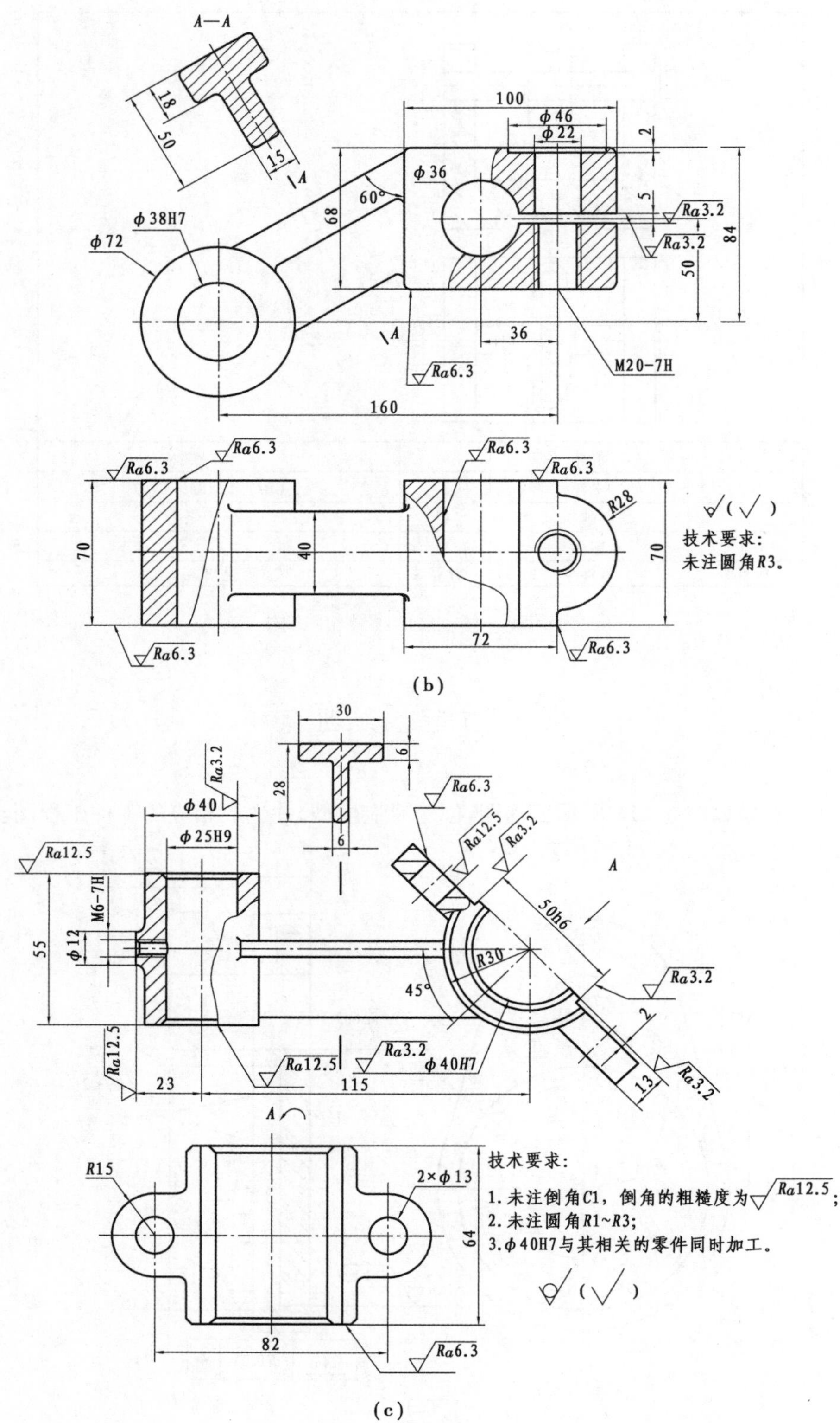

图 6.114　工程图练习题 1

练习2　看懂图6.115至图6.119的零件图,创建对应模型,并生成对应零件工程图。然后组装成装配体,并生成相应的装配工程图。

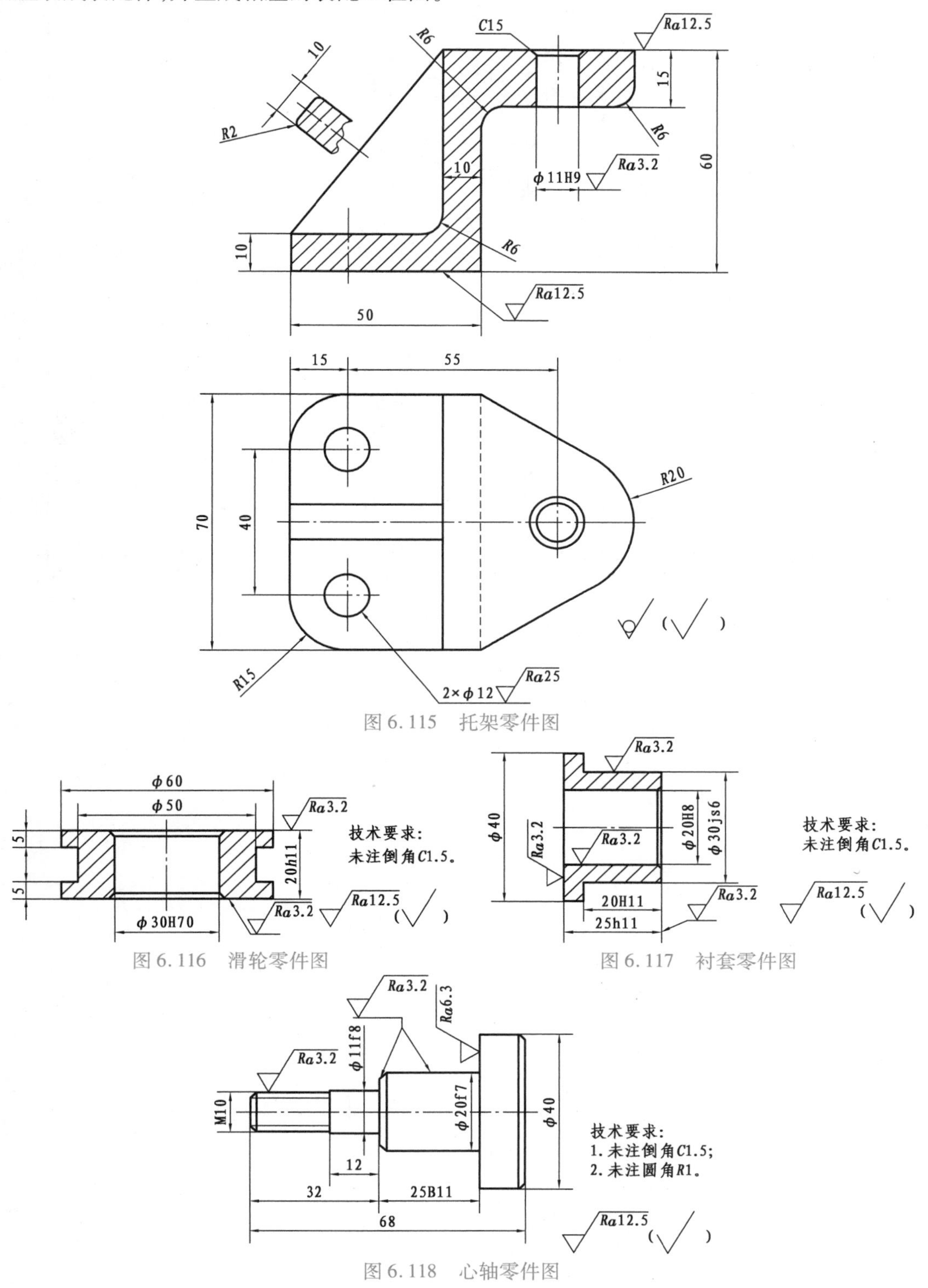

图6.115　托架零件图

图6.116　滑轮零件图

图6.117　衬套零件图

图6.118　心轴零件图

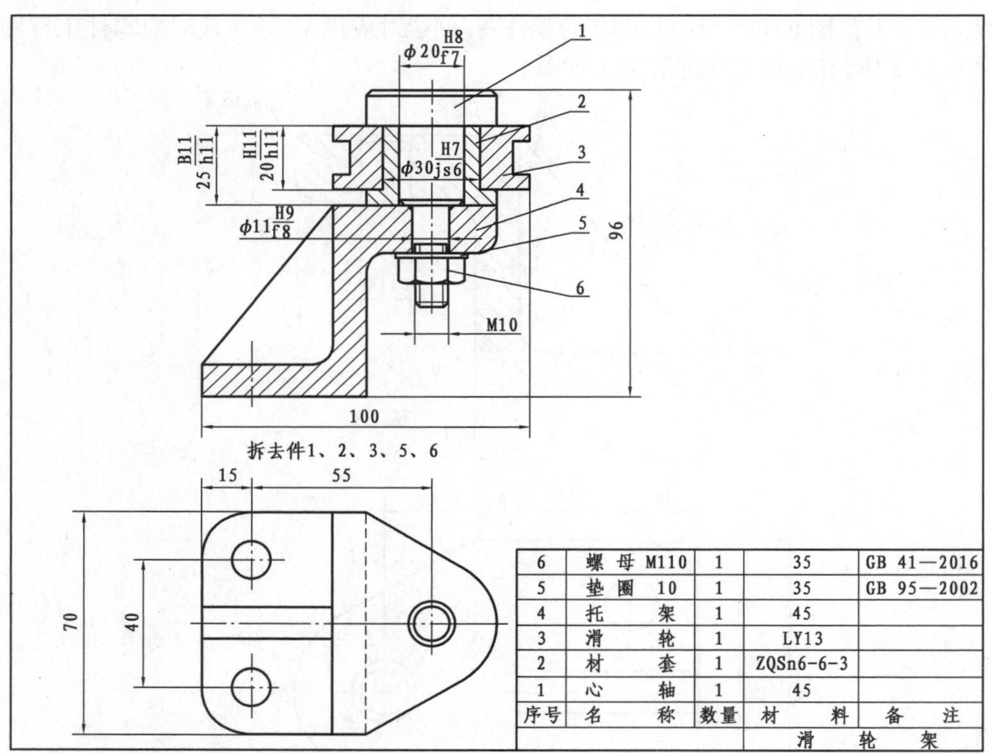

图 6.119　滑轮架装配图

参考文献

[1] 管巧娟. 构形基础与机械制图[M]. 北京:机械工业出版社,2015.

[2] 管巧娟. 构形基础与机械制图习题集[M]. 北京:机械工业出版社,2016.

[3] 管巧娟. AutoCAD 单项操作与综合实训[M]. 北京:机械工业出版社,2015.

[4] 江方记. 机械制图与计算机辅助三维设计[M]. 重庆:重庆大学出版社,2021.

[5] 尧燕. 机械制图与计算机辅助三维设计习题集[M]. 重庆:重庆大学出版社,2021.

[6] 尧燕. SolidWorks 建模实例教程[M]. 重庆:重庆大学出版社,2016.

[7] 江方记. AutoCAD 高级实训[M]. 重庆:重庆大学出版社,2006.

[8] 郭晓霞. Pro/ENGINEER4.0 零件建模实例[M]. 陕西:西安电子科技大学出版社,2012.

[9] 赵罘. SolidWorks 2022 中文版基础教程[M]. 北京:人民邮电出版社,2022.

[10] 赵罘. SolidWorks 2022 中文版机械设计从入门到精通[M]. 北京:人民邮电出版社,2022.